Google Colaboratory
Jupyter Notebook 対応

AI・データサイエンスのための

図解でわかる 数学
プログラミング

松田雄馬・露木宏志・千葉彌平 著

JN074756

はじめに

　AI/データサイエンスが浸透し、機械学習などの最先端技術を使いこなすエンジニアが増えている今、その背景にある数学的な知識への理解の有無によって、エンジニアやビジネスマンのパフォーマンスに大きく差がついています。数学的知識を使いこなすことによって、ライブラリなどのツールを使いこなすだけでなく、場合によってはゼロからツールを作り出しながら、業務改善や事業変革にもつながるアイデアを生み出すことができるようになります。

　エンジニアやビジネスマンが数学を理解することで拓ける可能性は非常に大きい一方で、数学を解説する専門書を紐解いてみても、ビジネスに直結した形で書かれているものは決して多いとはいえません。数学の専門書がわかりにくい理由は、大きく分けて2つに限定されます。

- 難解な数式ばかりが並んでいて読み解けない
- 数式に対しては丁寧に解説されているが、その意味するところが
  読み解けない

　実際のところ、エンジニアやビジネスマンに必要な数学は、数式がなくとも直感的に理解できるものがほとんどです。しかしながら、数学を解説するとなると、「数式が必要」という先入観から、難解な数式を説明するために解説が分厚くなりがちです。そうなると、読み手としては、途中で道を見失って脱落してしまうか、最後まで読んだとしても、使いこなすまでにどのようなステップを踏めばよいのかがわからなくなってしまいます。

　本書は、数学的知識を数式ではなく図解によって直感的に理解できるようにし、シンプルなプログラムを動かすことによって、体験しながら身につくように設計されています。実は、数学を理解するためには、必ずしも数式が必要なわけではありません。1つの数学的知識を理解するためには、まず、それが何の役に立つものなのかを知ったうえで、図やチャートによって直感的に理解し、それを試しに使ってみる、というステップが不可欠です。それらのステップを、数学的知識をビジネスなどの現場で用いることを想定しながら、図解とプログラミングで、段階的に理解していきます。

　本書では、プログラミング言語としてPythonを利用しますが、Pythonの知識がなくとも、すなわちプログラミングを行ったことのないビジネスマンにとっても、「試しに動かしてみる」ことができるように設計しています。

数学を理解するうえでも、プログラミングを行ううえでも、ゼロから自分で
ソースコードを書くのではなく、「まずは試しに動かしてみる」ことが重要です。
自分でプログラムを動かして結果を確認した後で、そのプログラムがどのように
動いているのか、その大雑把な仕組みを理解します。それこそが、プログラムを
動かしながら数学の仕組みを理解する最初の大きな一歩です。

　たとえ大雑把にでも、数学の仕組みを理解できさえすれば、機械学習などのシ
ステムの原理が見えてきます。すると、それらの問題点を発見できたり、複数の
システムを組み合わせて、実際のビジネスにおける問題の解決にあたって、どの
ような仕組みを利用すべきかについて、自分自身の力で語れるようになるでしょ
う。それを踏まえた後であれば、数学やプログラミングの専門書を読んでも、そ
の位置付けが理解できるようになり、さらに知識が深められるようになります。

　本書で数学を直感的に身につけながら、エンジニアリングの可能性を、大きく
広げていきましょう。

　本書の構成は、AI・データサイエンスに関連する数学を幅広く扱う四部構成と
なっています。第一部（確率統計・機械学習編）では、ビジネスの状況を把握し、
必要な情報を抽出するプロセスと、その裏側にある数学である確率統計・機械学
習について学びます。ビジネスの状況がわかるようになると、その業務をどのよ
うにすれば改善できるのか、また、将来どのように変化するかが大きな関心事と
なります。第二部（数理最適化編）では、業務の最適化を行うプロセスと、その解
決方法について学びます。最適化を行うためには、何をどのように効率化したい
のか、すなわち問題の設計が重要となります。その手順と、問題の種類について
の理解を深めることで、ビジネスの現場において最適化を行うプロセスを習熟し
ます。第三部（数値シミュレーション編）では、感染症や口コミなどの広まりを中
心とした将来の予測を行う微分方程式について学びます。微分方程式の仕組みが
わかるようになると、将来の口コミなどの伝播がどのように行われるのかについ
て、アニメーションなどを使った表示が可能になり、臨場感溢れるプレゼンテー
ションにも活かせるようになります。最後に、第四部（深層学習編）では、近年発
展著しい深層学習技術の原理を解説したうえで、その原理がどのような技術とし
て応用され、ビジネスの現場にどのように活用されているのかについて学びます。

　これらの第一部から第四部は全十章で構成されています。本書を入口として、
エンジニアやビジネスマン、その卵である大学生や大学院生のみなさんが、数学
的知識を武器にビジネスの現場で活躍することを願っています。

松田雄馬

数学的知識を武器に
ビジネス現場で活躍するために

　昨今、AIやデータサイエンスが広まったことにより、これらを用いたシステムやツールが世に出回っています。日々新しく開発される仕組みをビジネスに取り入れようとしてみても、その仕組みがどのようなもので、他のものと比べて何が違うのか、自らのビジネスにどういった価値を生み出してくれるのかがなかなか整理できるようになりません。この原因は、数学的視点からビジネスを俯瞰すると明らかです。

　1つのシステムやツールは、数ある数学の中のうちの一部の仕組みを利用して開発されます。そのため、他にどのような仕組みがあり、今目の前のシステムやツールが他のものとどのように異なるかについては、一部の数学だけを見ても把握できません。数学の全体像を把握したうえで、あらためて目の前のシステムやツールを位置付けて、はじめてそれがどのようなもので、どういった価値があるのか、また、どのように利用するものなのかが見えてくるのです。

　この問題は、数学を一部の分野から見ても起こります。ためしに、数学をビジネスに取り入れようとして、書店の数学コーナーに足を運んでみてください。そこには、細分化されたそれぞれの分野の専門書がずらりと並んでいることに気づくはずです。「統計学」や「深層学習」など、それぞれの分野については非常に詳しく書かれており、中には、実際のビジネスの一例を扱ったものもあります。しかしながら、ビジネスの視点から、その全体像について解説したもの、あるいはそのヒントになるものは、なかなか見当たりません。

　本書における目次は、まさにビジネスの視点から数学を大雑把に括ったものであり、ビジネスの現場において数学を武器にして活躍している人たちの頭の中を描いたものです。本書の目次をビジネス視点で図解すると、次のようになります。

図 ビジネスの視点でまとめ直した数学の全体像

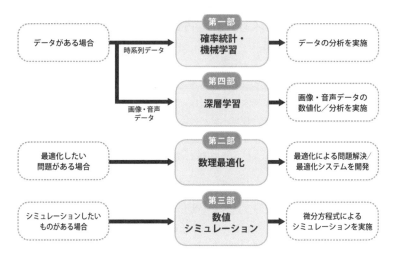

　たとえば、分析したいデータがすでに存在する場合、それが時系列の形で整っていれば、第一部で解説する確率統計や機械学習が利用できることが多いです。一方、画像や音声など、確率統計や機械学習を直ちに利用できないデータがある場合は、第四部の深層学習が利用できます。また、最適化したいものがある場合は、第二部で解説する数理最適化とそのプロセスが役に立ちます。

　また、将来を予測したり、予測した結果をプレゼンテーションしたりする場合は、第三部の数値シミュレーションが活用できます。数学を武器としてシステム開発やデータの分析を行う人は、実際には、これらの知識を組み合わせながら、場合によってはこれらの知識を土台にして、専門書を参考にして最新の仕組みを読み解きながら、その場その場で適切な手法を適用しているのです。

　この全体像を頭においたうえで、新しいシステムやツールを位置付けていけば、ビジネスマンやエンジニアの皆さん自身の手で、目の前のビジネスにおいて何を活用すべきか、また、どのようなものを新たに開発すべきかが見えてくるでしょう。

目 次

序章　Python開発環境を設定してみよう

第一部
確率統計・機械学習編

第1章　データを手にしてまず行うべきこと

第2章　機械学習を使った分析を行ってみよう

第 3 章　必要なデータ数を検討しよう

第 二 部
数理最適化編

第 4 章　最適ルート探索問題を題材にした
最適化問題を解く方法

第 5 章 シフトスケジューリング問題を中心にした最適化問題の全体像

第三部
数値シミュレーション編

第 6 章 感染症の影響を予測してみよう

第 **7** 章　人の動きをアニメーションのように
シミュレーションしたい

第 四 部

深層学習編

第 **8** 章　深層学習による画像認識とその仕組みを知ろう

✤ 本書の効果的な使い方

本書は、プログラミングの入門書ではありません。

みなさんがビジネスの文脈において数学を理解し、ビジネスの現場で活躍することを目指して作られた数学の入門書です。実際に、エンジニアやデータサイエンティストとして、ビジネス現場の顧客（データ分析の仕事の依頼主）から依頼を受けたと思って本書に取り組むと、臨場感が得られ、最大の効果が得られます。各章の冒頭に書かれた「背景」からその現場を思い浮かべ、各章それぞれの解説を読みながらソースコードを実行しながら、その裏側にある数学の仕組みを理解しましょう。

本書は、大学や企業内での研修の教科書としての活用も見据えて構成されています。半期15コマの講座の場合、序章のPythonの環境設定と全体像の説明に1コマを割り当て、7章までの基礎的な内容に1コマずつ、8章から10章（第四部）に2コマずつを割り当て、15コマ目を総復習などとするとよいでしょう。その他、必要な章だけを集中的に解説するという利用方法も考えられます。

本書のページ中には、数学の仕組みを理解しやすくするために、あえて冗長なソースコードも掲載しています。読者の皆さんの中でプログラミングの知識のある方は、自分なりに改変してみたり、本書を片手にエンジニア仲間と一緒に議論してみるのもよいでしょう。

✤ 動作環境とソースコードについて

本書は、Google Colaborator/Jupyter-Notebookのいずれかを元に分析を進めていきます。各章で必要となるモジュールは異なります。自分の環境にモジュールがインストールされていないと、「**No module named 'モジュール名'**」といったエラーが表示されます。その場合は、pip等を用いてインストールしながら進めてください。

本書では特にインストールの方法は説明していません。第四部で取り扱うopencvやdlib、MeCab等は、環境によってはインストールの方法が複雑な場合があるので、インターネットなどで調べながら環境構築を行ってください。

> **動作環境** OS：Windows10 64bit版 / macOS Mojave
> Python：Python 3.7 Anconda
> Webブラウザ：Google Chrome（Jupyter-Notebook）

ソースコードについて

本書のソースコードは、以下のサポートサイトからダウンロードできます。

http://www.sotechsha.co.jp/sp/1281/

ファイルはZIP形式で圧縮されており、解凍するには本書の510ページに記載されているパスワードが必要です。

序章

Python開発環境を
設定してみよう

ここでは、Google ColaboratoryとAnacondaの2種類の開発環境の設定方法について解説し、Pythonのプログラムを実行する環境を整えていきます。Pythonを使って実際に動くプログラムを作成するためには、コンピュータ上に開発環境を整える必要があります。現在、その開発環境は、だれでも無料で利用できる形で配布されており、Google Colaboratoryはウェブ上のサービスを利用する感覚で、またAnacondaはソフトウェアをダウンロードして使うような感覚で気軽に利用できます。

Google ColaboratoryやAnacondaを利用すると、まるで電卓を使うような感覚でPythonを利用できます。それだけではなく、数値演算やデータ分析、機械学習など、高度な計算を行うライブラリをインストールでき、簡単に開発環境を整えることができます。

※ここで紹介する環境設定の手順は2021年3月現在のものであり、今後Google ColaboratoryおよびAnacondaのウェブサイトのURLやデザインなどの変更が行われる場合があります。

Google Colaboratoryを
使ってみよう

✚ 事前準備

Googleアカウントをお持ちでない場合には、事前に作成してください。

手順1 ▶ ファイルをアップロードする

Googleドライブ（https://drive.google.com/drive）にアクセスして、本書のサンプルファイルをドラッグ＆ドロップでアップロードします。

手順2 ▶ Google Colaboratoryで開く

アップロードしたデータには章ごとにファイルがまとめられています。ここでは、1章のフォルダを開いてみましょう。

フォルダには、ipynbファイルとそれ以外のデータファイルが含まれています。ソースコードはipynbファイルに収められています。

このファイルを開くためにipynbファイルをダブルクリックして、上部に表示される「Google Colaboratoryで開く」を選択します。

これで、Google Colaboratoryでソースコードを開くことができました。

手順3 ▶ Google Driveとの連携

セルにカーソルを合わせて、左側に表示される再生ボタン ▶ をクリックするとセルが実行されます。最初のセルを実行すると、次のように表示されます。

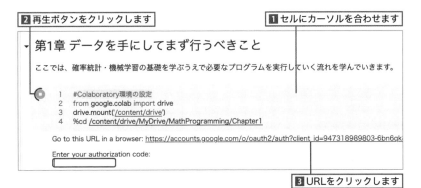

表示されているURLをクリックしてGoogle Colaboratoryから Google Drive へのアクセスを許可すると、右のような画面が表示されるので、文字列をコピーします。

　Google Colaboratoryの画面に戻り、「Enter your authorization code」の下にあるテキストボックスにさきほどコピーした文字列を貼り付けて、Enter キーを押します。

　画面の横に「drive」というフォルダが作成され、Google Driveの中身にGoogle Colaboratoryからアクセスできるようになります。もし表示されない場合、「更新」ボタン⟲ をクリックすると表示されます。

　これで、Google Colaboratoryを使う準備が完了しました。
　この後は、本書を読み進めながらセルを実行して行ってください。

もし、自分でソースコードを書いていく場合には、左上の「ファイル」から「ノートブックを新規作成」を選択すると新しいノートブックを作成できます。

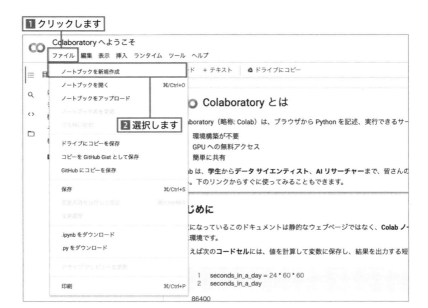

ノートブックを作成すると新しいタブが開き、空のノートブックが表示されます。「ドライブをマウント」ボタンをクリックすると、Google Drive に接続できます。

「ドライブをマウント」ボタン

Prologue 2

Anacondaをダウンロードして
開発環境を作ってみよう

✤ 開発環境Anacondaのインストール

　下記のURLにアクセスし、Anacondaのインストーラをダウンロードします（Windows・Mac共通）。

　▼ Anacondaのダウンロード URL

https://www.anaconda.com/products/individual/

　Anacondaのサイトにアクセスし、最新版の「Python 3.7 version」をダウンロードします。OSを選択して実行ファイルをダウンロードします。

　Windowsの場合は、32Bit版か64Bit版のいずれをダウンロードします。利用しているパソコンが32Bitか64Bitを調べるには、バージョン情報を参照します。画面左下のスタートボタンを右クリックして「システム」を左クリックします。設定画面の左下にある「バージョン情報」を左クリックするとバージョン情報が表示されるので、ここで「システムの種類」を確認します。

　Anacondaのダウンロードが完了したらインストーラをダブルクリックし、インストールを開始します。その後は、手順にしたがってインストールを進めます。

図P-2-1　Anacondaのインストール

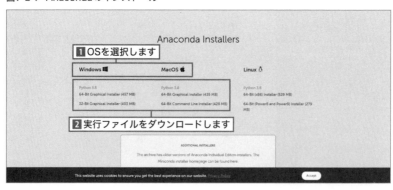

図P-2-2　バージョン情報の確認

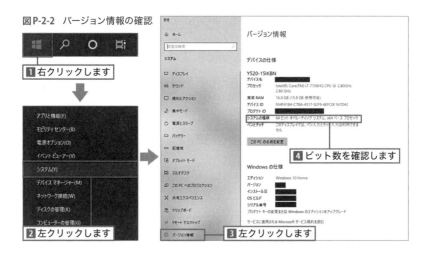

🍀 実行環境Jupyter Notebookによるプログラミング

　開発環境「Anaconda」をインストールして起動した後は、実際にプログラムを実行するための実行環境を起動します。実行環境にはさまざまなものがありますが、ここでは最もポピュラーな「Jupyter Notebook」という環境を利用します。最初にメニューからAnacondaを起動します。Windowsは画面左下にあるスタートメニューから、Macは「アプリケーション」フォルダにある「Anaconda-Navigator」アイコンをダブルクリックします。

図P-2-3　Anacondaの起動

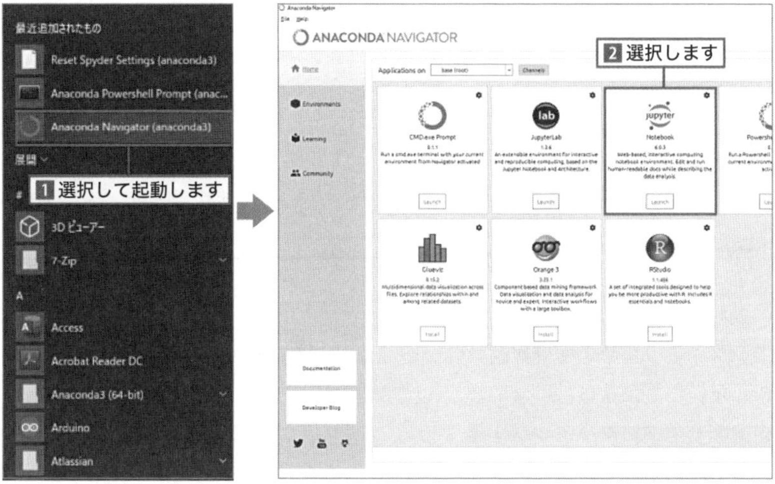

　Anaconda-Navigatorを起動して「Jupyter Notebook」をクリックすると「Desktop」や「Document」などフォルダの一覧が確認できるので、ここに作業用フォルダを作成します。右上の「New」をクリックして「Folder」を選択し、「Untitled Folder」というフォルダが生成されていることを確認します。

図P-2-4　Jupyter Notebookの作業用フォルダを作成

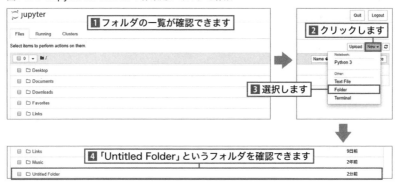

　フォルダの左側にあるチェックボックスにチェックを入れて、右上の「Rename」をクリックすると名前を変更できます。ここでは、「work」というフォルダ名に変更しました。今後、多くのプログラム開発を行う場合は、フォルダの整理が重要です。作成したフォルダの中にさらにプロジェクトごとにサブフォルダを作るなど、工夫しておくと便利です。

図P-2-5　フォルダ名を「work」に変更

　これで、Pythonでプログラミングを行うための準備が整いました。ここからは、いよいよ自分の手でプログラミングする方法を説明します。

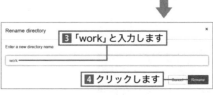

Pythonによるプログラミングを体験してみよう

　ここからは、Jupyter Notebookで作成したフォルダの中に移動し、プログラムを作成して動くことを確認してみましょう。最初に行うのは、print文という文字列を表示するプログラムの実行です。単純なプログラムではありますが、作成した開発環境／実行環境が問題なく動作しているかどうかを確認するうえで、実際の開発現場でも実行する重要なプログラムです。

　さきほど作成した「work」フォルダをクリックして、フォルダ内に移動します。フォルダを作成したときにクリックした右上の「New」をクリックして「Python 3」を選択すると、次ページにあるNotebookと呼ばれる画面が起動します。

　ここにプログラムを書いていくことで、プログラムを実行できます。

図P-3-1　Pythonプログラムを開始する手順

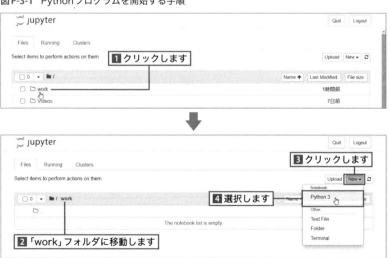

図P-3-2 Notebook

ここにプログラムを記入します

　それでは、print文を実行して実際に文を出力させてみましょう。図のように printの後にスペース等を挿入しないで括弧で挟んで、その中にクォーテーションマークで文字列を括ります（ダブルクォーテーションマークでもシングルクォーテーションマークでもどちらでもかまいません）。

　ここでは、プログラミングの分野では伝統的に使われている "Hello" という文字列を入力してみましょう。プログラムを書いた後は、 Shift ＋ Enter キーを押すとプログラムが実行できます。

　図のように文字列が表示されることが確認できます。日本語の表示も可能です。"Hello world"だけでなく、いろいろな文字列を表示してみましょう。

図P-3-3 print文による文字列の表示

```
jupyter  Untitled  Last Checkpoint: 6分前 (unsaved changes)

File  Edit  View  Insert  Cell  Kernel  Widgets  Help

In [1]: print("Hello world")        ■「("Hello world")」と入力します
        Hello world                  ■ 文字列が表示されます

In [ ]: |
```

　次に行うのは計算です。電卓のようにさまざまな計算を行うことができます。たとえば「10+20」という式を入力して実行すると、「30」という答えが出力されます。

　足し算は「+」、引き算は「-」、掛け算は「*」、割り算は「/」を使います。

図P-3-4　計算を行う手順

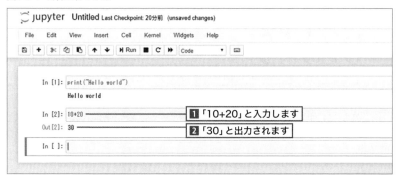

　ここまでできれば、Pythonでのプログラミングを学ぶための入り口に立てたといえるでしょう。本格的に基礎からPythonを学んでみたい場合は、入門書や動画などの教材を探してみましょう。

Prologue 4

ファイルをアップロード
してみよう

　ここからは、1章からのプログラムを実行するための準備として、Jupyter Notebookのフォルダに必要なファイルをアップロードします。

　Jupyter Notebookの画面にある「Upload」ボタンをクリックして、章ごとに必要なファイルを選択してからファイルごとに「Upload」ボタンをクリックすると、Jupyter Notebookフォルダにファイルがアップロードされます。

図P-4-1 ファイルのアップロード手順

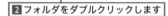

第一部

確率統計・機械学習 編

　ここでは、実際のビジネス現場におけるデータを分析するために必須の数学的知識である確率統計・機械学習について学んでいきます。これらを学ぶことで、データを分析し、これから高い需要が見込めるであろう顧客層を発見することができるようになるなど、事業の改善や価値の創造につながる知識とその使い方が見えてきます。

　確率統計や機械学習の専門書を読もうとすると、数式や難解な説明ばかりが並んでいたり、ビジネスの現場でどのように応用すればよいのかが書かれていなかったりなど、実際に利用していくとなるとハードルを感じることが少なくありません。

　ここでは、数式の説明は最小限にとどめ、その裏側にある「考え方」について、実際のデータを扱いながら、図解とプログラミングを通して身につけていくことを目指します。

## 第 1 章

統計分析はじめの一歩、統計分布の可視化と分析

データを手にして まず行うべきこと

昨今、「データ分析」や「機械学習」について耳にする機会は増えたものの、その基礎となる「確率統計」との関係について書かれている専門書は、あまり多くありません。しかしながら、確率統計の基礎的な知識がないまま、データ分析や機械学習の関数やツールを使ってしまうと、誤った使い方をしてしまい、見当外れの分析結果を導き出してしまいます。

基礎について簡単にであっても知識を持っておくことは、そうした誤りを防ぐことにつながります。さらに、基礎を知っておくことで、独自の使い方や改善を工夫できます。こうしたことから、基礎を知っておくことには大きな意味があります。

本章では、データを入手してすぐに行うべき、データを分析して統計値を把握する一連の流れについて学んでいきながら、2章で扱う機械学習や、3章で扱う推測統計の足掛かりとしていきます。本章は特に数学的な内容というよりは、その準備に該当する章ですので、必要な知識を調べながら、ご自身で工夫して取り組んでみることをお勧めします。

顧客行動のデータ分析を行うことになった背景

あなたは、ホテルからの依頼を受け、売り上げ改善のためのデータ分析を行うことになりました。対象は、東京都内にある150室の客室を持つリゾートホテルであり、コロナウイルス感染症の流行後、しばらく客足が低迷していたものの、価格を下げて、リモートワークのための個室としての利用などを促す宣伝の甲斐あって、少しずつ回復の兆しを見せているとのことです。まずは、二年分の宿泊データを預かったので、これを分析することから始めて、わかることから整理していきましょう。

1-1

データを読み込んでみよう

　データの統計分析を行うにあたって、最初に行うことはデータの読み込みです。以下のソースコードを実行して、accomodation_info.csvを読み込んでみましょう。

```
データを読み込む                                          Chapter1.ipynb
1   import pandas as pd
2   df_info = pd.read_csv("accomodation_info.csv",
    index_col=0, parse_dates=[0])
3   df_info
```

図1-1-1 データを表示する

出力[24]:

日時	顧客ID	宿泊者名	プラン	金額
2018-11-01 00:02:21	110034	若松 花子	B	19000
2018-11-01 00:03:10	112804	津田 美加子	D	20000
2018-11-01 00:06:19	110275	吉本 美加子	D	20000
2018-11-01 00:08:41	110169	坂本 直人	B	19000
2018-11-01 00:12:22	111504	青山 零	A	15000
...	...	...	...	...
2020-10-31 23:38:51	110049	吉本 篤司	A	3000
2020-10-31 23:42:12	110127	喜嶋 浩	A	3000
2020-10-31 23:47:24	115464	藤本 明美	D	8000
2020-10-31 23:53:22	114657	鈴木 七夏	A	3000
2020-10-31 23:57:21	111407	鈴木 治	A	3000

71722 rows × 4 columns

　このデータは、宿泊客のチェックイン時間と宿泊者名と宿泊者に対応する顧客ID、宿泊者の選択したプラン（A〜Dの四種類）、それに対応する料金の情報を格納したものです。宿泊料金は、曜日や季節によって変動する場合があり、特にコロナウイルス感染症の流行後は客足が途絶えたことにより、大幅な値下げを行っています。

　宿泊者が選択できるプランは、A（素泊まり）、B（朝夕食付）、C（素泊まり露天風呂付客室）、D（朝夕食付露天風呂付客室）の四プランであり、感染症流行前は、レストランでの朝夕食付プランが人気でした。

　感染症流行を経て、状況がどのように変化したのかに注意しながら、分析を行いましょう。

1-2

時系列データを可視化してみよう

　読み込んだデータがどのようなものであるかを理解するためには、大まかな全体像をつかむ必要があります。そこで重要なのが、「時間」と「分布」という2つの大きな軸です。全体の数字が時間的にどのように変化しているのか、そして、統計的にどのように分布しているのかを捉えることが重要です。

　まずは、時間的な変化を捉えるために、時系列データの生成を行いましょう。

　時系列データを生成する方法にはさまざまなものがありますが、今回は統計値に関する感覚をつかむことを重視し、簡易的なものを利用します。

　以下のソースコードを実行して、月ごとの売り上げと利用者数の推移をグラフとして可視化してみましょう。

月ごとの売り上げを可視化する　　　　　　　　　　　　　　　　📄 Chapter1.ipynb

```
import matplotlib.pyplot as plt
plt.plot(df_info["金額"].resample('M').sum(),color="k")
plt.xticks(rotation=60)
plt.show()
```

図1-2-1 月ごとの売り上げ

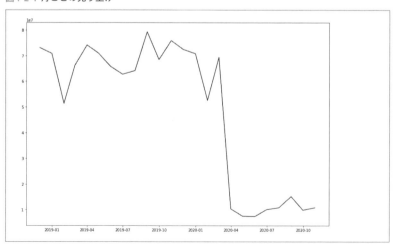

月ごとの利用者数を可視化する　　　　　　　　　　　　　　　　📄 Chapter1.ipynb

```
1  import matplotlib.pyplot as plt
2  plt.plot(df_info.resample('M').count(),color="k")
3  plt.xticks(rotation=60)
4  plt.show()
```

図1-2-2 月ごとの利用者数

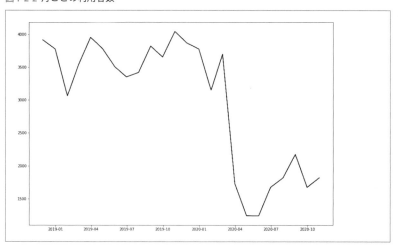

　ここで用いたのは、Pythonのライブラリであるpandasの関数resampleであり、期間ごとの集計を行うものです。引数としてMを指定することで、月（Month）ごとに値が集計され、sum関数でその合計値をcount関数でその頻度を出力できます。これにより、売り上げも利用者（宿泊者）も、感染症流行を経て激減していることがわかります。

　今回は比較的全体像がつかみやすいデータを用いたので、すぐに分析をはじめることができました。しかしながら、取り扱うデータによっては、分析をはじめるまでに、いくつものステップを踏む必要がある場合もあります。

　そうした扱いにくいデータに対する前処理などは、下山輝昌他『Python実践データ分析100本ノック』(秀和システム) などに詳しく掲載されていますので、関心のある読者の方はチャレンジしてみてください。

平均値、中央値、最小値、最大値を出力してみよう

　時系列に関する全体像を確認したあとは、統計的な分布に関する情報をとらえていきます。具体的には、どのような利用者（宿泊者）がいるのかの全体像を大まかに把握するために、各利用者（宿泊者）の利用回数（宿泊回数）の平均値、中央値、最小値、最大値を求めてみましょう。以下のソースコードを実行してみてください。

平均値、中央値、最小値、最大値の出力を行う	Chapter1.ipynb

```
1  x_mean = df_info['顧客ID'].value_counts().mean()
2  x_median = df_info['顧客ID'].value_counts().median()
3  x_min = df_info['顧客ID'].value_counts().min()
4  x_max = df_info['顧客ID'].value_counts().max()
5  print("平均値:",x_mean)
6  print("中央値:",x_median)
7  print("最小値",x_min)
8  print("最大値",x_max)
```

図1-3-1 平均値、中央値、最小値、最大値を表示する

```
平均値: 13.073641997812613
中央値: 7.0
最小値 1
最大値 184
```

　ここでは、pandasの出現頻度をカウントするvalue_countsという関数を用いています。カラム名として**顧客ID**を指定することで、利用者ごとに割り振られたIDが、全体でどれくらいの頻度で出現しているのかをカウントします。

　そして、mean/median/min/maxという関数を用いることで、平均値、中央値、最小値、最大値を出力します。

　それらの値を再掲すると、次ページの通りです。

平均値: 13.073641997812613
中央値: 7.0
最小値 1
最大値 184

　ここで注目すべきなのは、平均値が約13回なのに対して中央値が約7回と、値がずれているということです。
　以下の式のように、平均値とは利用者すべての利用回数の合計を利用者の数で割ったものなのに対し、中央値とは利用者のうち上から（あるいは下から）数えて中央の順位に位置する者の利用回数を表します。

（平均値）＝（利用者すべての利用回数の合計）/（利用者数の合計）
（中央値）＝（利用者のうち上から数えて中央の順位に位置する者の利用回数）

　この平均値と中央値とのずれは、統計データを扱ううえで慎重に扱わなければなりません。もしも、**図1-3-2**のように利用者の利用回数が一様に分布していれば（利用回数が多い人も少ない人も、一様に存在すれば）平均値と中央値は概ね一致します。しかしながら、**図1-3-3**のように利用回数が少ない人が多く、利用回数が多い人がまばらに分布しているなど、その分布に偏りが見られる場合は、平均値と中央値にずれが生じる場合があります。

図1-3-2 利用者の利用回数に偏りがない場合の平均値と中央値との関係

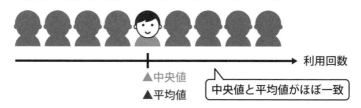

図1-3-3 利用者の利用回数に偏りがある場合の平均値と中央値との関係

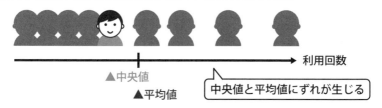

　実際、今回求めた値を見ると、最小値が1なのに対して最大値が184、最小値が平均値である13に近い値なのに対して最大値は184と、平均値である13から遠い位置にいることがわかります。この場合は、**図1-3-3**のように最小値に近いところに利用回数が集中していて、最大値に近いところはまばらに点在しているのではないかと予想できます。

　とはいえ、最大値や最小値というのは「点」の情報であり、「全体」の情報ではないので、あくまで予想の範囲を超えません。ここからは、全体の情報を知るため、「分布」に着目してみましょう。

1-4

分布の形を見てみよう

　利用者（宿泊者）の利用回数（宿泊回数）の分布を見ていくためには、グラフのヒストグラム表示を行うことが必要です。Python のライブラリ matplotlib のヒストグラム表示を行う関数 hist を用いて、これを行ってみましょう。以下のソースコードを実行してみてください。

分布の可視化を行う　　　　　　　　　　　　　　　　🖿 Chapter1.ipynb

```
import matplotlib.pyplot as plt
x = df_info['顧客ID'].value_counts()
x_hist,t_hist,_ = plt.hist(x,21,color="k")
plt.show()
```

図1-4-1 分布の可視化

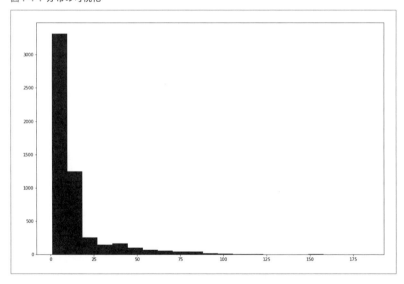

　ここで表示するヒストグラムは、横軸が頻度（利用回数）、縦軸がサンプル数（利用者数）を表します。ここでは、hist 関数の引数として、顧客ID ごとの頻度を抽出した関数 x と、21という数字と、グラフの色を指定する color="k"（k はブラックを意味します）の3つを渡しています。

2つ目の引数である21という数字は、最大値と最小値の間を分ける区間を表します。最も左側の区間は、1から184の間を21で割った区間（およそ1から9.7）を表し、その間の利用頻度の利用者数（およそ3300名）が縦軸で表示されていることになります。

この結果を見ると、左端にデータが集中している様子がわかります。ほとんどの利用者は一回のみ、あるいはごく少数の利用のみなので、その人数は0付近に集中するのですが、少数だけ極めて多い回数の利用者が存在します。それが、さきほど求めた平均値が最小値側に大幅に偏っている理由だったということがわかります。

こうした0付近に多くのサンプル数（利用者数）が集中し、それ以降、急激に減少していく分布は「**べき分布**」と呼ばれ、ビジネスの現場では非常に多く見られます。わずか少数の人数が非常に多い利用回数を「独占」する傾向を持つような分布であることから、「パレートの法則」や「80：20の法則」などと呼ばれる「売り上げの8割を2割の顧客が生み出している」など、ビジネスの現場で多く見られる法則を裏付ける分布として知られています。

全体の分布を見ていくことで、こうした法則を知ることができ、今目の前にあるビジネスの傾向がつかめます。そして、そうした傾向が見えることによって、今後の将来予測にもつながっていき、目標を達成するためにどのような施策を打つべきかについても考えられるようになります。

たとえば、売り上げを倍に増やしたいと思った場合に、どのような顧客にアプローチすべきか（利用頻度の高い顧客にアプローチすることは、新規顧客を増やすことに比べてどれだけインパクトが大きいのか）などを、こうした分布の形状から考えられるようになるのです。

データ分析を行ううえで知っておく必要のある分布に関してはさまざまなものがありますが、「べき分布」に加えて、次ページの**図1-4-2**にある2つの分布を知っておくことが重要です。

まず、「**一様分布**」は、たとえば「サイコロの目の頻度」や「ルーレットのそれぞれの数字の頻度」など、何の偏りもない「平等」な確率によって成り立つ分布です。

次に、「**正規分布**」は、自然界において頻繁に見られる重要な分布であり、たとえば「日本の小学一年生の身長や体重」など、平均値付近に多くの人が集中する傾向があるものです。現在扱っているホテルなどの場合であれば、利用者のレストランでの摂取カロリー量など、個々人が持つ身体能力などがそのまま反映されるようなものに頻繁に見られます。

それらに比較して「べき分布」は、個々人の能力そのものというよりも、これまで積み上がった実績や貯蓄額などが相互に影響しあうものに多く、一部の人が全体のうちの大多数を独占する、といった傾向を持つものに多く見られます。SNSでの友達数などもこの分布が顕著に見られ、人間関係などの「ネットワーク」との関係が強いと言われています（ネットワークと分布との関係については、**7-7～7-9**で扱います）。

以上は、データ分析を行ううえで必要な分布の一部にすぎませんが、まず押さえておくべき重要な分布であり、今扱っているデータがどのような分布を持つかということを考えるうえで、これら3つのうちどの傾向が強いのか、などを意識するだけでも、データ全体を俯瞰して見られるようになるでしょう。

図1-4-2 データ分析を行ううえで必要最低限の分布

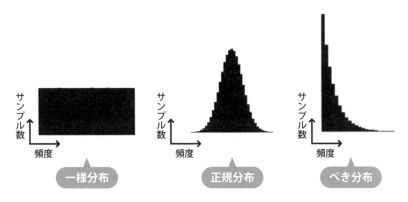

1-5

分布の近似曲線を求めてみよう

　ここまで解説してきた「分布」は、分布の性質に関する定性的な説明にとどまっていました。ここからは、現在、分析しているデータがどのような数式に基づく分布に従うのかを求めてみたいと思います。これを行うことによって、ヒストグラム上に「**近似曲線**」を引くことができ、実際にべき分布をしているということを説得力高く示すことができます。

　近似曲線を引くには、「近似曲線に関するパラメータを算出」→「そのパラメータに従う曲線を描画する」という2つのステップが必要になります。

　これらを実行するために、以下のソースコードを実行してみましょう。

近似曲線のパラメータを算出する	🗋 Chapter1.ipynb

```python
import numpy as np
import matplotlib.pyplot as plt

# パラメータ設定
epsiron = 1
num = 15

# 変数設定
weight = x_hist[1:num]
t = np.zeros(len(t_hist)-1)
for i in range(len(t_hist)-1):
    t[i] = (t_hist[i]+t_hist[i+1])/2

# フィッティング(最小二乗近似)によるパラメータの算出
a, b = np.polyfit(t[1:num], np.log(x_hist[1:num]), 1, w=weight)

# フィッティング曲線(直線)の描画
xt = np.zeros(len(t))
for i in range(len(t)):
    xt[i] = a*t[i]+b
plt.plot(t_hist[1:], np.log(x_hist+epsiron),marker=".", color="k")
plt.plot(t,xt,color="r")
plt.show()
```

図1-5-1 近似曲線のパラメータの算出

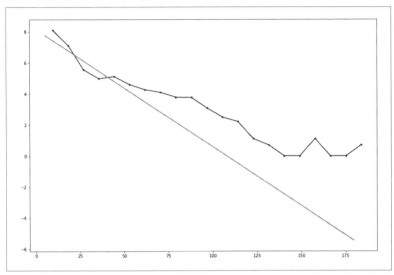

```python
1  import numpy as np
2  import matplotlib.pyplot as plt
3  import math
4
5  t = t_hist[1:]
6  xt = np.zeros(len(t))
7  for i in range(len(t)):
8      xt[i] = math.exp(a*t[i]+b)
9
10 plt.bar(t_hist[1:], x_hist,width=8,color="k")
11 plt.plot(t,xt,color="r")
12 plt.show()
```

第一部 確率統計・機械学習編

図1-5-2 近似曲線の描画

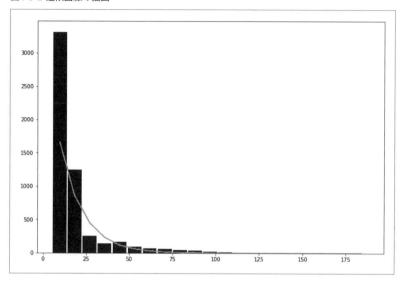

　ここで行っている操作を理解するには、基本的には、「べき分布の近似曲線を描くこと」という理解で問題ありません。ただ、後ほど「パラメータ設定」によって、描く近似曲線が変化するという説明を行うので、その点については押さえておきましょう。

　さて、べき分布の近似曲線を求める以上のソースコードの意味を説明するためには、べき分布がどのような数式に基づくものかを理解する必要があります。まず、べき分布において、ある頻度x（ヒストグラムの横軸）が出現する確率$p(x)$（ヒストグラムの縦軸）は、以下の式で表せます。

$$p(x) = Ae^{ax} \quad (a < 0) \quad \cdots\cdots （式①）$$

　この式を、$A = e^b$として置き換えたうえで、両辺の$\log$をとると、以下のようになります。

$$\log p(x) = ax + b \quad \cdots\cdots\cdots （式②）$$

このように単純な二次式になるので、直線との最小二乗近似を行うことが可能になります。これを行うための準備として、さきほどヒストグラムを描いた際に出力したx_hist（ヒストグラムの縦軸）とt_hist（ヒストグラムの横軸の各区間の端点）を利用します。

t_histは、各区間の端点を表すため、区間の中心点を表すtに変換しておきます（ソースコード内の「変数変換」）。そして、Pythonのライブラリであるnumpyの関数$polyfit$を用いて、（式②）のパラメータaとbを同時に求めます。

xとしてはtを、yとしてはx_histの$\log$をとったものである$\log($x_hist$)$を指定します。最後の引数である$w =$ weightは、近似曲線にフィッティングする際の重みを表し、ここではweight $=$ x_histとすることによって、縦軸の値が大きいほどフィッティングの重みを強めるように指定しています。

そして、フィッティングの区間は全体を用いるのではなく、numで指定するようにしています。最初の「パラメータ設定」では、numとともにepsironという数値を設定できるようにしています。これは、x_histの値が0だった場合、$\log$をとると負の無限大に発散してしまうので、それを避けるために足し合わせる便宜上の値です。

こうして、（式②）とフィッティングさせた様子を**図1-5-4**「べき分布の近似曲線を描くソースコードとその結果」の「近似曲線のパラメータの算出」に示しています。これを見ると、図の左側はよくフィッティングしているものの、右側に行くほどにフィッティングしなくなっています。これは、さきほど設定したweightによるものです。

一方、（式①）へのフィッティングの様子である**図1-5-2**「近似曲線の描画」を見ると、今度は図の左側のフィッティングが良くないように見えます。これは、べき分布は右側へ進むほどにその値は0に近くなり、人間の目には違いがわかりにくくなる一方で、左側へ戻ると値が大きくなるため、人間の目による違いが顕著になることによるためです。

何を基準にフィッティングする（近似曲線を描く）かは、どのように見せたいかによります。たとえば、図の左側のフィッティングをよく見せたい場合には、numの値を小さくするとよいでしょう。例として、numを3と設定した場合を**図1-5-3**に示します。一方、元の直線のフィッティングを合わせたい場合には、関数$polyfit$の引数である$w =$ weightを引数から外します。

具体的には、ソースコードを以下のように改変します。

```
14   # フィッティング(最小二乗近似)によるパラメータの算出
15   a, b = np.polyfit(t[1:num], np.log(x_hist[1:num]), 1)
```

これにより、図の左側のフィッティングは悪くなりますが、全体の値に比較的忠実に従ったフィッティングを行うことが可能になります。

近似曲線を描く場合は、「なぜその曲線を描いたのか」「どのように描いたのか」「その曲線によってどのような意味を伝えたいのか」ということが重要であり、描いた近似曲線を自分自身で理解していないと、データに対する誤った理解につながるだけでなく、顧客（データ分析の依頼元）に対して誤った情報を伝えてしまい、ひいては信用の失墜につながります。

そのためには、ここではnumやweightについて理解しておけば十分であり、細かい数式（式①や式②）を追いかけることは、より深い理解につながることはあっても必須ではありません。細部にとらわれず、全体の性質をしっかりと理解し、実際のデータ分析に臨むようにしましょう。

図1-5-3 べき分布の近似曲線を描いた結果（num＝3の場合）

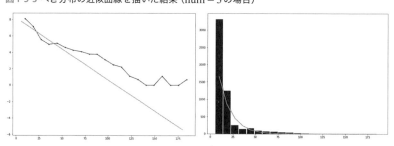

図1-5-4 べき分布の近似曲線を描くソースコードとその結果（weightを一様とした場合）

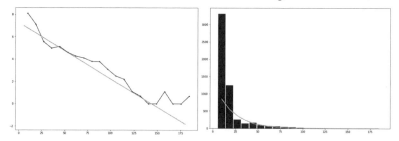

1-6

プランごとにデータを抽出してみよう

　感染症の流行など大きなイベントが発生した際に、顧客の行動がどのように変化したかを分析しておくことは重要です。特に、私たちが今扱っているデータは顧客の時系列的な行動変化だけでなく、プランＡからＤまでどのようなものを選択するのかという行動の分析を行うことができます。

　まずは、以下のソースコードを使って、プランごとのデータ抽出を行ってみましょう。ソースコードはプランＡのみの表示にとどまっていますが、読者の皆さんは、プランＢからＤについても確認してみてください。

プランごとにデータ抽出を行う　　　　　　　　　　　　　　🗐 Chapter1.ipynb

```
1  print(df_info[df_info["プラン"]=="A"])
```

図1-6-1 プランごとのデータ抽出

```
                         顧客ID      宿泊者名  プラン       金額
日時
2018-11-01 00:12:22     111504     青山 零     A   15000
2018-11-01 00:18:26     114882     山岸 淳     A   15000
2018-11-01 00:20:47     110865     石田 和也    A   15000
2018-11-01 00:21:52     110069     山岸 聡太郎   A   15000
2018-11-01 15:02:07     111430     山田 明美    A   15000
...                       ...       ... ..      ...
2020-10-31 22:14:38     110004     山岸 健一    A    3000
2020-10-31 23:38:51     110049     吉本 篤司    A    3000
2020-10-31 23:42:12     110127     喜嶋 浩     A    3000
2020-10-31 23:53:22     114657     鈴木 七夏    A    3000
2020-10-31 23:57:21     111407     鈴木 治     A    3000

[12954 rows x 4 columns]
```

　ここでは、pandasのデータフレーム形式によって保存したカラム名（列名）から「プラン」を指定し、その値がＡとなっているものを抽出しました。さて、ここで抽出したデータを用いて、ヒストグラムを作成してみましょう。

43

第
一
部

確
率
統
計
・
機
械
学
習
編

　ソースコードは以下の通りです（ヒストグラムの描画については**1-4**を復習しましょう）。この結果を見ると、やはりプランごとに見ても、べき分布に従っているということがわかります。

プランごとにヒストグラム表示を行う　　　　　　　　　　　🗋 Chapter1.ipynb

```
1  df_a = df_info[df_info["プラン"]=="A"]
2  x_a = df_a['顧客ID'].value_counts()
3  xa_hist,ta_hist,_ = plt.hist(x_a,21,color="k")
4  plt.show()
```

図1-6-2 プランごとのヒストグラム表示

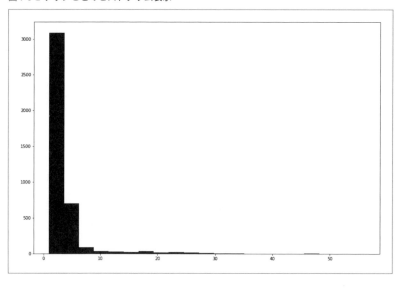

　最後に、プランごとの毎月の利用者数を時系列で表示してみましょう（時系列表示については**1-2**を復習しましょう）。

44

プランごとの毎月の利用者数を表示する　　　　　　　📄 Chapter1.ipynb

```python
import matplotlib.pyplot as plt
plt.plot(df_info[df_info["プラン"]=="A"].resample('M').
count(),color="b")
plt.plot(df_info[df_info["プラン"]=="B"].resample('M').
count(),color="g")
plt.plot(df_info[df_info["プラン"]=="C"].resample('M').
count(),color="r")
plt.plot(df_info[df_info["プラン"]=="D"].resample('M').
count(),color="k")
plt.xticks(rotation=60)
plt.show()
```

図1-6-3 プランごとの毎月の利用者数

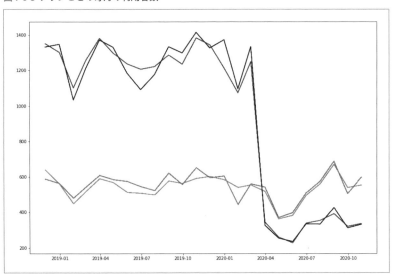

　こうしてプランごとの推移を見ると、プランB/D（ともに朝夕食付）については、感染症の流行を強く受けている一方で、プランA/C（ともに朝夕食なし）については、その影響をほとんど受けていないということがわかります。

　ここから、「宿泊客は感染症の影響でレストランなどの密室をなるべく避けるようになったものの、リモートワークを行う新規顧客の獲得などによって、朝夕食のないプランについてはその影響を最小限にとどめられたのではないか」という予想を行うことができます。

大口顧客の行動を分析してみよう

　ここまでは、時系列や分布など、全体（マクロ）の様子を中心に確認してきました。ここからは、よりミクロな個人に近い情報を扱っていきます。そのために重要なのは、少ない数ではあるが極めて利用頻度（宿泊頻度）が高い「大口顧客」の分析です。これは、1-4で扱った関数value_countsからindexを取り出すことによって、それが可能になります。

　以下のソースコードを実行してみましょう。

利用頻度の上位10名の情報を出力する　　　　　　　　　📄 Chapter1.ipynb

```
1  for i_rank in range(10):
2      id = df_info['顧客ID'].value_counts().index[i_rank]
3      print(df_info[df_info['顧客ID']==id])
```

図1-7-1 顧客ごとの利用回数（上位10名）

```
                      顧客ID    宿泊者名  プラン       金額
日時
2018-11-03 19:03:50  110067   石田 知実   B   19000
2018-11-03 23:35:27  110067   石田 知実   B   19000
2018-11-07 19:15:07  110067   石田 知実   D   20000
2018-11-14 23:01:12  110067   石田 知実   B   19000
2018-11-20 17:58:54  110067   石田 知実   D   20000
...                     ...    ...  ..     ...
2020-10-19 22:53:41  110067   石田 知実   D    8000
2020-10-22 15:22:04  110067   石田 知実   A    3000
2020-10-22 18:45:23  110067   石田 知実   C    7000
2020-10-22 23:35:10  110067   石田 知実   C    7000
2020-10-31 19:03:46  110067   石田 知実   A    3000

[184 rows x 4 columns]
                      顧客ID    宿泊者名  プラン       金額
日時
2018-11-02 21:26:41  110043   斉藤 あすか  A   15000
2018-11-05 16:32:52  110043   斉藤 あすか  B   19000
2018-11-17 19:46:04  110043   斉藤 あすか  B   19000
2018-11-23 16:11:16  110043   斉藤 あすか  C   19000
2018-11-24 22:38:48  110043   斉藤 あすか  B   19000
...                     ...    ...  ..     ...
2020-10-18 15:07:52  110043   斉藤 あすか  C    7000
2020-10-21 15:37:46  110043   斉藤 あすか  A    3000
2020-10-21 17:08:25  110043   斉藤 あすか  C    7000
2020-10-22 21:38:45  110043   斉藤 あすか  A    3000
2020-10-28 20:42:55  110043   斉藤 あすか  C    7000
```

次ページへつづく

```
2020-10-08 22:36:17    110091    桐山 英樹    C    7000
2020-10-15 18:02:24    110091    桐山 英樹    C    7000
2020-10-27 23:50:26    110091    桐山 英樹    C    7000
2020-10-29 19:19:01    110091    桐山 英樹    A    3000
2020-10-31 18:10:00    110091    桐山 英樹    C    7000

[111 rows x 4 columns]
```

　このようにindexを取り出すことで、上位1位から順に情報を引き出すことができます。これを時系列情報として可視化することも、これまで扱った内容から比較的容易に行うことができます。

　以下のソースコードを実行してみましょう。

利用頻度が1〜10位の時系列表示を行う　　　　　　　　　　　　Chapter1.ipynb

```
1  import matplotlib.pyplot as plt
2  for i_rank in range(10):
3      id = df_info['顧客ID'].value_counts().index[i_rank]
4      plt.plot(df_info[df_info['顧客ID']==id].resample
   ('M').count())
5      plt.xticks(rotation=60)
6  plt.show()
```

図1-7-2 上位10名の月ごとの利用回数

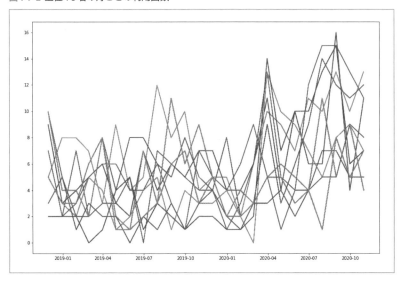

利用頻度が11〜20位の時系列表示を行う　　　　　　　　　📄 Chapter1.ipynb

```
1   import matplotlib.pyplot as plt
2   for i_rank in range(10,20):
3       id = df_info['顧客ID'].value_counts().index[i_rank]
4       plt.plot(df_info[df_info['顧客ID']==id].resample
    ('M').count())
5       plt.xticks(rotation=60)
6   plt.show()
```

図1-7-3 11〜20位の月ごとの利用回数

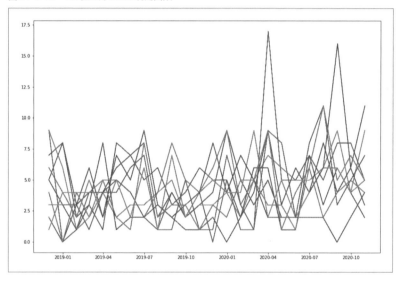

　10名の情報を一度に線グラフにして表示すると少しわかりにくいですが、ある程度その傾向はつかめます。上位１〜10位のグラフを見ると、感染症流行後にむしろ利用頻度が増加しているものも見受けられます。

　一方で11〜20位のグラフを見ると、一定期間に突出しているものがあるものの、感染症流行前後では横ばいのものも見られます。

　ここで重要なのは、感染症流行前後での利用者の動向に特徴が見られそうだということです。

　ここからは、この傾向をより詳細に確認していきましょう。

1-8

感染症流行前後の顧客の行動を分析してみよう

　さて、ここまでの分析を通して、感染症流行前後で利用者（宿泊者）の行動が大きく変化したこと、その一方で、行動の変化のパターンについては、利用者ごとに特徴が分かれている可能性がある、ということがわかってきました。

　ここからは利用頻度の高い大口顧客にある程度的を絞ったうえで、その様子を確認していきましょう。感染症流行前後を2020年3月1日前後とし、その前後での大口顧客1人ひとりの累積利用回数を可視化してみましょう。

　その準備として感染症流行前後でデータを分割し、それぞれでの累積利用回数を算出します。まずは、以下のソースコードを実行してみましょう。

インデックスをリセットする　　　　　　　　　　　　　　🗋 Chapter1.ipynb

```
1   df_info = df_info.reset_index()
```

感染症流行前後のデータを分離（分割）する　　　　　　　🗋 Chapter1.ipynb

```
1   import datetime as dt
2   target_date = dt.datetime(2020,3,1)
3   df_info_pre = df_info[df_info["日時"] < target_date]
4   df_info_post = df_info[df_info["日時"] >= target_date]
5   print(df_info_pre)
6   print(len(df_info_pre)+len(df_info_post),len(df_info))
```

図1-8-1 感染症前後のデータを分離

```
                  日時      顧客ID    宿泊者名  プラン      金額
0    2018-11-01 00:02:21   110034   若松 花子    B   19000
1    2018-11-01 00:03:10   112804   津田 美加子   D   20000
2    2018-11-01 00:06:19   110275   吉本 美加子   D   20000
3    2018-11-01 00:08:41   110169   坂本 直人    B   19000
4    2018-11-01 00:12:22   111504   青山 零     A   15000
...                 ...      ...     ...  ..     ...
```

次ページへつづく

```
58321 2020-02-29 23:49:54    111270    中津川 里佳    C    19000
58322 2020-02-29 23:52:14    112251    田中 真綾      B    19000
58323 2020-02-29 23:52:51    115804    井高 真綾      D    20000
58324 2020-02-29 23:53:09    112928    石田 修平      D    20000
58325 2020-02-29 23:55:28    110504    田辺 京助      B    19000

[58326 rows x 5 columns]
71722 71722
```

　最初に、これまでは1-1で取り込んだデータdf_infoの「日時」情報が列名（カラム名）ではなくインデックスとして指定されていたので、これをリセットし、列名（カラム名）の1つとします。これによって、「日時」が2020年3月1日の前か後かという条件式を与えることができます。

　こうして、元のデータdf_infoを感染症流行前の情報であるdf_info_preと、後の情報であるdf_info_postに分割します。そして、それらが正しく分割できていることを確認するためにdf_info_preを表示するとともに、df_info_preとdf_info_postの要素数の合計がdf_infoと同一であることを確認します。

　これらの情報から大口顧客の感染症流行前後の行動を比較してみましょう。以下のソースコードを実行してみてください。

感染症流行前後のデータを二次元にマッピングする①	📄 Chapter1.ipynb

```python
import numpy as np
import matplotlib.pyplot as plt
num = 200
count_pre_and_post = np.zeros((num,2))
for i_rank in range(num):
    id = df_info['顧客ID'].value_counts().index[i_rank]
    count_pre_and_post[i_rank][0] = int(df_info_pre[df_
info_pre['顧客ID']==id].count()[0])
    count_pre_and_post[i_rank][1] = int(df_info_post[df_
info_post['顧客ID']==id].count()[0])
plt.scatter(count_pre_and_post.T[0], count_pre_and_
post.T[1], color="k")
for i_rank in range(num):
    id = df_info['顧客ID'].value_counts().index[i_rank]
    text = str(id) + "(" + str(i_rank) + ")"
    plt.text(count_pre_and_post[i_rank][0], count_pre_
and_post[i_rank][1], text, color="k")
```

次ページへつづく

```
14  plt.xlabel("pre epidemic")
15  plt.ylabel("post epidemic")
16  plt.show()
```

図1-8-2 感染症流行の関係を二次元にマッピング

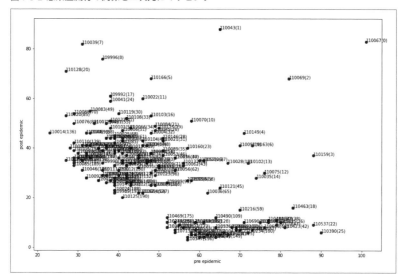

　ここではnum＝100として、（感染症流行前後両方の）利用回数1位から100位までを対象とし、それらの感染症流行前と後の利用回数をそれぞれcount_pre_and_postという100×2次元の配列に格納します。そのうえで、count_pre_and_postに格納された100点の2次元データを散布図でプロットします。

　横軸は感染症流行前の利用回数、縦軸は感染症流行後の利用回数をそれぞれ表し、その値とともに顧客IDと順位を表示しています。混雑する中心部は少しわかりにくいので、顧客IDと順位を表示するコードをコメントアウトすると次ページの**図1-8-3**のように表示され、全体のばらつきがわかります。

感染症流行前後のデータを二次元にマッピングする②
（顧客IDと順位を非表示にした結果） 　　　　　📄 Chapter1.ipynb

```python
import numpy as np
import matplotlib.pyplot as plt
num = 200
count_pre_and_post = np.zeros((num,2))
for i_rank in range(num):
    id = df_info['顧客ID'].value_counts().index[i_rank]
    count_pre_and_post[i_rank][0] = int(df_info_pre[df_
info_pre['顧客ID']==id].count()[0])
    count_pre_and_post[i_rank][1] = int(df_info_post[df_
info_post['顧客ID']==id].count()[0])
plt.scatter(count_pre_and_post.T[0], count_pre_and_
post.T[1], color="k")
#for i_rank in range(num):
#    id = df_info['顧客ID'].value_counts().index[i_rank]
#    text = str(id) + "(" + str(i_rank) + ")"
#    plt.text(count_pre_and_post[i_rank][0], count_pre_and_
post[i_rank][1], text, color="k")

plt.xlabel("pre epidemic")
plt.ylabel("post epidemic")
plt.show()
```

図1-8-3 感染症流行の関係を二次元にマッピング

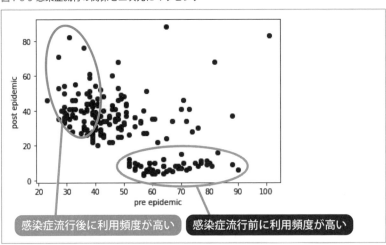

感染症流行後に利用頻度が高い　　感染症流行前に利用頻度が高い

この結果を見ると、感染症流行前後であまり傾向の変わらないもの（散布図の中心部付近に位置するもの）も多くありますが、感染症流行前のみ、あるいは後のみに極端に偏ったものもいくつか見られ、利用者による傾向の違いは大きく見られます。

　次節からは、こうした傾向をより詳細に分析していく方法について見ていきましょう。

1-9

条件による顧客の分類をしてみよう

　ここからは、条件にあった顧客を分類してリストアップする方法について検討していきましょう。本章では、条件式（if文）を使うことで顧客のリストアップを行います（2章ではそれを自動化する方法を利用します）。まず、1-8で利用したマッピングのソースコードを少し変更して、条件にあった顧客をマップ上で可視化してみましょう。以下のソースコードを実行してみましょう。

条件にあった顧客を赤色で表記する　　　　　　　　　　　　　🗎 Chapter1.ipynb

```python
import numpy as np
import matplotlib.pyplot as plt

# パラメータ設定
num = 200
threshold_post = 50

# 感染症前後を可視化
count_pre_and_post = np.zeros((num,2))
for i_rank in range(num):
    id = df_info['顧客ID'].value_counts().index[i_rank]
    count_pre_and_post[i_rank][0] = int(df_info_pre[df_info_pre['顧客ID']==id].count()[0])
    count_pre_and_post[i_rank][1] = int(df_info_post[df_info_post['顧客ID']==id].count()[0])
for i_rank in range(num):
    id = df_info['顧客ID'].value_counts().index[i_rank]
    text = str(id) + "(" + str(i_rank) + ")"
    if count_pre_and_post[i_rank][1]>threshold_post:
        temp_color = "r"
    else:
        temp_color = "k"
    plt.scatter(count_pre_and_post[i_rank][0], count_pre_and_post[i_rank][1], color=temp_color)
    plt.text(count_pre_and_post[i_rank][0], count_pre_and_post[i_rank][1], text, color=temp_color)
plt.xlabel("pre epidemic")
plt.ylabel("post epidemic")
plt.show()
```

図 1-9-1 条件にあった顧客を赤色で表記する

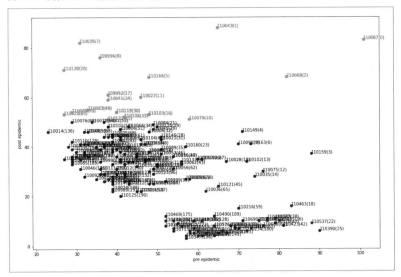

　このソースコードは、感染症流行後の利用回数が50回を超える顧客を赤色に着色して表記するものです。まず、パラメータ設定のところで threshold_post という変数を設定し、この値を50とします。この値を規定日数として、それ以上の回数の顧客を着色できます。

　次節では、このソースコードをさらに変更して、条件にあった顧客リストを作成していきましょう。

条件にあった顧客を
リストアップしよう

1-9で行った条件にあった顧客の着色のソースコードをさらに改変することで、顧客リストの生成を行います。以下のソースコードを実行してみましょう。

条件にあった顧客をリストアップする　　　　　　　　🗎 Chapter1.ipynb

```python
import numpy as np
import matplotlib.pyplot as plt

# パラメータ設定
num = 200
threshold_post = 50

# 顧客リストを生成
list_id = []
list_name = []
list_date_pre = []
list_date_post = []
count_pre_and_post = np.zeros((num,2))
for i_rank in range(num):
    id = df_info['顧客ID'].value_counts().index[i_rank]
    count_pre_and_post[i_rank][0] = int(df_info_pre[df_info_pre['顧客ID']==id].count()[0])
    count_pre_and_post[i_rank][1] = int(df_info_post[df_info_post['顧客ID']==id].count()[0])
for i_rank in range(num):
    id = df_info['顧客ID'].value_counts().index[i_rank]
    text = str(id) + "(" + str(i_rank) + ")"
    if count_pre_and_post[i_rank][1]>threshold_post:
        list_id.append(id)
        list_name.append(df_info['宿泊者名'][df_info['顧客ID']==id].iloc[0])
        list_date_pre.append(count_pre_and_post[i_rank][0])
        list_date_post.append(count_pre_and_post[i_rank][1])

```

次ページへつづく

```
27  # リストをデータフレーム形式に変換
28  df = pd.DataFrame([list_id])
29  df = df.T
30  df.columns = ['顧客ID']
31  df['宿泊者名'] = list_name
32  df['宿泊日数（流行前）'] = list_date_pre
33  df['宿泊日数（流行後）'] = list_date_post
34  print(df)
```

図1-10-1 条件にあった顧客をリストアップ

	顧客ID	宿泊者名	宿泊日数（流行前）	宿泊日数（流行後）
0	110067	石田 知実	101.0	83.0
1	110043	斉藤 あすか	65.0	88.0
2	110069	山岸 聡太郎	82.0	68.0
3	110166	中村 桃子	48.0	68.0
4	110039	井上 晃	31.0	82.0
5	109996	山本 知実	36.0	76.0
6	110070	笹田 知実	58.0	51.0
7	110022	宮沢 聡太郎	46.0	60.0
8	110103	工藤 さゆり	48.0	53.0
9	109992	佐々木 花子	38.0	61.0
10	110128	高橋 健一	27.0	71.0
11	110041	三宅 充	38.0	59.0
12	110119	坂本 修平	40.0	54.0
13	110108	三宅 充	42.0	52.0
14	110122	中津川 知実	38.0	51.0
15	110083	江古田 太郎	33.0	55.0
16	110088	中津川 七夏	29.0	54.0
17	110020	近藤 花子	27.0	53.0

　ここでは、条件にあった顧客のID、宿泊者名、感染症流行前の宿泊日数、感染症流行後の宿泊日数のそれぞれを、list_id、list_name、list_pre、list_postにリスト形式で格納した後に、pandasを利用してデータフレーム形式で出力します。このデータは、さらにpd.to_csv（"ファイル名"）という関数を実行することで、csv形式にして保存できます。

　以上の流れによって、条件にあった顧客のみをリストアップすることができるので、それぞれの顧客に対してのアプローチを検討するなど、その後のマーケティングに応用していくことができるようになります。

　次章では、機械学習のアプローチを用いることによって、さらに詳細な分析を行ってみましょう。

第 **2** 章

回帰、分類、クラスタリング、次元削減と
その意味

機械学習を使った分析を
行ってみよう

データ分析の中核を担う技術である機械学習を理解するために
は、前章で扱った統計値との関係を把握することが何よりも重
要です。機械学習には、「回帰」、「分類」、「クラスタリング」、「次
元削減」など、大きく分けて4つの手法があり、それぞれの手法
は日進月歩で進化していますが、その根幹となる考え方は変わ
りません。

さらにいえば、それぞれの手法は、これもまた日進月歩で進化
するライブラリによって利用可能なため、考え方さえわかって
いれば、ソースコードの一部を置き換えるだけで最新の手法を
取り扱うことが可能です。

本章では、機械学習の大きな4つの手法について、その基礎とな
る手法と使い方を学びながら、その裏側にある数学的な考え方
を身に付け、最新の手法を受け入れる知識的な土台を作ってい
きましょう。

顧客行動パターンの分析を行うことになった背景

ここまでの分析を通して、どれだけの大口顧客がいるのか、そしてその大口顧客の行動パターンは1つではなく、感染症流行前後で宿泊回数が激減している、あるいは増えているといういくつかのパターンが見られることがわかってきました。ここからは、大口顧客の行動パターンについて、機械学習のさまざまな手法を用いて分析していきましょう。

顧客の行動パターンの類似度を計算しよう

意外に見過ごされがちなのですが、顧客の行動パターンを把握するためには、その行動パターンを数値化する必要があります。数値化ができれば、「似ている行動」かどうかを数値の違いで計算できます。このときの似ている度合いを**「類似度」**と呼びます。そして、類似度を計算することができるように、顧客の行動パターンなどの評価したい対象を数値化したものを**「特徴ベクトル」**と呼びます。

2-2で改めて説明しますが、機械学習にはいくつかの種類があります。評価したい対象を「特徴ベクトル」としたうえで、同じような特徴ベクトルを持つものを分類することを**「クラスタリング」**と呼び、すでに何らかの方法で分類がなされているものに対して、その原因を分析し、新たな対象がどの分類になされるかを予測することを**「分類」**と呼びます。また、特徴ベクトルが時系列であった場合、その時系列パターンの傾向を予測することを**「回帰」**と呼びます。

これら機械学習の根幹となる「特徴ベクトル」を定義し、その「類似度」を計算する流れを、以下のソースコードを実行することによって把握しましょう。

まず、「データ読み込み」によって、1章で扱った二年間の宿泊者（顧客）のデータを記載した accomodation_info.csv を読み込みます。次に、「特徴ベクトル可視化」によって、ここで読み込んだ情報の中から、毎月の利用回数（宿泊回数）を特徴ベクトルとして定義します。ここでは、**1-7**で用いたものと同じ方法によって、毎月の利用回数を24次元ベクトル（24個の数値）として特徴ベクトルとします。最も利用回数が多い宿泊者（顧客）の特徴ベクトルを x_i とし、次に利用回数が多い宿泊者の特徴ベクトルを x_j としています。

そして、これらを時系列で重ねてグラフに描画することで、それぞれの特徴ベクトルがどのようなものであるかを把握します。

最後に、「類似度計算」を行います。計算した特徴ベクトルである x_i と x_j との「距離」を計算したうえで次元数で割ったものを、ここでは「類似度」とし

て定義し、この値が0に近いほど類似性が近いと考えます。

「類似度」は数値が大きいほど類似性が高いとする場合が多いですが、ここでは計算を簡単にするため、「距離」を次元数で割ったものをそのまま「類似度」と定義しています。類似度を計算する方法としては、他にも、その相関関係を計算する式である相関係数などさまざまなものがあり、どのような類似性を計算したいかによって使い分けます。

また、ここでの「特徴ベクトル可視化」において「順位の設定」としてi_rankとj_rankの値を変えることで、さまざまな順位の宿泊者（顧客）の特徴ベクトルを可視化でき、「類似度計算」で類似度を計算できます。

ここからは、以上の方法で定義した特徴ベクトルを用いて、機械学習による分析を進めていきます。

データを読み込む   □ Chapter2.ipynb

```
1  import pandas as pd
2  df_info = pd.read_csv("accomodation_info.csv", index_col=0, parse_dates=[0])
3  df_info
```

図2-1-1 データが表示される

日時	顧客ID	宿泊者名	プラン	金額
2018-11-01 00:02:21	110034	若松 花子	B	19000
2018-11-01 00:03:10	112804	津田 美加子	D	20000
2018-11-01 00:06:19	110275	吉本 美加子	D	20000
2018-11-01 00:08:41	110169	坂本 直人	B	19000
2018-11-01 00:12:22	111504	青山 零	A	15000
...	...	...	...	...
2020-10-31 23:38:51	110049	吉本 篤司	A	3000
2020-10-31 23:42:12	110127	喜嶋 浩	A	3000
2020-10-31 23:47:24	115464	藤本 明美	D	8000
2020-10-31 23:53:22	114657	鈴木 七夏	A	3000
2020-10-31 23:57:21	111407	鈴木 治	A	3000

71722 rows × 4 columns

| 特徴ベクトルを可視化する | 🗂 Chapter2.ipynb |

```python
1   import pandas as pd
2   import matplotlib.pyplot as plt
3   # indexの抽出
4   x_0 = df_info.resample('M').count()
5   x_0 = x_0.drop(x_0.columns.values,axis=1)
6   # 順位の設定
7   i_rank = 1
8   j_rank = 2
9   # 顧客IDの抽出
10  i_id = df_info['顧客ID'].value_counts().index[i_rank]
11  j_id = df_info['顧客ID'].value_counts().index[j_rank]
12  # 月ごとの利用回数を特徴量として抽出
13  x_i = df_info[df_info['顧客ID']==i_id].resample('M').count()
14  x_j = df_info[df_info['顧客ID']==j_id].resample('M').count()
15  # 欠損値があった場合の穴埋め
16  x_i = pd.concat([x_0, x_i], axis=1).fillna(0)
17  x_j = pd.concat([x_0, x_j], axis=1).fillna(0)
18  # 描画

19  plt.plot(x_i)
20  plt.plot(x_j)
21  plt.xticks(rotation=60)
22  plt.show()
```

図2-1-2 特徴ベクトル可視化 (特徴ベクトルとして利用回数の時系列データを利用)

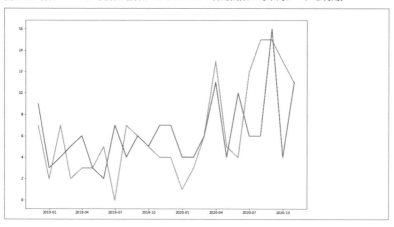

類似度を計算する　Chapter2.ipynb

```
import pandas as pd
import numpy as np
# 特徴ベクトルの差を計算
dx = x_i.iloc[:,0].values-x_j.iloc[:,0].values
# ベクトルノルム(距離)を計算
n = np.linalg.norm(dx)
# 次元による正規化
num_dim = len(x_i)
d = n/num_dim
print("類似度:",d)
```

図2-1-3 類似度を計算する

```
類似度: 0.798218502527834
```

類似度と機械学習との関係を知ろう

2-1で簡単に紹介した通り、機械学習にはいくつかの種類があります。

評価したい対象を「**特徴ベクトル**」としたうえで、同じような特徴ベクトルを持つものを分類することを「**クラスタリング**」と呼び、すでに何らかの方法で分類がなされているものに対し、その原因を分析して、新たな対象がどの分類になされるかを予測することを「**分類**」と呼びます。また、特徴ベクトルが時系列であった場合、その時系列パターンの傾向を予測することを「**回帰**」と呼びます。

また、すでに分類／予測する方法が決まっている「分類」と「回帰」を「**教師あり学習**」と呼び、どのように分類するか自体を決める方法を「**教師なし学習**」と呼びます。これ以外に、機械学習には「強化学習」という囲碁や将棋などのゲームで主に用いられる、棋譜などの過去のデータを学習して徐々に最適行動に近づけていく方法がありますが、データ分析には必須ではないので、ここではその説明を省略します。

今回の顧客行動パターンに関する分析と対応付けるならば、「顧客には、どのような行動パターンがあるか（どんなパターンの大口顧客がいるか）把握したい」場合に、教師なし学習の「クラスタリング」を利用し、「ある顧客が大口顧客になり得るかどうかを予測したい（あるいは、その原因を知りたい）」場合に、教師あり学習の1つである「分類」を行い、「大口顧客の今後の動向を予測したい」場合に、教師あり学習の1つである「回帰」を行います。

そのプロセスとしては、まず2-1で行った数値化（特徴ベクトルの定義）を行い、場合によっては可視化して確かめたうえで、これらの全体像がわかるように、多次元の特徴ベクトルを二次元に表現して可視化します。この方法を、多次元を二次元にするという意味で「**次元削減**」と呼び、2-3と2-4で扱います。

こうして可視化されたいくつかのサンプルを「クラスタリング」することで、行動パターンを分類します（2-5）。そして、何らかの方法で分類されたその原因を分析したり、その原因から新たなサンプルがどの分類になされるべきかを予測する目的で、「分類」を行います（2-6～2-9）。

さらに、時系列パターンから今後の動向の予測を「回帰」によって行います（**2-10**）。

それでは、**2-3**から次元削減手法の1つである「主成分分析」を用いることによって、全体像を可視化して確認していきましょう。

図 2-2-1 機械学習の分類

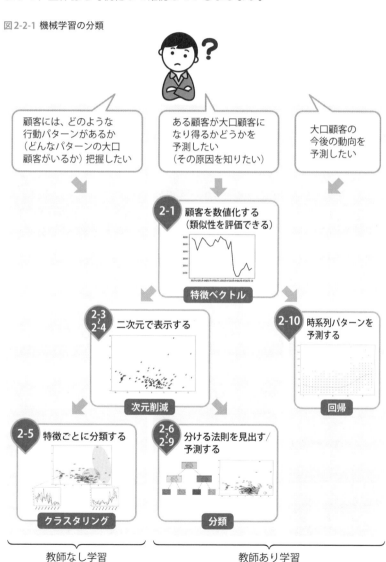

大口顧客の類似性を主成分分析によって確認しよう

　多次元のベクトルを二次元の画面に表示する方法として、まず考えられるのは、多次元の中からある2つの次元を軸として選ぶ、というものです。しかしながら、選んだ次元が「良い」次元であれば二次元での可視化は見やすいものとなりますが、たとえば、選んだ次元がどのサンプルを取ってもゼロだった場合、すべてのサンプルとの違いがわからない、ということにもなりかねません。違いがわかりやすい「良い」次元を選ぶ必要があります。

　そのために考案された方法の1つが、「**主成分分析**」です。主成分分析とは、「良い」次元を選ぶために伝統的に用いられている方法です。**図2-3-1**のように、何次元かで表現されたサンプル群をサンプルの「ばらつき」が最も大きな「平面」で表現します。多次元を二次元に削減する「次元削減」について理解するために、まずは次ページのソースコードを実行してみましょう。

　ここでは、順位として100位までの宿泊者（顧客）の特徴ベクトルを抽出したうえで、それらのばらつきを最大にする主成分分析を実行し、可視化しています。その結果として、真ん中の下部に大きな塊、左側に小さな塊が見られることがわかります。

　2-4では、それぞれの塊がどのような特徴ベクトルなのかを確認してみましょう。

図2-3-1 主成分分析のイメージ

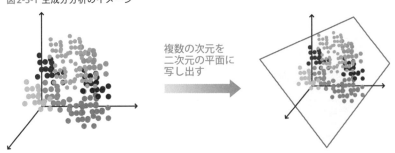

複数の次元を
二次元の平面に
写し出す

特徴ベクトルを抽出する   📄 Chapter2.ipynb

```python
1   import pandas as pd
2   # indexの調整
3   x_0 = df_info.resample('M').count()
4   x_0 = x_0.drop(x_0.columns.values,axis=1)
5   # 配列を準備
6   list_vector = []
7   # 人数の設定
8   num = 100
9   for i_rank in range(num):
10      # 顧客IDの抽出
11      i_id = df_info['顧客ID'].value_counts().index[i_rank]
12      # 月ごとの利用回数を特徴量として抽出
13      x_i = df_info[df_info['顧客ID']==i_id].resample('M').count()
14      # 欠損値があった場合の穴埋め
15      x_i = pd.concat([x_0, x_i], axis=1).fillna(0)
16      # 特徴ベクトルとして追加
17      list_vector.append(x_i.iloc[:,0].values.tolist())
```

主成分分析を行う   📄 Chapter2.ipynb

```python
1   from sklearn.decomposition import PCA
2   import numpy as np
3   import matplotlib.pyplot as plt
4   # 特徴ベクトルを変換
5   features = np.array(list_vector)
6   # 主成分分析を実施
7   pca = PCA()
8   pca.fit(features)
9   # 特徴ベクトルを主成分に変換
10  transformed = pca.fit_transform(features)
11  # 可視化
12  for i in range(len(transformed)):
13      plt.scatter(transformed[i,0],transformed[i,1],color="k")
14      plt.text(transformed[i,0],transformed[i,1],str(i))
    plt.show()
```

図 2-3-2 主成分分析（PCA）による可視化

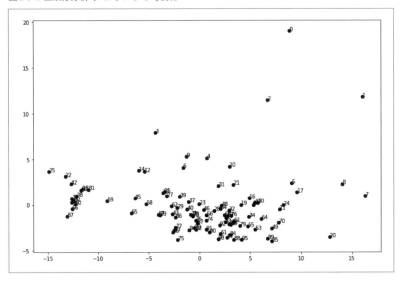

クラスタリング＋次元削減

大口顧客の行動パターンを時系列によって確かめよう

2-3 で行った主成分分析を利用して、行動パターンを確認してみましょう。

まず、次ページの図2-4-1の主成分分析によって可視化したサンプル（顧客）のうち、一部の特徴ベクトルを可視化してみましょう。

次ページのソースコード「サンプル（顧客）の特徴ベクトルを可視化する」を実行してみてください。

次ページの図2-4-2のグラフの灰色の楕円で囲った順位22、25、42位のサンプル（顧客）の特徴ベクトルが可視化されます。この様子を見ると、感染症流行前である2020年2月頃までは利用が多かったものの、感染症の流行が始まってからは、極端に利用が下がっていることがわかります。

このソースコードにおいて、「順位の設定」において異なる順位を設定すると、その順位のサンプル（顧客）の特徴ベクトルが可視化されます。

今度は、「順位の設定」を図2-4-1の青色で囲われた［49, 64, 70］に変更してみましょう。図2-4-3の左図のように感染症流行前である2019年頃まではほとんど利用がなかったものの、感染症流行の直前あるいはその後に急激に利用が増えていることがわかり、比較的新規の大口顧客であることがわかります。

ここまでの流れによって、主成分分析（次元削減）によって可視化したサンプルの特徴ベクトルを確認する方法がわかったところで、2-5 では、そのパターンを分類する「クラスタリング」について学んでいきましょう。

第一部 確率統計・機械学習編

図 2-4-1 分析の対象とするサンプル（顧客）

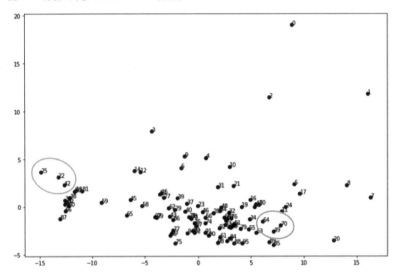

| サンプル（顧客）の特徴ベクトルを可視化する | 🗋 Chapter2.ipynb |

```
1   import pandas as pd
2   # indexの抽出
3   x_0 = df_info.resample('M').count()
4   x_0 = x_0.drop(x_0.columns.values,axis=1)
5
6   # 順位の設定
7   list_rank = [0,1,2]
8   x = []

9   for i_rank in list_rank:
10      # 顧客IDの抽出
11      i_id = df_info['顧客ID'].value_counts().index[i_rank]
12      # 月ごとの利用回数を特徴量として抽出
13      x_i = df_info[df_info['顧客ID']==i_id].resample('M').count()
14      # 欠損値があった場合の穴埋め
        x_i = pd.concat([x_0, x_i], axis=1).fillna(0)
15      # 描画
16      plt.plot(x_i)
17      plt.xticks(rotation=60)
18  plt.show()
```

図2-4-2 サンプル（顧客）の特徴ベクトルを可視化

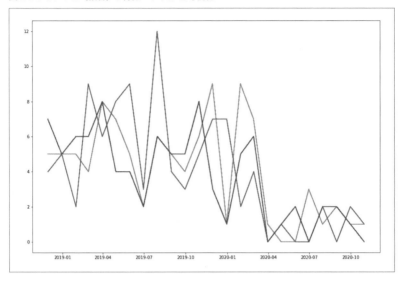

図2-4-3 灰色と青色で囲ったサンプル（顧客）の特徴ベクトルを可視化した結果

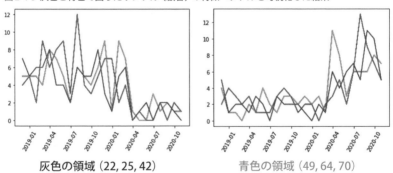

灰色の領域（22, 25, 42）　　　　青色の領域（49, 64, 70）

クラスタリング＋次元削減

大口顧客同士の行動パターンの違いをクラスタリングによって可視化しよう

　ここからは、**2-4**で見た特徴ベクトルのいくつかのパターンから、サンプル（顧客）をクラスタリングしていく具体的な方法について学びます。クラスタリングを行う流れがわかりやすい手法の１つとして、「**k-means法（k-平均法）**」というものがあります。これは、全体をk個のクラスタリングに分類する方法であり、「試しにランダムにクラスタリング」したうえで、その平均値を中心点としてクラスタリングをやり直すという方法であることから、k-means法（k-平均法）と呼ばれています。この一連の流れを、**図2-5-1**に示しています。

　k-means法は、大きく四ステップに分かれます。最初のステップでは、すべてのサンプルを、k個のクラスタのうちどれかに割り当てます。次のステップでは、同じクラスタとして割り当てられたサンプルから、その平均値を「重心」として計算します。続くステップでは、各サンプルが所属するクラスタを、最も重心が近いクラスタに変更します。最後に、どのサンプルも所属するクラスタが変化することがなくなれば終了し、そうでなければ、第二のステップに戻ります。**2-4**までで作成した特徴ベクトルを用いて、サンプル（顧客）をk-means法によって分類するソースコードの結果を**図2-5-2**に記載します。

　まず、クラスタリング（k-means法）による分類を行うにあたって、クラスタの数、すなわち、サンプル（顧客）をいくつに分類したいかを設定します。ここでは、4つのクラスタに分類することを考えます。つぎに、ライブラリscikit-learnを利用して、特徴ベクトルを4つのクラスタに分類します。

　ここでは、pred_classにそれぞれのサンプル（顧客）に対して割り当てられたクラス（0〜3）の番号を記しています。次に主成分分析による可視化は、それぞれのサンプル（顧客）を今求めたpred_classに従って色分けして表示します。そして、クラスタリングがうまくいっているかどうか、それぞれのクラス

タからサンプルをいくつか選んだうえで、**2-4**のソースコードを使って可視化することができます（**図2-5-4**）。この図を見ると、最も左側の黄色で着色したクラスタは「感染症流行を経てほぼ利用しなくなってしまった顧客」、二番目に左の緑色で着色したクラスタは「感染症流行の影響はあまり受けないものの、どちらかというと流行後に利用が減少している傾向にある顧客」、三番目に左の青色で着色したクラスタは「感染症流行前には利用がなかったものの、流行後に（リモートワーク利用などで）利用が急増した顧客」、最も右側の紫色で着色したクラスタは「感染症流行前にもある程度の利用はあり、かつ流行後に増加傾向にある顧客」といった大雑把な分類ができそうなことがわかります。

　このように、クラスタリングと特徴ベクトルの可視化を組み合わせることで、どのような顧客行動パターンがあるのか、その特徴を理解できるようになります。クラスタの数を変えてみた場合、どのようになるのかなど、確かめてみると、より理解が深まるでしょう。

図2-5-1 k-means法によってクラスタリングを行う流れ

1 各点にランダムにクラスタを割り当てる

2 クラスタの重心を計算する

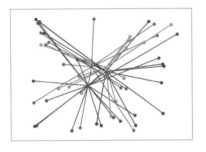

3 各点の所属するクラスタを、一番近い重心のクラスタに変更する

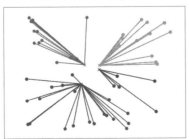

4 変化がなければ終了し、変化があれば**2**に戻る

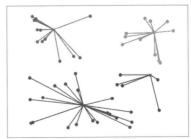

k-means法によるクラスタリングを行う　　　📄 Chapter2.ipynb

```python
from sklearn.cluster import KMeans
# クラスター数を設定
num_of_cluster = 4
# クラスターに分類
model = KMeans(n_clusters=num_of_cluster, random_state=0)
model.fit(features)
pred_class = model.labels_
print(pred_class)
```

図2-5-2 クラスタリング（k-means法）による分類

```
[0 0 0 2 2 1 2 0 0 2 1 1 2 2 2 2 1 1 3 1 1 1 3 2 1 3 1 2 1 2 1 2 1 1 1 2 3
 2 3 2 2 1 3 2 1 2 1 3 1 1 3 1 3 1 1 1 1 2 2 3 3 1 2 1 1 3 3 2 1 1 1 2 1 2
 2 2 1 2 2 1 2 3 2 1 1 1 2 3 1 1 1 1 1 2 2 1 2 1 1 2]
```

主成分分析（PCA）による可視化　　　📄 Chapter2.ipynb

```python
from sklearn.decomposition import PCA
import numpy as np
import matplotlib.pyplot as plt

# 主成分分析を実施
pca = PCA()
pca.fit(features)
# 特徴ベクトルを主成分に変換
transformed = pca.fit_transform(features)
# 可視化

plt.scatter(transformed[:,0],transformed[:,1],c=pred_class)
for i in range(len(transformed)):
    text = str(i) + "(" + str(pred_class[i]) + ")"
    plt.text(transformed[i,0],transformed[i,1],text)
plt.show()
```

図2-5-3 主成分分析（PCA）による可視化

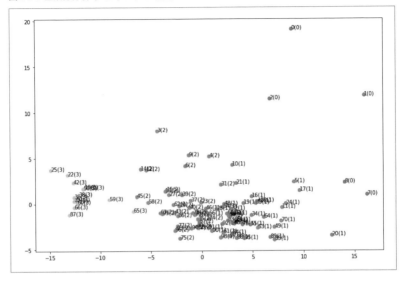

図2-5-4 それぞれのクラスと特徴ベクトル

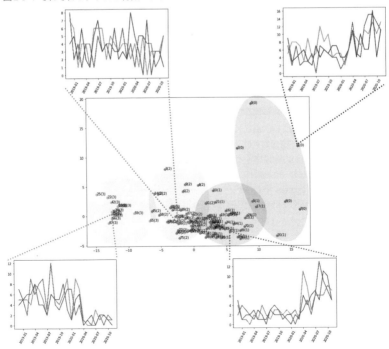

2-6

決定木によって行動の原因を推定してみよう

　ここからは、前もって分類されたデータのパターンを学習し、未知のデータがどの分類に該当するのかを予測する「**分類アルゴリズム**」を扱っていきます。

　分類アルゴリズムを扱う目的はいくつかありますが、主に次の3つに分類されます。

---

❶ 分類された原因・要因を分析する

❷ 分類を機械学習（分類アルゴリズム）によって実現できる精度を確認する（原理的に分類できるのかどうかを確認する）

❸ 分類アルゴリズムによって未知のデータを予測する精度を評価する

　ここでは、❶の要因を特定することが比較的容易な決定木アルゴリズムを用いながら、分類アルゴリズムへの理解を少しずつ深めていきましょう。

　以下のソースコードを実行してみてください。

決定木によって行動の原因推定を行う	🗂 Chapter2.ipynb

```python
import numpy as np
# 分析したいクラスを設定する
target_class = 1
# 目的変数を作成する
num = len(pred_class)
data_o = np.zeros(num)
for i in range(num):
    if pred_class[i]==target_class:
        data_o[i] = True
    else:
        data_o[i] = False
print(data_o)
```

分類アルゴリズムを利用する流れは、まず「**目的変数**」としてデータを分類
したいクラスに分類します。ここでは、**2-5**で感染症流行後に利用数が増えた
顧客クラスタに属するサンプル（顧客）を1とし、そうでないサンプル（顧客）
を0とします（**図2-6-1**）。

図2-6-1 目的変数の設定

```
[0. 0. 0. 0. 0. 1. 0. 0. 0. 0. 1. 1. 0. 0. 0. 0. 1. 1. 0. 1. 1. 1. 0. 0.
 1. 0. 1. 0. 1. 0. 1. 0. 1. 1. 1. 0. 0. 0. 0. 0. 1. 0. 0. 1. 0. 1. 0.
 1. 1. 0. 1. 0. 1. 1. 1. 1. 0. 0. 0. 0. 1. 0. 0. 1. 1. 0. 0. 0. 1. 1. 1. 0.
 1. 0. 0. 0. 1. 0. 0. 1. 0. 0. 0. 1. 1. 1. 0. 0. 1. 1. 1. 1. 1. 0. 0. 0. 1.
 0. 1. 1. 0.]
```

　次に、その目的変数を説明する特徴ベクトルを「**説明変数**」と呼び、これを
設定します（**図2-6-2**）。この分類した「目的変数」と、それを説明する「説明変
数」を与え、その分類をアルゴリズムの能力下で最適化する「**モデル**」を構築し
ます。

　ここでのモデルとは、説明変数から目的変数を予測する法則のようなものと
イメージするとよいでしょう。

説明変数を作成する	🗂 Chapter2.ipynb

```
1   # 説明変数を作成する
2   data_e = features
3   print(data_e)
```

図2-6-2 説明変数の設定

```
[[ 5.  8.  8. ... 13. 10. 13.]
 [ 7.  2.  7. ... 15. 13. 11.]
 [ 9.  3.  4. ... 16.  4. 11.]
 ...
 [ 2.  2.  1. ...  9.  7.  5.]
 [ 1.  2.  1. ...  8.  4.  2.]
 [ 3.  4.  3. ...  6.  1.  3.]]
```

モデルを構築する　　　　　　　　　　　　　　　　　　　　📄 Chapter2.ipynb

```
1  from sklearn.tree import DecisionTreeClassifier, export_
   graphviz
2  # 決定木のモデル構築を実行する
3  clf = DecisionTreeClassifier(max_depth=2)
4  clf = clf.fit(data_e, data_o)
```

　最後に、その結果を描画してスコアを算出します。ここでのスコアとは、全サンプルのうち、説明変数から目的変数をうまく推定できたサンプルの割合です。このソースコードを実行するとスコアが0.87なので、87%のサンプルは分類できたが、残り13%はうまく分類できなかったということを意味します。

決定木を描画する　　　　　　　　　　　　　　　　　　　　📄 Chapter2.ipynb

```
1  from dtreeviz.trees import dtreeviz
2
3  # indexの抽出
4  x_0 = df_info.resample('M').count()
5  x_0 = x_0.drop(x_0.columns.values,axis=1)
6  time_index = x_0.index
7  print(time_index)
8
9  # 決定木を描画
10 viz = dtreeviz(
11     clf,
12     data_e,
13     data_o,
14     target_name='Class',
15     feature_names=time_index,
16     class_names=['False','True'],
17 )
18 viz
```

　モデルを構築する分類アルゴリズムの1つである「**決定木**」について解説します。決定木とは、「20の扉」と呼ばれるYES/NOで答えられる質問を20回繰り返すうちに答えが特定できるといった考え方であり、説明変数（特徴ベクトル）から1つの次元を選び、その値がある値を超えるか超えないかで第一の分類をします。

次に別の次元を選び、また、その値がある値を超えるか超えないかで第二の分類をします。このようにして1つひとつの次元で分類を行い、データを分けていくという方法です。この方法が優れているところは、原因である次元が特定しやすいということです。

ソースコードの実行結果である**図2-6-3**を見ると、その「木」の様子が示されています。まずは2019年11月の値が3.5を超えるか超えないかで場合分けし、それが超えない場合には2020年9月で場合分けをして…、というように少しずつ分けていきます。

何度分けるかは、モデル構築におけるmax_depthというパラメータで指定できます。このソースコードではmax_depthの値は2だったので、二段下までで分類をストップさせていますが、この値を大きくすると、より細かな分類ができるようになり、上記したスコアも上がっていきます。

2-7では、この決定木の分類結果をより詳細に分析していきましょう。

図2-6-3 結果の描画

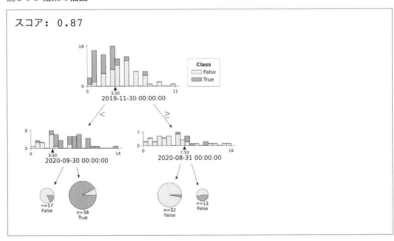

（注）ここで、ソースコードにエラーメッセージが表示されることがあります（特にWindows環境でJupyter Notebookを使って実行する場合に多く発生します）。この場合、graphvizがうまくインストールされていないか、あるいはpath設定がなされていない可能性があります。以下のサイトからgraphvizをダウンロードし、path設定を行うことで解決する場合があります。
http://www.graphviz.org/download/

2-7

決定木の分類結果を可視化し、分類精度を評価しよう

2-6で行った決定木を用いた分類の結果について、細かく見ていきましょう。

2-6では、感染症流行後に利用数が増えた顧客クラスタに属するサンプル（顧客）を1とし、そうでないサンプル（顧客）を0としたうえで、説明変数である特徴ベクトルを決定木に学習させることによって、どの程度正確にクラスタの予測ができるかどうかを確認しました。

次ページのソースコードを実行すると、主成分分析によって可視化されたサンプル（顧客）に対して、「本当は1に分類されるべきところを、0と誤ってしまったもの」を赤い〇、「本当は0に分類されるべきところを、1と誤ってしまったもの」を青い〇で示しています。そして、正しく分類されたものを細い黒線の〇で示しています。特に、領域の境界付近において、青い〇や赤い〇で描画される誤認識が発生していることがわかります。

この、正しく認識がなされているか、誤認識がどれだけ発生しているのかを端的に示すものが、「混同行列」と呼ばれる図2-7-3に示す行列です。

まず、左上の要素に「本当は1に分類されるべきデータが、正しく1に分類された」というもののサンプル数を記します。この値を、「正しい（対象とするクラスタである1の）データ」（Positive）であり、その結果を正しく予測した（True）という意味で、**True Positive**（略して**TP**）と称します。

続いて、右下の要素に「0（対象ではないクラス）に分類されるべきデータが、正しく0（対象ではないクラス）に分類された」というもののサンプル数を記します。この値を、「正しくない（対象とするクラスタである1ではない）データ」（Negative）であり、その結果を正しく予測した（True）という意味で、**True Negative**（略して**TN**）と称します。

さらに、上記の赤い〇に該当する「1に分類されるべきところ（Positive）を、0と誤ってしまった（False）もの」を**False Positive**（略して**FP**）、上記の青い〇に該当する「0に分類されるべきところ（Negative）を、1と誤ってしまっ

た（False）もの」を**False Negative**（略して**FN**）とします。

　これらTP/TN/FP/FNをうまく利用することで、どの程度うまく分類ができているのかを把握する良い評価指標となります。

決定木の分類結果の可視化、および分類精度評価を行う　　　　　　　🗂 Chapter2.ipynb

```python
from sklearn.decomposition import PCA
import numpy as np
import matplotlib.pyplot as plt
import matplotlib.patches as pat

# 主成分分析を実施
pca = PCA()
pca.fit(features)
# 特徴ベクトルを主成分に変換
transformed = pca.fit_transform(features)
# 可視化

plt.scatter(transformed[:,0],transformed[:,1],c=pred_class)
for i in range(len(transformed)):
    if pred_tree[i]==1:
        if pred_class[i]==1:
            temp_color = "k"
            temp_lw = 1.0
        else:
            temp_color = "b"
            temp_lw = 3.0
        circle = pat.Circle(xy=(transformed[i,0],
transformed[i,1]), radius=1.0, ec=temp_color ,fill=
False, linewidth = temp_lw)
        plt.axes().add_artist(circle)
    else:
        if pred_class[i]==1:
            temp_color = "r"
            temp_lw = 3.0
            circle = pat.Circle(xy=(transformed[i,0],
transformed[i,1]), radius=1.0, ec=temp_color ,fill=
False, linewidth = temp_lw)
            plt.axes().add_artist(circle)
    text = str(i) + "(" + str(pred_class[i]) + ")"
```

次ページへつづく

81

```
31        plt.text(transformed[i,0],transformed[i,1],text)
32  plt.show()
33  %matplotlib inline
```

図2-7-1 分類結果の可視化

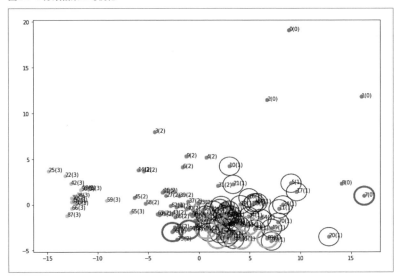

| 混同行列を出力する | 🗋 Chapter2.ipynb |

```
1  from sklearn.metrics import confusion_matrix
2  cm = confusion_matrix(data_o, pred_tree)
3  print(cm)
```

図2-7-2 混同行列の出力

```
[[52  3]
 [10 35]]
```

図 2-7-3 混同行列のイメージ

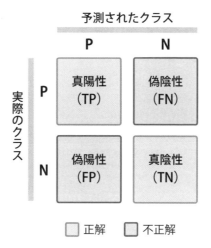

2-8

予測の精度を評価する流れを
理解しよう

　ここまで、決定木を用いた分類アルゴリズムの流れを見てきました。

　これが理解できるようになると、分類アルゴリズムによって予測を行うとともに、その精度を評価するという機械学習の中核を担う流れへの理解まであと一歩です。

　分類アルゴリズムを含む機械学習において最も重要なことは、予測と精度評価をセットで行う必要があるということです。仮に、予測アルゴリズムだけを作ったとしても、その精度がわかっていないと、予測した値が信頼できるものなのかどうかがまったくわかりません。そこで、データを学習して予測するための「モデル」を構築すると同時に、そのモデルの精度評価を行っておきます。具体的には、次ページのソースコードを参照してください。

　2-7までの説明で欠けていたのは、最初の「データセットを訓練データとテストデータに分類」というところです。最初にすべてのデータを学習（訓練）に使ってしまうと、評価をする場合にも同じデータを使い回さなければなりません。実際、2-7で行ったプロセスがそれなのですが、学習に用いたデータを使って精度の評価をしてしまうと、仮に学習したデータすべてを「丸暗記」するだけで100％の予測率が実現できる一方、未知のデータに対してどの程度正確に予測ができるかについては、まったくわかりません。

　そこで、学習するためのデータと評価するためのデータを事前に分けておきます。これには、ライブラリであるscikit-learnに含まれるtrain_test_splitを用いるのが便利です。特に引数などで指定しない限りは、元のデータの3/4が訓練データ、1/4がテストデータとしてランダムに分割されます。

　このようにして作った訓練データを、モデル構築においてfit関数に渡してあげることで、決定木による学習が行われます。この学習したモデルに対してテストデータを渡すことで、モデルの精度を評価できます。最後の評価では、スコアと混同行列を表示すると、わかりやすくてよいでしょう。

ここで、訓練データとテストデータがランダムに分割されることにより、毎回スコアが異なるということには注意してください。そして、今回も決定木のmax_depthを2としています。

　この値を変更することで、結果がどのように変化するかを確認してみてください。

データセットを訓練データとテストデータに分別する　　Chapter2.ipynb

```
1  from sklearn.model_selection import train_test_split
2  x_train, x_test, y_train, y_test = train_test_
   split(features,data_o)
```

訓練データによるモデルを構築する　　Chapter2.ipynb

```
1  from sklearn.tree import DecisionTreeClassifier, export_
   graphviz
2  clf = DecisionTreeClassifier(max_depth=2)
3  clf = clf.fit(x_train, y_train)
```

予測精度評価を行う　　Chapter2.ipynb

```
1   from sklearn.metrics import confusion_matrix
2
3   # スコア計算
4   score = clf.score(x_test, y_test)
5   print("スコア:",score)
6
7   # 混同行列生成
8   pred_tree = clf.predict(x_test)
9   cm = confusion_matrix(y_test, pred_tree)
10  print("混同行列")
11  print(cm)
```

図2-8-1 テストデータによる評価

```
スコア: 0.88
混同行列
[[13  1]
 [ 2  9]]
```

さまざまな分類アルゴリズムを 比較しよう

2-8のように予測精度を評価する流れを作っておくと、決定木だけでなく多くの分類アルゴリズムを比較して実行することができるようになります。ここでは、決定木以外の2つの分類アルゴリズムについて紹介するとともに、それを実行する方法について学んでいきましょう。

分類アルゴリズムとして、決定木はmax_depthを大きくすることで予測精度を高めていくことができます。そうは言っても、決定木は次元ごとに注目してデータを分割していくため、適切な次元でなければうまくデータを分割できない場合があります。次元を選ぶパターンに予測精度が左右されるため、それ自体が精度低下につながっていきます。

そこで、「複数の次元を選ぶパターンを組み合わせて予測精度を高める」という手法が考案されました。「**ランダムフォレスト**」という手法です。

決定木は次元を1つずつ選択し、少しずつデータを分割していくという手法でした。データを分けていくには、それぞれの次元に注目するのではなく、多次元の空間の中で空間的な分割を行うということも当然ながら考えられます。これを行う伝統的な方法が、「**サポートベクトルマシン（SVM）**」と呼ばれる分類アルゴリズムです。

以上の2つの分類アルゴリズムについて詳細は省略しますが、2-8のソースコードを少し改変するだけで実行できます。

次ページのソースコードを見ると、それぞれ「訓練データによるモデル構築」の二行のみをランダムフォレスト、サポートベクトルマシン（SVM）のそれらに改変するだけで実行できます。そして、それらのスコア・混同行列を比較することで、今のデータを分類して予測していくためには、どのアルゴリズムが適しているのかを比較して判断できるようになります。

今回のデータであれば、サポートベクトルマシン（SVM）のスコアがほぼ必ず0.9を超えることがわかり、他のアルゴリズムに比較して適しているということがわかります。

分類アルゴリズムの比較において重要なのは、単純にスコアを比較するだけで終わってはいけない、ということです。それぞれのアルゴリズムを実行し、分類が行われたうえで、誤って分類されたデータはどのようなものかなどを、本章全体を使って確認してきた手法（特に2-4の個々のサンプルの特徴ベクトルの可視化や、2-7の分類結果の可視化など）を使って確認したうえで、致命的な問題が起こっていないかどうかを確認することが重要です。

スコアという数字だけを追いかけるのではなく、その数字の裏側にある個々のデータを実際に見て確認しながら、その数字の持つ意味を理解するということを忘れないようにしましょう。

ランダムフォレストによる予測精度評価を行う　　　　📄 Chapter2.ipynb

```python
from sklearn.model_selection import train_test_split
from sklearn.ensemble import RandomForestClassifier
from sklearn.metrics import confusion_matrix

# データセットを訓練データとテストデータに分割
x_train, x_test, y_train, y_test = train_test_split(features,data_o)

# 訓練データによるモデル構築
model = RandomForestClassifier(bootstrap=True, n_estimators=10, max_depth=None, random_state=1)
clf = model.fit(x_train, y_train)

# テストデータによる評価
# スコア計算
score = clf.score(x_test, y_test)
print("スコア:",score)

# 混同行列生成
pred_tree = clf.predict(x_test)
cm = confusion_matrix(y_test, pred_tree)
print("混同行列")
print(cm)
```

図2-9-1 ランダムフォレストとの比較

```
スコア： 0.84
混同行列
[[12  2]
 [ 2  9]]
```

SVMによる予測精度評価を行う　　　　　　　　　　　　　　　🗂 Chapter2.ipynb

```
1   from sklearn.model_selection import train_test_split
2   from sklearn.svm import SVC
3   from sklearn.metrics import confusion_matrix
4
5   # データセットを訓練データとテストデータに分割
6   x_train, x_test, y_train, y_test = train_test_
    split(features,data_o)
7
8   # 訓練データによるモデル構築
9   model = SVC(kernel='rbf')
10  clf = model.fit(x_train, y_train)
11
12  # テストデータによる評価
13  # スコア計算
14  score = clf.score(x_test, y_test)
15  print("スコア:",score)
16
17  # 混同行列生成
18  pred_tree = clf.predict(x_test)
19  cm = confusion_matrix(y_test, pred_tree)
20  print("混同行列")
21  print(cm)
```

変更した項目

図2-9-2 SVMとの比較

```
スコア： 0.92
混同行列
[[11  2]
 [ 0 12]]
```

回帰

サポートベクトル回帰によって
時系列予測をしてみよう

　最後に、機械学習における「教師あり学習」の1つである「回帰」について見ておきましょう。2-9まで注目していた、感染症流行後に利用が伸びた顧客クラスタの特徴ベクトルとしての時系列パターンを、曲線にフィッティングしていきましょう。

　1章で扱ったサポートベクトルマシン（SVM）を「データを最もよく分類する」のではなく「データに最もよくフィッティングする」という目的で用いると、曲線フィッティングを行うことが可能になります。その流れは、2-9までで扱った分類アルゴリズムの評価の流れとほぼ同じです。
　次ページのソースコードを実行してみましょう。

　この結果を見ると、ある程度のばらつきはあれ、感染症流行前から後にかけて、徐々に利用回数が伸びている様子がわかります。もちろん、回帰にもさまざまなアルゴリズムがあり、このソースコードの中で「訓練データによるモデル構築」の二行を改変するだけで比較できます。回帰において扱うスコアは、「決定係数」という元のデータとフィッティングした曲線との相関関係によって計算することが多いです。

　今回は、感染症流行後に利用回数が伸びている顧客クラスタの時系列パターンに対してのフィッティングを行いましたが、それ以外のクラスタにおいても同様に実行できます。さまざまなパターンを試してみましょう。

サポートベクトル回帰によって時系列予測を行う　　　📄 Chapter2.ipynb

```python
from sklearn import svm
from sklearn.model_selection import train_test_split

# データを作成
data_target = data_e[data_o==1]
data_y = data_target
data_x = np.stack([np.arange(0,len(data_target[0])) for
_ in range(len(data_target))], axis=0)
data_y = np.ravel(data_y)
data_x = np.ravel(data_x)

# データセットを訓練データとテストデータに分割
x_train, x_test, y_train, y_test = train_test_split
(data_x,data_y)

# 訓練データによるモデル構築(サポートベクトル回帰)
model = svm.SVR(kernel='rbf', C=1)
reg = model.fit(x_train.reshape(-1, 1),y_train.reshape
(-1, 1))

# 予測曲線を描画
x_pred = np.arange(len(data_target[0])).reshape(-1, 1)
y_pred = model.predict(x_pred)
plt.plot(data_x,data_y,"k.")
plt.plot(x_pred,y_pred,"r.-")
plt.show()

# 決定係数R^2
reg.score(x_test.reshape(-1, 1),y_test.reshape(-1, 1))
```

図2-10-1 サポートベクトル回帰による時系列予測

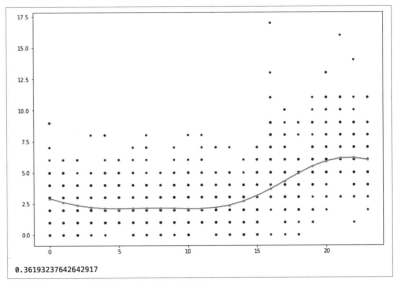

0.36193237642642917

第 3 章

必要なデータ数を検討しよう

確率統計、そして、データ分析や機械学習の知識がひと通り身につけば、ビジネスの現場でデータサイエンスとして十分活躍することができます。あとは、実際の現場で経験を積みながら、ビジネスのプロセスを押さえていくことが重要になります。

そして、いざビジネスの現場に飛び込んでみてぶつかる壁のひとつが、「必要なデータの数（データ量）」に関する数学的な感覚です。今、目の前の課題を解決するのに必要なデータ数は、100件あれば十分なのか、それとも1,000件必要なのか。
データを収集すること自体にコストが発生するビジネスの現場では、その感覚を持っていることは、大きなアドバンテージです。特に、勘や経験だけでなく、数学的な裏付けを知っておくことは、顧客に対して説明を行ううえで、確かな説得力につながります。

本章では、必要なデータ数を見積もる「推測統計」に関する知識と、それを、実際の現場でどのように役立てるかを、データ分析のプロセスを通して学んでいきます。数学的には難解な知識もありますが、なるべくプログラミングを通して感覚的に理解できるように説明していきます。数学的な詳細な説明は、本章で得た知識を参考文献と照らし合わせながら学んでいける構成にしていますので、まずは気軽に取り組んでいきましょう。

盗難被害を分析することになった背景

機械学習によるデータ分析を行っているホテルから、引き続き相談を受けました。当ホテルでは、バスタオルなどのアメニティの盗難被害に悩まされており、何らかの対策を講じなければなりません。現在、客室ごとにどの程度の備品を交換したかに関する情報は詳細に記録しているのですが、すべて紙面による記録であり、かつそれぞれの客室の担当者ごとに書類のフォーマットも異なるため、具体的に盗難被害がどの程度あったかについては、一元管理されていないというのが現状です。

どのような備品がどの程度の頻度で盗難被害に遭っているのかがわからなければ、曖昧な対策しか打つことができず、その効果も正確に計測できません。なるべくデータを一元管理したいとは思うものの、新たなシステム導入にはコストがかかり、その効果をある程度は見積もったうえでないと、システム導入に踏み切ることもできません。

そこで、まずは現状のヒアリングをしたうえで、紙のデータを集めて、簡易的な分析をし、被害状況を見積もることにしました。

[ヒアリングからわかったこと]

- 盗難被害は、年間おおよそ150万円から300万円ではないかと見積もられている
- ホテルの客室数は150室
- 各アメニティの毎日の交換数と廃棄数の差分から、盗難された数は正確に求めることができる（ただし、すべて紙の書類から計算することになる）
- 一ヶ月分の書類であれば、スタッフの空き時間をうまく利用して、比較的早急にデータ化することが可能

3-1

統計値をシミュレーションしてみよう

「どれくらいのデータ量があれば、全体を見積もることができるのか？」

　これは、データを分析するうえで避けては通れない問題です。これを言いかえると、今あるデータ量によって計算した値（たとえば平均値）は、実際の値と比較して、どの程度の誤差があるのか、という問題でもあります。今、二年分のホテルの盗難被害を見積もるために、一ヶ月のデータを使って見積もるとすると、どの程度の誤差が含まれているのでしょうか。

　このために必要な知識として「**中心極限定理**」というものがあるのですが、それについて説明する前に、まずは簡単なシミュレーションを行ってみましょう。

　「二年分のデータから一ヶ月分のデータを抽出する」というシミュレーションです。96ページのソースコードを実行すると、まず「二年間」に相当する365×2の平均0.0、標準偏差1.0の乱数が生成され、ヒストグラムに描画されます（「正規乱数を発生」）。それを「母集合」（すなわち全体集合）として、その中から「一ヶ月間」に相当する30のデータをランダムに抽出（ランダムサンプリング）した「標本集合」（すなわちサンプル集合）の平均値を計算します。

　その「平均値がどれほどばらつくか」を知るためにランダムサンプリングを何度も計算し、その分布をヒストグラムに描画します。ここでは、ランダムサンプリングの回数を意味するnum_trialを10000に設定し、ランダムサンプリングを10,000回行います。この様子を確認してみましょう。

　すると、ランダムサンプリングの平均値のばらつきは、平均値としておよそ-0.066、標準偏差値としておよそ0.18という値が出力されます（**図3-1-2**）。このばらつきこそが、ランダムサンプリングによって計算できる平均値がどれほどばらついているかを示す指標になります。

　たとえば、ランダムサンプリングの平均値が、標準偏差としてほぼ0だったとすると、30日間のデータによって計算される平均値をはじめとする値は、十

分に信頼性のある値となります。一方で、そのばらつきが非常に大きかったとすると、「計算された値には信頼性が少なく、遥かに多くのデータ数が必要」ということになります。

　母集合が平均0.0標準偏差1.0であった場合に、標本平均は平均が−0.066となり、標準偏差0.18となります。標本平均の平均は−0.018と小さく、ほぼ0、つまり**母集合の平均値とほど同じ**であることに注目してください。標準偏差である0.18は、母集合の標準偏差に比べて小さそうです。

　これが、母集団の標準偏差を大きくした場合にどうなるのか、また、母集団が正規分布に従わない場合にどうなるかを試してみましょう。
　たとえば、母集団の平均を0.0のままにして標準偏差を2.0とした場合、その結果は**図3-1-3**のようになります。平均値はおよそ−0.13、標準偏差はおよそ0.36です。**標準偏差が元の二倍近くになっている**ことに注目してください。サンプル集合の平均値の標準偏差は、元の標準偏差に比例することが知られています。

　次に、元のソースコードの「正規分布を生成」させる前半の「乱数を発生（シードを固定）」と記載しているところでコメントアウトしている、正規乱数を発生させる行をコメントアウトし、べき分布に従う乱数を発生させる行をアクティブにしましょう。

ソースコード変更前　　　　　　　　　　　　　　　　　　　Chapter3.ipynb

```
1    # 乱数を発生(シードを固定)
2    np.random.seed(seed=0)
3    x = np.random.normal(ave,std,num)
4    #x = np.random.exponential(0.5, num)
```

ソースコード変更後　　　　　　　　　　　　　　　　　　　Chapter3.ipynb

```
1    # 乱数を発生(シードを固定)
2    np.random.seed(seed=0)
3    #x = np.random.normal(ave,std,num)
4    x = np.random.exponential(0.5, num)
```

　この変更を行ったうえで、ソースコードを実行すると、その結果は**図3-1-4**のようになります。母集団はべき分布に従っているにもかかわらず、サンプル集合（標本集合）の平均値の分布は、**正規分布のような分布に従っているように見える**ということに注目してください。実は、これが「中心極限定理」と呼ばれる定理の意味するところです。

　3-2では、ここで行ったランダムサンプリングによってわかったことから、「中心極限定理」の意味についてまとめます。

正規分布を生成する　　　　　　　　　　　　　　　　　　　　　　🗒 Chapter3.ipynb

```python
1   import numpy as np
2   import matplotlib.pyplot as plt
3
4   # 母集合の大きさを設定
5   num = 365*2
6
7   # 乱数の平均・標準偏差を設定
8   ave = 0.0
9   std = 1.0
10
11  # 乱数を発生(シードを固定)
12  np.random.seed(seed=0)
13  x = np.random.normal(ave,std,num)
14  #x = np.random.exponential(0.5, num)
15
16  # 平均・標準偏差を計算
17  x_ave = np.average(x)
18  x_std = np.std(x)
19  print("平均:",x_ave)
20  print("標準偏差:",x_std)
21
22  # 描画
23  num_bin = 21
24  plt.hist(x, num_bin,color="k")
25  plt.xlim([-5,5])
26  plt.show()
27  %matplotlib inline
```

図3-1-1　正規分布を生成

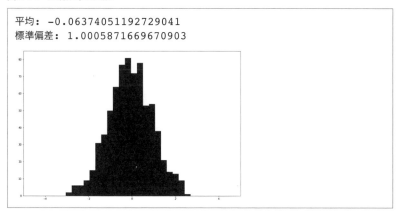

平均： -0.06374051192729041
標準偏差： 1.0005871669670903

ランダムサンプリングした標本の平均の分布を描画する　　　　　Chapter3.ipynb

```
1   import numpy as np
2   # サンプル数（サンプル集団の大きさ）を設定
3   num_sample = 30
4
5   # 試行回数を設定
6   num_trial = 10000
7   x_trial = np.zeros(num_trial)
8
9   # サンプル平均の算出を試行
10  for i in range(num_trial):
11      # サンプルを抽出
12      x_sample = np.random.choice(x,num_sample)
13      # 平均を計算
14      x_ave = np.average(x_sample)
15      # 値を格納
16      x_trial[i] = x_ave
17
18  # サンプル平均の平均・標準偏差を計算
19  x_trial_ave = np.average(x_trial)
20  x_trial_std = np.std(x_trial)
21  print("平均:",x_trial_ave)
22  print("標準偏差:",x_trial_std)
23
24  # 描画
25  num_bin = 21
```

次ページへつづく

```
26  plt.hist(x_trial, num_bin,color="k")
27  plt.xlim([-5,5])
28  plt.show()
29  %matplotlib inline
```

図3-1-2 ランダムサンプリングした標本の平均の分布を描画

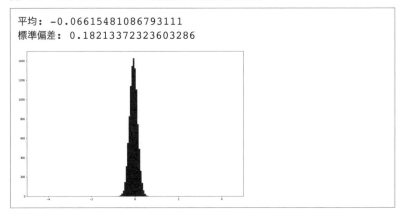

平均：-0.06615481086793111
標準偏差：0.18213372323603286

図3-1-3 母集団の標準偏差を2.0にした場合の結果

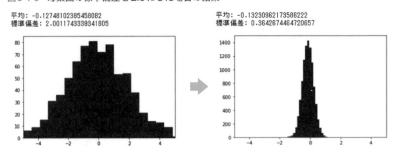

平均：-0.12748102385458082
標準偏差：2.0011743339341805

平均：-0.13230962173586222
標準偏差：0.3642674464720657

図3-1-4 母集団をべき分布に従うとした場合の結果

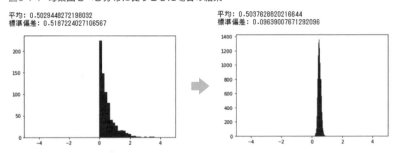

平均：0.5029448272198032
標準偏差：0.5187224027106567

平均：0.5037628820216644
標準偏差：0.09639007671292096

3-2

中心極限定理について知ろう

3-1では、乱数を発生させてその中からランダムサンプリングを行うシミュレーションを行いました。そこでわかったことは以下の二点です。

- 標本集合の平均値は、母集合の平均値に近いように見える
- 母集合の標準偏差を二倍にすると、標本集合の平均値の標準偏差もまた二倍近くに見える
- 母集合が正規分布に従っていなくとも、標本集合の平均値は正規分布に従うように見える

実際、母集合のサイズ（データ数）が十分大きく、標本集合のサイズ（データ数）もまた十分に大きな場合には、標本集合の平均値は母集合の平均値に近づくことがわかっており、これは「**大数の法則**」と呼ばれています。

この大数の法則から導かれるものが「中心極限定理」であり、その意味するところは以下の通りです。

中心極限定理

母集合が平均 μ、標準偏差 σ に従う場合、標本平均は平均 μ、標準偏差 $\dfrac{\sigma}{\sqrt{n}}$ の正規分布に従う（n は標本集合のサイズ）

この定理が正しいかどうかを、次ページのソースコードを実行して確かめてみましょう。このソースコードは標本集合（サンプル集合）の標本平均の標準偏差を計算するものであり、その値はおよそ0.018として計算されることがわかります。

これは、3-1のソースコードを実行した際の標本集合の標準偏差であるおよそ0.018とほぼ同じであり、中心極限定理によって標本平均のばらつきをうまく計算できることがわかります。3-1の母集合のサイズを大きくしたり、標準偏差の値を変えてみたりしながら、中心極限定理がどのような場合にうまく成

り立つか、機能しなくなるのはどのようなときか（たとえば母集合のサイズが
小さいときには何が起こるか）などを確認しながら、中心極限定理がどのよう
に機能するかを確認してみましょう。

　ここでは、中心極限定理の直観的な理解を行うことを目的とするため、中心
極限定理の証明については省略しますが、感覚的な証明から厳密な証明まで、
多くの専門書で解説がなされています。たとえば、清水誠『推測統計はじめの
一歩』（講談社ブルーバックス）には、直観的な解説がされていますので、関心
のある読者の方は、ご一読ください。

```python
import numpy as np
# 母集合の分散を設定
org_std = 1.0
# サンプル集合の大きさを設定
num_sample = 30
# サンプル集合の平均の標準偏差を計算
sample_std = org_std/np.sqrt(num_sample)
print("サンプル集合の平均の標準偏差:",sample_std)
```

中心極限定理を用いて標本集合の標準偏差を求める　　　　　　📄 Chapter3.ipynb

図3-2-1　標準偏差を表示する

サンプル集合の平均の標準偏差： 0.18257418583505536

一ヶ月のデータを正確に取ってみよう

　ここからは、ホテルのデータを用いながら、盗難被害の状況について分析していきましょう。当ホテルの紙の書類から少しずつデータ化を行ったものを見ていきます。

　まず、2018年11月の一ヶ月間の被害リストを日時とアメニティ（備品等含む）ごとにまとめたデータがcsvファイル **theft_list_201811.csv** です。

　そして、アメニティごとの金額リストがcsvファイル **amenity_price.csv** です。

　それぞれを読み込んだ結果は、**図3-3-1** と **図3-3-2** に記しています。これらに基づいて、2018年11月の一ヶ月間での被害総額を計算するソースコードが104ページに掲載されているものです。

　これらのデータをすべて紙の書類からデータに起こすのは骨が折れる作業ではありますが、その結果として一ヶ月間でどのような盗難があり、被害総額はどの程度だったのかということがわかります。少なくとも、2018年11月の被害状況は、**図3-3-3** から以下の通りだったようです。

被害総額 177,900.0円
被害件数 70.0件

　一日二件以上の被害が発生しており、その総額も177,900円と決して少なくないことがわかります。この数字にどの程度のばらつきがあるのかを前もって知っておくことができれば、一年間や二年間の被害総額を概算として見積もることができ、対策につなげることもできます。

　3-4以降、より詳細にデータを分析していきましょう。

一ヶ月分の被害リストを読み込む 📄 Chapter3.ipynb

```python
import pandas as pd
df_theft_201811 = pd.read_csv("theft_list_201811.csv",
index_col=0, parse_dates=[0])
df_theft_201811
```

図3-3-1 データ読み込み（被害リスト）

日時	バスタオル	ハンドタオル	フェイスタオル	バスローブ	ハンガー	ボールペン	ナイフ	フォーク	スプーン	皿	...	クッション	リモコン	パソコン	ドライヤー	アイロン	カフェマシーン	照明	電話	テレビ	マット
2018-11-01	1.0	1.0	0.0	0.0	0.0	0.0	0.0	0.0	0.0	0.0	...	0.0	0.0	0.0	0.0	0.0	0.0	0.0	0.0	0.0	0.0
2018-11-02	1.0	0.0	0.0	0.0	0.0	0.0	0.0	0.0	0.0	0.0	...	0.0	0.0	0.0	0.0	0.0	0.0	0.0	0.0	0.0	0.0
2018-11-03	0.0	0.0	0.0	0.0	1.0	0.0	0.0	2.0	0.0	0.0	...	0.0	0.0	0.0	0.0	0.0	0.0	0.0	0.0	0.0	0.0
2018-11-04	1.0	0.0	0.0	0.0	0.0	0.0	0.0	0.0	0.0	0.0	...	0.0	0.0	0.0	0.0	0.0	0.0	0.0	1.0	0.0	0.0
2018-11-05	0.0	0.0	1.0	0.0	0.0	0.0	0.0	0.0	0.0	0.0	...	0.0	0.0	0.0	0.0	0.0	0.0	0.0	0.0	0.0	0.0
2018-11-06	0.0	0.0	0.0	0.0	0.0	0.0	0.0	0.0	0.0	0.0	...	0.0	0.0	0.0	0.0	0.0	0.0	0.0	0.0	0.0	0.0
2018-11-07	0.0	0.0	0.0	0.0	0.0	0.0	0.0	0.0	0.0	0.0	...	0.0	0.0	0.0	0.0	0.0	0.0	0.0	0.0	0.0	0.0
2018-11-08	0.0	0.0	0.0	0.0	0.0	0.0	0.0	0.0	0.0	0.0	...	0.0	0.0	0.0	0.0	0.0	0.0	0.0	0.0	0.0	0.0
2018-11-09	0.0	0.0	1.0	0.0	0.0	0.0	0.0	0.0	0.0	0.0	...	0.0	0.0	0.0	0.0	0.0	0.0	0.0	0.0	0.0	0.0
2018-11-10	1.0	1.0	0.0	0.0	0.0	0.0	0.0	0.0	0.0	0.0	...	0.0	0.0	0.0	0.0	0.0	0.0	0.0	0.0	0.0	0.0
2018-11-11	1.0	0.0	0.0	0.0	0.0	0.0	0.0	0.0	0.0	0.0	...	0.0	0.0	0.0	0.0	0.0	0.0	0.0	0.0	0.0	0.0
2018-11-12	0.0	0.0	0.0	0.0	0.0	1.0	1.0	0.0	1.0	0.0	...	0.0	0.0	0.0	0.0	0.0	0.0	0.0	0.0	0.0	0.0
2018-11-13	1.0	0.0	0.0	0.0	0.0	0.0	0.0	0.0	0.0	0.0	...	0.0	0.0	0.0	0.0	0.0	0.0	0.0	0.0	0.0	0.0
2018-11-14	1.0	1.0	0.0	0.0	0.0	0.0	0.0	1.0	0.0	0.0	...	0.0	0.0	0.0	0.0	0.0	0.0	0.0	0.0	0.0	0.0
2018-11-15	1.0	0.0	0.0	0.0	0.0	0.0	0.0	0.0	0.0	0.0	...	0.0	0.0	0.0	0.0	0.0	0.0	0.0	0.0	0.0	0.0
2018-11-16	0.0	0.0	1.0	0.0	0.0	1.0	0.0	0.0	0.0	0.0	...	0.0	0.0	0.0	0.0	0.0	0.0	0.0	0.0	0.0	0.0
2018-11-17	0.0	0.0	1.0	0.0	0.0	0.0	0.0	0.0	0.0	0.0	...	0.0	0.0	0.0	0.0	0.0	0.0	0.0	0.0	0.0	0.0
2018-11-18	0.0	0.0	0.0	0.0	0.0	0.0	0.0	0.0	0.0	0.0	...	0.0	0.0	0.0	0.0	0.0	0.0	0.0	0.0	0.0	0.0
2018-11-19	0.0	0.0	0.0	0.0	0.0	1.0	0.0	0.0	0.0	0.0	...	0.0	0.0	0.0	0.0	0.0	0.0	0.0	0.0	0.0	0.0
2018-11-20	0.0	0.0	0.0	0.0	0.0	0.0	0.0	0.0	0.0	0.0	...	0.0	0.0	0.0	0.0	0.0	0.0	0.0	0.0	0.0	0.0
2018-11-21	1.0	2.0	0.0	0.0	0.0	1.0	0.0	1.0	0.0	0.0	...	0.0	0.0	0.0	0.0	0.0	0.0	0.0	0.0	0.0	0.0
2018-11-22	1.0	1.0	0.0	0.0	1.0	1.0	0.0	0.0	0.0	0.0	...	0.0	0.0	0.0	0.0	0.0	0.0	0.0	0.0	0.0	0.0
2018-11-23	0.0	2.0	0.0	0.0	0.0	2.0	0.0	0.0	1.0	0.0	...	0.0	0.0	0.0	0.0	0.0	0.0	0.0	0.0	0.0	0.0
2018-11-24	0.0	0.0	1.0	0.0	0.0	0.0	1.0	0.0	1.0	1.0	...	0.0	0.0	0.0	0.0	0.0	0.0	0.0	0.0	0.0	0.0
2018-11-25	0.0	0.0	1.0	0.0	0.0	0.0	0.0	0.0	0.0	0.0	...	0.0	0.0	0.0	0.0	0.0	0.0	0.0	0.0	0.0	0.0
2018-11-26	0.0	0.0	2.0	0.0	0.0	1.0	1.0	0.0	0.0	0.0	...	0.0	0.0	0.0	0.0	0.0	0.0	0.0	0.0	0.0	0.0
2018-11-27	0.0	0.0	0.0	0.0	1.0	1.0	1.0	1.0	0.0	0.0	...	0.0	0.0	0.0	0.0	0.0	0.0	0.0	0.0	0.0	0.0
2018-11-28	0.0	1.0	0.0	0.0	0.0	1.0	0.0	0.0	0.0	0.0	...	0.0	0.0	0.0	0.0	0.0	0.0	0.0	0.0	0.0	0.0
2018-11-29	0.0	0.0	1.0	0.0	1.0	0.0	1.0	0.0	0.0	0.0	...	0.0	0.0	0.0	0.0	0.0	0.0	0.0	0.0	0.0	0.0
2018-11-30	0.0	0.0	0.0	0.0	1.0	0.0	1.0	0.0	0.0	0.0	...	0.0	0.0	0.0	0.0	0.0	0.0	0.0	0.0	0.0	0.0

30 rows × 26 columns

```
1  import pandas as pd
2  df_amenity_price = pd.read_csv("amenity_price.csv",
   index_col=0, parse_dates=[0])
3  df_amenity_price
```

図3-3-2　データ読み込み（アメニティ金額）

	金額
バスタオル	2000
ハンドタオル	1500
フェイスタオル	1200
バスローブ	10000
ハンガー	500
ボールペン	1000
ナイフ	500
フォーク	500
スプーン	500
皿	2000
カップ	1500
グラス	1000
コスメ用品	1000
電池	200
置物	200000
シーツ・カバー	5000
クッション	7000
リモコン	2000
パソコン	150000
ドライヤー	15000
アイロン	10000
カフェマシーン	30000
照明	20000
電話	10000
テレビ	100000
マット	10000

第3章　必要なデータ数を検討しよう

103

第
一
部

確率統計・機械学習編

| 一ヶ月分の被害リストから被害総額を計算する | 📄 Chapter3.ipynb |

```
1  total_amount = 0
2  total_theft = 0
3  for i_index in range(len(df_theft_201811.index)):
4      for i_column in range(len(df_theft_201811.columns)):
5          total_amount += df_theft_201811.iloc[i_index,i_
   column]*df_amenity_price["金額"].iloc[i_column]
6          total_theft += df_theft_201811.iloc[i_index,i_
   column]
7          if df_theft_201811.iloc[i_index,i_column]>0:
8              print(df_theft_201811.index[i_index],df_
   theft_201811.columns[i_column],df_theft_201811.iloc[i_
   index,i_column],"点")
9  print("被害総額",total_amount,"円")
10 print("被害件数",total_theft,"件")
```

図3-3-3 一ヶ月の被害総額計算

```
2018-11-01 00:00:00 バスタオル 1.0 点
2018-11-01 00:00:00 ハンドタオル 1.0 点
2018-11-01 00:00:00 カップ 1.0 点
2018-11-02 00:00:00 バスタオル 1.0 点
2018-11-03 00:00:00 ハンガー 1.0 点
2018-11-03 00:00:00 フォーク 2.0 点
2018-11-04 00:00:00 バスタオル 1.0 点
2018-11-04 00:00:00 グラス 1.0 点
2018-11-04 00:00:00 テレビ 1.0 点
2018-11-05 00:00:00 フェイスタオル 1.0 点
2018-11-06 00:00:00 カップ 1.0 点
2018-11-07 00:00:00 フェイスタオル 1.0 点
2018-11-09 00:00:00 フェイスタオル 1.0 点
2018-11-10 00:00:00 バスタオル 1.0 点
2018-11-10 00:00:00 ハンドタオル 1.0 点
2018-11-11 00:00:00 バスタオル 1.0 点
2018-11-11 00:00:00 フェイスタオル 1.0 点
2018-11-11 00:00:00 コスメ用品 1.0 点
2018-11-12 00:00:00 ボールペン 1.0 点
～～～～～～～～～～～～～～～～～～～～
2018-11-24 00:00:00 皿 1.0 点
2018-11-24 00:00:00 コスメ用品 1.0 点
2018-11-25 00:00:00 フェイスタオル 1.0 点
2018-11-26 00:00:00 フェイスタオル 2.0 点
2018-11-26 00:00:00 ボールペン 1.0 点
2018-11-26 00:00:00 ナイフ 1.0 点
2018-11-27 00:00:00 ハンガー 1.0 点
2018-11-27 00:00:00 ボールペン 1.0 点
2018-11-27 00:00:00 ナイフ 1.0 点
2018-11-28 00:00:00 ハンドタオル 1.0 点
2018-11-28 00:00:00 ボールペン 1.0 点
2018-11-29 00:00:00 フェイスタオル 1.0 点
2018-11-29 00:00:00 ハンガー 1.0 点
2018-11-29 00:00:00 ナイフ 1.0 点
2018-11-30 00:00:00 ハンガー 1.0 点
2018-11-30 00:00:00 ナイフ 1.0 点
被害総額 177900.0 円
被害件数 70.0 件
```

一ヶ月分のデータから二年分の
データの平均・標準偏差を
推定しよう

　3-3で取り込んだ一ヶ月分のデータの平均と標準偏差を求めることで、二年間のデータの平均と標準偏差を、中心極限定理が成り立つことを前提に計算してみましょう。実は、3-3で取り込んだデータは少々クセがあり、加工したくなるデータではあるのですが、一旦、中心極限定理の計算の流れ通りに二年間のデータの推定を行ってみます。

　次ページにあるソースコードを実行してみましょう。
　このソースコードは、一ヶ月分のデータから一日ごとの被害額をリスト化して、そのうち10日間をランダムサンプリングすることによって、平均値の分布を求め、最後に、中心極限定理から、母集団としての二年間のデータの平均値と標準偏差値を推定する、という流れです。

　一日ごとの被害額をリスト化した結果をグラフ化してみると、第四日目（2018年11月4日）の被害額が100,000円と突出しています。これは、2018年11月4日にテレビの盗難被害が発生していることによる結果であり、それ以外の日は、これほど高額な被害は出ておらず、一日あたり数千円程度の被害で済んでいるようです。これを見ると、2018年11月4日のデータを「例外」として削除したくなりますが、一旦はこのまま進めてみましょう。

　次に、10日間をランダムサンプリングすることによって、平均値の分布を求めると、やはり2018年11月4日の被害額が突出していることが原因で、中心極限定理が教える正規分布とはほど遠い形状になっています。ただ、そうはいっても、平均値と標準偏差値を求めることは可能です。一旦、算出された平均値である約5,880円、標準偏差値である約5,649円を利用しましょう。
　この値を利用して、母集団である二年間のデータの標準偏差値を逆推定する

（サンプル集合の大きさである10の平方根を標準偏差値にかける）と、母集団の標準偏差：値は、約17,864円と算出されまます。

　平均値である5,880円に対して、標準偏差値はかなり大きな値となってしまいますが、それだけ、標本集合のばらつきが大きいということなので、この数字自体には意味があります。

　3-5では、この平均値と標準偏差値の持つ意味を「**信頼度**」という観点から考えていきましょう。

一日ごとの被害額をリスト化する	🗋 Chapter3.ipynb

```
1  import numpy as np
2  import matplotlib.pyplot as plt
3  list_amount = np.zeros(len(df_theft_201811.index))
4  for i_index in range(len(df_theft_201811.index)):
5      for i_column in range(len(df_theft_201811.columns)):
6          list_amount[i_index] += df_theft_201811.iloc[i_
   index,i_column]*df_amenity_price["金額"].iloc[i_column]
7  plt.plot(list_amount,color="k")
8  plt.show()
```

図3-4-1　一日ごとの被害額をリスト化

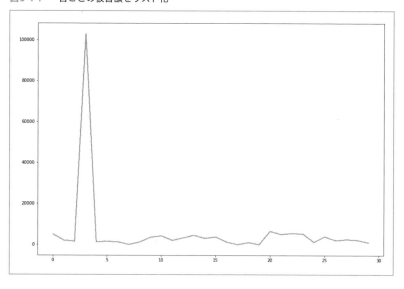

```python
import numpy as np
# サンプル数(サンプル集団の大きさ)を設定
num_sample = 10

# 試行回数を設定
num_trial = 10000
x_trial = np.zeros(num_trial)

# サンプル平均の算出を試行
for i in range(num_trial):
    # サンプルを抽出
    x = list_amount
    x_sample = np.random.choice(x,num_sample)
    # 平均を計算
    x_ave = np.average(x_sample)
    # 値を格納
    x_trial[i] = x_ave

# サンプル平均の平均・標準偏差を計算
x_trial_ave = np.average(x_trial)
x_trial_std = np.std(x_trial)
print("平均:",x_trial_ave)
print("標準偏差:",x_trial_std)

# 描画
num_bin = 21
plt.hist(x_trial, num_bin,color="k")
plt.xlim([-50000,50000])
plt.show()
%matplotlib inline
```

第
一
部

確率統計・機械学習編

図3-4-2　10日間をランダムサンプリングして平均値の分布を算出

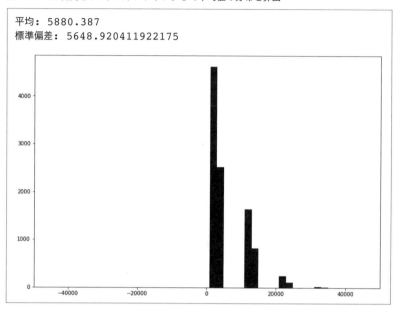

平均： 5880.387
標準偏差： 5648.920411922175

一ヶ月分のデータから二年分のデータの平均・標準偏差を推定する③　　🗋 Chapter3.ipynb

```python
1  import numpy as np
2  # サンプル集合の平均の標準偏差を推定
3  sample_std = 5649
4  # サンプル集合の大きさを設定
5  num_sample = 10
6  # 母集団の分散を計算
7  org_std = np.sqrt(num_sample)*sample_std
8  print("母集団の標準偏差:",org_std)
```

図3-4-3　中心極限定理から母集団の標準偏差を逆推定

母集団の標準偏差： 17863.706502291177

3-5

標準偏差と信頼度の関係を知ろう

　統計分析の形状から、出現し得る値とその可能性について計算を行うことが可能です。たとえば、一日あたりの被害額が正規分布に従うことを仮定すると、平均付近の値が最も出現可能性が高く、平均よりも距離が遠くなるに従って、出現可能性が下がっていくものと予想されます。そこで、**図3-5-1**のように「信頼区間」というある程度出現可能性が高い範囲を設定することができ、値が「信頼区間」内に収まる確率を「**信頼度**」と呼びます。

　信頼度は、統計分布の関数を信頼区間内だけ積分すれば求めることができます。**図3-5-2**のように、ある値の出現確率が正規分布に従うとするならば、平均から左右標準偏差分だけ信頼区間を取ると、その信頼度は約68.3%と計算できます。そして、信頼区間を左右標準偏差の二倍分だけ取るならば信頼度は約95.4%、三倍分だけ取るならば信頼度は99.7%と計算できます。

　このように、標準偏差と信頼度との関係は一対一に対応しており、値の出現可能性の幅として標準偏差（あるいはその数倍）を利用できることがわかります。ここから、**3-4**で算出した母集団の標準偏差値を利用して、値の幅を見積もることを念頭においた分析を行っていきましょう。

図3-5-1　信頼区間と信頼度との関係を表すイメージ

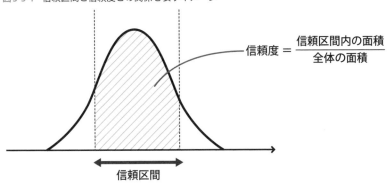

$$信頼度 = \frac{信頼区間内の面積}{全体の面積}$$

信頼区間

第一部 確率統計・機械学習編

図3-5-2 標準偏差と信頼度との関係を表すイメージ

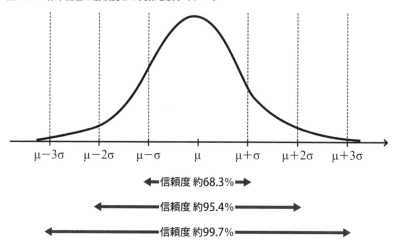

```
標準偏差から信頼度を計算する                                    □ Chapter3.ipynb
1  # 標準偏差の倍率の設定
2  ratio = 1.0
3  # 左側の領域外の割合の計算
4  x_trial_out1 = x_trial[x_trial>x_trial_ave+ratio*x_
   trial_std]
5  # 右側の領域外の割合の計算
6  x_trial_out2 = x_trial[x_trial<x_trial_ave-ratio*x_
   trial_std]
7  # 信頼度の計算
8  reliability = 1-(len(x_trial_out1)/len(x_trial)+len(x_
   trial_out2)/len(x_trial))
9  print("信頼度:",reliability)
```

図3-5-3 信頼度の計算

信頼度: 0.6847

3-6

宿泊者数との相関関係を仮定して 被害額の推移を推測しよう

　3-5の議論から、一日あたりの被害額を推定するうえで十分に信頼できる区間を考えると、かなり大きな幅が必要となりそうですが、大雑把に見ると（二年間の合計として考えると）被害総額の推定自体は、それなりに正確に行えるかもしれません。

　その推定をどの程度正確に行うことができるのかを考える土台として、まずは一日あたりの宿泊者数と被害額が比例すると仮定して、宿泊者一人あたりの平均被害額を算出し、二年間の一日ごとの顧客者数から二年間の推定被害額を計算してみましょう。

　以下のソースコードを実行してみてください。

　まず、宿泊データを読み込み、二年間の一日あたりの宿泊者数、および、2018年11月の一日あたりの宿泊者数を算出したうえで、2018年11月の一日あたりの平均宿泊者数と平均被害額から、宿泊者一人あたりの平均被害額を算出します。そして、これを二年間の一日あたりの宿泊者数にかけあわせることによって、二年間の毎日の被害額の推移を推定します。その結果として、二年間の合計被害額として算出される値は3,233,263円（約323万円）ということがわかります。3-7では、この推移データに信頼区間を設けてみましょう。

宿泊者一人あたりの平均被害額を算出する　　　　　　　　　　　　📄 Chapter3.ipynb

```python
import pandas as pd
import datetime as dt

# 一日あたりの被害額の平均値を設定
theft_per_day = 5880

# 宿泊データ読み込み
df_info = pd.read_csv("accomodation_info.csv", index_col=0, parse_dates=[0])

```

次ページへつづく

```
10  # 一日あたりの宿泊者数の抽出
11  x = df_info.resample('D').count()
12  df_num = x.iloc[:,0]
13
14  # 一ヶ月分の宿泊者数を抽出
15  target_date = dt.datetime(2018,11,30)
16  df_num_201811 = df_num[df_num.index <= target_date]
17  print("一ヶ月の宿泊者数:",sum(df_num_201811))
18
19  # 一ヶ月分の宿泊者数から一日あたりの平均宿泊者数を計算
20  num_per_day = sum(df_num_201811)/len(df_num_201811)
21  print("一日あたりの平均宿泊者数:",num_per_day)
22
23  # 宿泊者一人あたりの平均被害額
24  theft_per_person = theft_per_day/num_per_day
25  print("宿泊者一人あたりの平均被害額:",theft_per_person)
```

図3-6-1　宿泊者一人あたりの平均被害額の算出

```
一ヶ月の宿泊者数: 3913
一日あたりの平均宿泊者数: 130.43333333333334
宿泊者一人あたりの平均被害額: 45.08050089445438
```

```
1  import numpy as np
2  estimated_theft = np.zeros(len(df_num))
3  for i in range(len(df_num)):
       estimated_theft[i] = df_num.iloc[i]*theft_per_person
4  df_estimated_theft = pd.DataFrame(estimated_theft,index=df_
   num.index,columns=["推定被害額"])
5  print("二年間の推定被害総額:",sum(df_estimated_theft["推定被害額"]))
6  plt.plot(df_estimated_theft,color="k")
7  plt.xticks(rotation=60)
8  plt.show()
```

図3-6-2　二年間の被害額の推移の推定

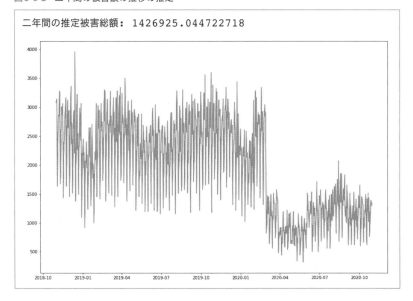

第3章　必要なデータ数を検討しよう

3-7

年間の被害総額とその信頼区間を 推定しよう

　さて、**3-6**で推定した二年間の被害額の推移に対して、**3-4**で求めた母集団の標準偏差から宿泊者一人あたりの標準偏差を割り出すことができ、信頼区間を描画できます。そのソースコードと実行結果は、以下の通りです。

　宿泊者が多いと信頼区間が広がってしまう（信頼区間中心付近への信頼が下がってしまう）ため、宿泊者の多かった感染症流行前には信頼区間が約30,000円からマイナス10,000円程度と、大雑把な信頼区間しか得られないことがわかります。やはり、**3-4**で見た2018年11月4日のテレビの盗難被害の信頼区間の広がりに影響を与えているように見えます。だからといって、データを意図的に削除することは、誤った分析につながります。

　そこで、ここまでの議論のうち、（信頼区間はさておくとして）大雑把な一日あたりの被害額の推定値にはある程度の意味があるとしたうえで、**3-8**では比較的安価なアメニティの被害額の推移について考えていきましょう。

二年間の被害額の信頼区間を推定する　　　　　　　　　　　　□ Chapter3.ipynb

```
1  import matplotlib.pyplot as plt
2  # 標準偏差の設定
3  theft_std_per_day = 17864
4  theft_std_per_person = theft_std_per_day/num_per_day
5  print("宿泊者一人あたりの平均被害額の標準偏差:",theft_std_per_person)

6  # 信頼区間の設定
7  list_estimated_theft = []
8  for i in range(len(df_num)):
9      temp_ave = df_num.iloc[i]*theft_per_person
10     temp_std = df_num.iloc[i]*theft_std_per_person
11     temp = [temp_ave-temp_std,temp_ave,temp_ave+temp_std]
12     list_estimated_theft.append(temp)
13
```

次ページへつづく

```
14  # 描画
15  plt.boxplot(list_estimated_theft)
16  plt.xticks(color="None")
17  plt.show()
```

図3-7-1　宿泊者一人あたりの平均被害額の標準偏差と信頼区間

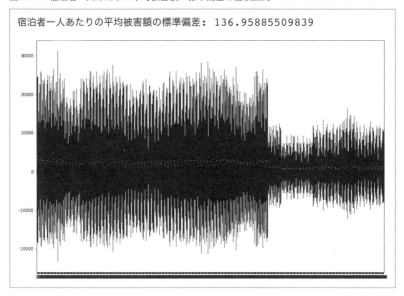

安価なアメニティに絞り込んで、二年分のデータの平均・標準偏差を推定し直そう

　ここでは、本章の主題である推測統計の最後のトピックとして、3-7でも指摘した2018年11月4日に見られたテレビの盗難のような「異常値」に近い極端に大きな値があったときにどのように取り扱うべきかについて解説します。

　基本的には、「異常値」と思しきものがあったら恣意的に取り除くということをするのではなく、「安価なアメニティとそうでないものを別々に分析する」などの処置を行うことによって、なるべく恣意的な判断が分析結果に影響を与えないように注意することが重要です。

　ここで行うのは、前処理として「安価なアメニティ」を抽出する以外は、3-4で取り扱った母集団の標準偏差を求める流れそのものです。3-4の結果を比較して、「安価なアメニティ」に焦点を当てた今回の結果がどのように変わるのかを観察していきましょう。

　次ページのソースコードを実行してみてください。

　まず「安価なアメニティに関するデータの抽出」として、ここではthreshold_priceをアメニティの金額の上限値とし、それ未満の価格のアメニティのみを抽出します。この結果として、16のアメニティが選択されました。それ以降は3-4と同じ流れではありますが、得られる結果は大きく異なります。

　「一日ごとの被害額をリスト化」の結果としては、200円から7,000円の範囲以内にすべての日の被害額が収まっていることがわかります。「10日間をランダムサンプリングして平均値の分布を算出」した結果として、その分布の形状が正規分布に近いものであることがわかりました。標準偏差も小さい値であり、約558円となっています。そして、母集団の標準偏差としても約1,748円であることから、3-4の結果よりも一桁少なく比較的安定しているといえます。

　3-9では、これを信頼区間に反映させていきましょう。

安価なアメニティに関するデータを抽出する　　📄 Chapter3.ipynb

```
1  threshold_price = 10000
2  df_amenity_price_low = df_amenity_price[df_amenity_
   price["金額"]<threshold_price]
3  df_theft_201811_low = df_theft_201811[df_amenity_
   price[df_amenity_price["金額"]<threshold_price].index]
4  print(df_amenity_price_low)
```

図3-8-1　安価なアメニティに関するデータの抽出

	金額
バスタオル	2000
ハンドタオル	1500
フェイスタオル	1200
ハンガー	500
ボールペン	1000
ナイフ	500
フォーク	500
スプーン	500
皿	2000
カップ	1500
グラス	1000
コスメ用品	1000
電池	200
シーツ・カバー	5000
クッション	7000
リモコン	2000

一日ごとの被害額をリスト化する　　📄 Chapter3.ipynb

```
1  import numpy as np
2  import matplotlib.pyplot as plt
3  list_amount = np.zeros(len(df_theft_201811_low.index))
4  for i_index in range(len(df_theft_201811_low.index)):
5      for i_column in range(len(df_theft_201811_low.
   columns)):
6          list_amount[i_index] += df_theft_201811_low.
   iloc[i_index,i_column]*df_amenity_price_low["金額"].
7  iloc[i_column]
8  plt.plot(list_amount,color="k")
9  plt.show()
```

第3章
必要なデータ数を検討しよう

図3-8-2 一日ごとの被害額をリスト化

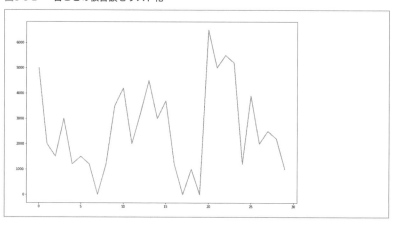

10日間をランダムサンプリングして平均値の分布を算出する 📄 Chapter3.ipynb

```python
import numpy as np
# サンプル数(サンプル集団の大きさ)を設定
num_sample = 10

# 試行回数を設定
num_trial = 10000
x_trial = np.zeros(num_trial)

# サンプル平均の算出を試行
for i in range(num_trial):
    # サンプルを抽出
    x = list_amount
    x_sample = np.random.choice(x,num_sample)
    # 平均を計算
    x_ave = np.average(x_sample)
    # 値を格納
    x_trial[i] = x_ave

# サンプル平均の平均・標準偏差を計算
x_trial_ave = np.average(x_trial)
x_trial_std = np.std(x_trial)
print("平均:",x_trial_ave)
print("標準偏差:",x_trial_std)
```

次ページへつづく

```
25  # 描画
26  num_bin = 21
27  plt.hist(x_trial, num_bin,color="k")
28  plt.xlim([-50000,50000])
29  plt.show()
30  %matplotlib inline
```

図3-8-3　10日間をランダムサンプリングして平均値の分布を算出

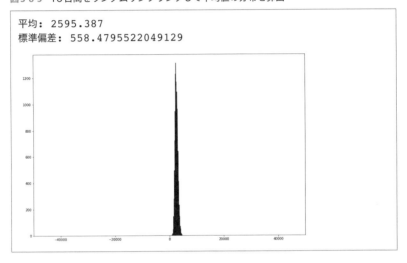

平均： 2595.387
標準偏差： 558.4795522049129

安価なアメニティの平均・標準偏差を推定する ④　　　　　　　🗂 Chapter3.ipynb

```
1  import numpy as np
2  # サンプル集合の平均の標準偏差を推定
3  sample_std = 553
4  # サンプル集合の大きさを設定
5  num_sample = 10
6  # 母集団の分散を計算
7  org_std = np.sqrt(num_sample)*sample_std
8  print("母集団の標準偏差:",org_std)
```

図3-8-4　中心極限定理から母集団の標準偏差を逆推定

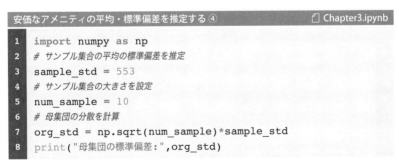

母集団の標準偏差： 1748.7395460731138

3-9

安価なアメニティに絞り込んだ
結果の二年間の被害額の推移に
信頼区間を設定しよう

　3-8で導出した統計値（平均、標準偏差）を用いて、3-6と3-7で行った信頼区間の推定を、再び行ってみることにしましょう。以下のソースコードを実行してみてください。これは、3-6と3-7で扱ったソースコードをほぼそのまま転用しており、「一日あたりの被害額の平均値を設定」と「標準偏差の設定」の二ヶ所のみ3-8で導出した値を利用しています。ここで、最後に可視化した信頼区間を見ると、3-7のようにマイナスにまで信頼区間が広がってしまうようなことはなく、ある程度平均付近に落ち着いているということがわかります。

　ここでは安価なアメニティについてのみの推定を行いましたが、本来であれば、高価なアメニティについても同様のことができ、その場合にも、正規分布あるいはそれに準ずる分布の様子が確認できるはずです。しかしながら、高価なアメニティについては盗難被害が発生する頻度も比較的低く、統計的な分析を行うためには、ある程度の長い期間が必要になります。

宿泊者一人あたりの平均被害額を算出する　　　　　　　📄 Chapter3.ipynb

```python
1   import pandas as pd
2   import datetime as dt
3
4   # 一日あたりの被害額の平均値を設定
5   theft_per_day = 2595
6
7   # 宿泊データ読み込み
8   df_info = pd.read_csv("accomodation_info.csv", index_
    col=0, parse_dates=[0])
9
10  # 一日あたりの宿泊者数の抽出
11  x = df_info.resample('D').count()
12  df_num = x.iloc[:,0]
```

次ページへつづく

```
13
14   # 一ヶ月分の宿泊者数を抽出
15   target_date = dt.datetime(2018,11,30)
16   df_num_201811 = df_num[df_num.index <= target_date]
17   print("一ヶ月の宿泊者数:",sum(df_num_201811))
18
19   # 一ヶ月分の宿泊者数から一日あたりの平均宿泊者数を計算
20   num_per_day = sum(df_num_201811)/len(df_num_201811)
21   print("一日あたりの平均宿泊者数:",num_per_day)
22
23   # 宿泊者一人あたりの平均被害額
24   theft_per_person = theft_per_day/num_per_day
25   print("宿泊者一人あたりの平均被害額:",theft_per_person)
```

図3-9-1　宿泊者一人あたりの平均被害額の算出

```
一ヶ月の宿泊者数: 3913
一日あたりの平均宿泊者数: 130.43333333333334
宿泊者一人あたりの平均被害額: 19.895221058011757
```

| 二年間の被害総額と被害額の推移を推定する | 🗋 Chapter3.ipynb |

```
1    import matplotlib.pyplot as plt
2    # 標準偏差の設定
3    theft_std_per_day = 1748
4    theft_std_per_person = theft_std_per_day/num_per_day
5    print("宿泊者一人あたりの平均被害額の標準偏差:",theft_std_per_
     person)
6
7    # 信頼区間の設定
8    list_estimated_theft = []
9    for i in range(len(df_num)):
10       temp_ave = df_num.iloc[i]*theft_per_person
11       temp_std = df_num.iloc[i]*theft_std_per_person
12       temp = [temp_ave-temp_std,temp_ave,temp_ave+temp_std]
13       list_estimated_theft.append(temp)
14
15   # 描画
16   plt.boxplot(list_estimated_theft)
17   plt.xticks(color="None")
18   plt.show()
19   %matplotlib inline
```

図3-9-2　二年間の被害総額と被害額の推移の推定

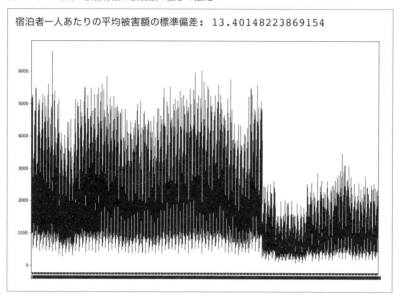

宿泊者一人あたりの平均被害額の標準偏差：13.40148223869154

二年分のデータによる
「答え合わせ」をしてみよう

　本章では、元々は紙の書類による複数の情報を組み合わせることで、ようやく盗難被害のあったアメニティを特定できるため、2018年11月の一ヶ月分のデータのみが手元にある、という条件の元に分析を行いました。

　この一ヶ月分のデータから二年間のデータを推定し、**3-6**より二年間の被害総額が約323万円と見積もることができます。一万円以下の安価なアメニティに限れば、その信頼区間の幅は一日あたり数千円程度に収まりそうなので、信頼性の高い数字のようです。

　さらに2018年11月4日にテレビの盗難も確認され、高価な備品の盗難もそれなりの頻度で起きていることが予想されることなどから、ある程度のコストを費やしてでも紙の書類による情報から二年間の盗難被害に関する詳細データを作成する必要性を説明することが可能です。

　そうすると、二年分のデータからこれまでの推定が正しかったのかどうかも確認できるようになります。そのようなプロセスを経て作られた二年分のデータが、thief_list_2y.csv に格納されています。

　このデータを確認しながら、これまでの推定が正しかったのかどうかを確認してみましょう。次ページのソースコードを実行してみてください。

　さて、データの読み込みを行い、二年間の全アメニティの被害額の推移を可視化してみると、一点10,000円を超える高額のアメニティの盗難被害がある程度の頻度で発生していることがわかります。非常に長いスパンで見ると、高額のアメニティの盗難被害額もまた正規分布に近づく可能性はあるのですが、数ヶ月に一回の頻度では統計的な性質を理解するのは難しく、まずは安価なアメニティに焦点を当てるのがよい、という判断は正しかったようです。

　ただし、全アメニティの被害総額は約317万円と推定した323万円という値に近く、一ヶ月分のデータからでもそれなりの精度での推定が可能だということがわかります。そして、安価なアメニティに焦点を当てた場合の被害額の推移は一日あたり0〜10,000円前後の範囲内に収まっており、**3-9**で推定した

数千円の範囲内という信頼区間の範囲は、正しかったように感じられます。

このように、「少ないデータから一旦推測統計によって全体を推定し、それによって必要性を理解したうえでデータを収集していく」という流れは、デジタル化を地に足をつけて進めていくうえで重要な考え方であるといえます。

二年分のデータを読み込む　　　　　　　　　　　　　　　　🗀 Chapter3.ipynb

```
1  import pandas as pd
2  df_theft_2y = pd.read_csv("theft_list_2y.csv", index_
   col=0, parse_dates=[0])
3  df_theft_2y
```

図 3-10-1 データを読み込む

日時	バスタオル	ハンドタオル	フェイスタオル	バスローブ	ハンガー	ボールペン	ナイフ	フォーク	スプーン	皿	...	クッション	リモコン	パソコン	ドライヤー	アイロン	カフェマシーン	照明	電話	テレビ	マット
2018-11-01	1.0	1.0	0.0	0.0	0.0	0.0	0.0	0.0	0.0	0.0	...	0.0	0.0	0.0	0.0	0.0	0.0	0.0	0.0	0.0	0.0
2018-11-02	1.0	0.0	0.0	0.0	0.0	0.0	0.0	0.0	0.0	0.0	...	0.0	0.0	0.0	0.0	0.0	0.0	0.0	0.0	0.0	0.0
2018-11-03	0.0	0.0	0.0	0.0	0.0	0.0	0.0	2.0	0.0	0.0	...	0.0	0.0	0.0	0.0	0.0	0.0	0.0	0.0	0.0	0.0
2018-11-04	0.0	0.0	0.0	0.0	0.0	0.0	0.0	0.0	0.0	0.0	...	0.0	0.0	0.0	0.0	0.0	0.0	0.0	0.0	1.0	0.0
2018-11-05	0.0	0.0	1.0	0.0	0.0	0.0	0.0	0.0	0.0	0.0	...	0.0	0.0	0.0	0.0	0.0	0.0	0.0	0.0	0.0	0.0
...	...	...	...	...	...	...	...	...	...	...	...	...	...	...	...	...	...	...	...	...	...
2020-10-27	0.0	0.0	0.0	0.0	0.0	0.0	0.0	0.0	0.0	0.0	...	0.0	0.0	0.0	0.0	0.0	0.0	0.0	0.0	0.0	0.0
2020-10-28	0.0	1.0	0.0	0.0	0.0	0.0	0.0	0.0	0.0	0.0	...	0.0	0.0	0.0	0.0	0.0	0.0	0.0	0.0	0.0	0.0
2020-10-29	0.0	0.0	0.0	0.0	0.0	1.0	0.0	0.0	0.0	0.0	...	0.0	0.0	0.0	0.0	0.0	0.0	0.0	0.0	0.0	0.0
2020-10-30	0.0	0.0	0.0	0.0	0.0	0.0	0.0	0.0	0.0	0.0	...	0.0	0.0	0.0	0.0	0.0	0.0	0.0	0.0	0.0	0.0
2020-10-31	0.0	1.0	0.0	0.0	1.0	0.0	0.0	0.0	0.0	0.0	...	0.0	0.0	0.0	0.0	0.0	0.0	0.0	0.0	0.0	0.0

731 rows × 26 columns

被害額の推移／安価なアメニティの被害額の推移を計算する　　　🗀 Chapter3.ipynb

```
1  import numpy as np
2  import matplotlib.pyplot as plt
3  list_amount = np.zeros(len(df_theft_2y.index))
4  threshold_price = 10000
5  for i_index in range(len(df_theft_2y.index)):
6      for i_column in range(len(df_theft_2y.columns)):
7          list_amount[i_index] += df_theft_2y.iloc[i_
   index,i_column]*df_amenity_price["金額"].iloc[i_column]
8          if (df_theft_2y.iloc[i_index,i_column]>0)
```

次ページへつづく

```
      and(df_amenity_price["金額"].iloc[i_column]>threshold_
      price):
 9              print(df_theft_2y.index[i_index],df_theft_
      2y.columns[i_column],df_theft_2y.iloc[i_index,i_
      column],"点",df_theft_2y.iloc[i_index,i_column]*df_
      amenity_price["金額"].iloc[i_column],"円")
10    print("被害総額:",sum(list_amount))
11    plt.plot(list_amount,color="k")
12    plt.show()
```

図3-10-2　二年間の全アメニティの被害額の推移

```
2018-11-04 00:00:00 テレビ 1.0 点 100000.0 円
2018-12-03 00:00:00 カフェマシーン 1.0 点 30000.0 円
2019-02-02 00:00:00 ドライヤー 1.0 点 15000.0 円
2019-02-15 00:00:00 置物 1.0 点 200000.0 円
2019-04-09 00:00:00 ドライヤー 1.0 点 15000.0 円
2019-06-05 00:00:00 カフェマシーン 1.0 点 30000.0 円
2019-06-10 00:00:00 パソコン 1.0 点 150000.0 円
2019-06-12 00:00:00 置物 1.0 点 200000.0 円
2019-07-14 00:00:00 照明 1.0 点 20000.0 円
2019-09-12 00:00:00 パソコン 1.0 点 150000.0 円
2020-01-31 00:00:00 テレビ 1.0 点 100000.0 円
2020-02-19 00:00:00 ドライヤー 1.0 点 15000.0 円
2020-04-29 00:00:00 ドライヤー 1.0 点 15000.0 円
2020-08-31 00:00:00 照明 1.0 点 20000.0 円
被害総額: 3174000.0
```

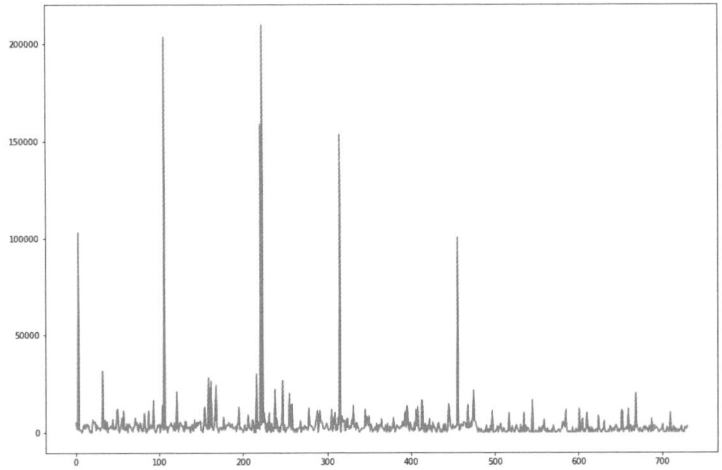

安価なアメニティの被害総額を描画する　　　　　　　　　　□ Chapter3.ipynb

```python
import numpy as np
import matplotlib.pyplot as plt

# 安価なアメニティに関するデータの抽出
threshold_price = 10000
df_amenity_price_low = df_amenity_price[df_amenity_price["金額"]<threshold_price]
df_theft_2y_low = df_theft_2y[df_amenity_price[df_amenity_price["金額"]<threshold_price].index]

# 被害額の推移
list_amount = np.zeros(len(df_theft_2y_low.index))
for i_index in range(len(df_theft_2y_low.index)):
    for i_column in range(len(df_theft_2y_low.columns)):
        list_amount[i_index] += df_theft_2y_low.iloc[i_index,i_column]*df_amenity_price_low["金額"].iloc[i_column]
print("被害総額：",sum(list_amount))
plt.plot(list_amount,color="k")
plt.show()
```

図3-10-3　安価なアメニティの被害総額を表示する

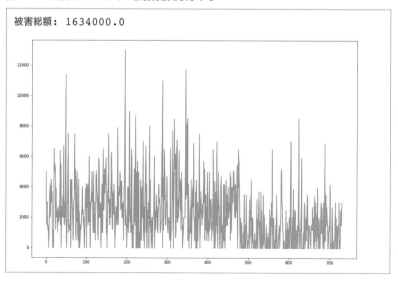

被害総額： 1634000.0

第二部

数理最適化 編

　第一部で扱った確率・統計・機械学習を一通り学ぶことで、実際のビジネス現場におけるデータを分析し、その中で、これから高い需要が見込めるであろう顧客層の発見など、さまざまなビジネス展開が望めることが見えてきました。

　ここからは数理最適化を学ぶことで、データを分析することで見えてきた知見をもとに、最適な戦略を検討する流れを学びます。数理最適化の専門書を読もうとすると、数式や難解な説明ばかりが並んでいたり、ビジネスの現場でどのように応用すればよいかが記載されていなかったりなど、実際に利用するとなるとかなりハードルを感じることが少なくないのではないでしょうか。

　ここでは、数式の説明は最小限にとどめて、その裏側にある「考え方」について、図解とプログラミングを通して身につけていくことを目指します。

最適化問題を解く流れを理解しよう

最適ルート探索問題を題材にした 最適化問題を解く方法

「数理最適化って、どうやって学んで、何に役立てればよいのですか？」 これは、数理最適化を学んでいる人や、これから学ぼうとしている人から非常によく聞かれる質問です。「最適化」という言葉自体、さまざまな場所で耳にします。「（方法はわからないけれども）AIがうまく最適な答えを出してくれないだろうか」などという要望をクライアントから耳にすることは、データサイエンティストやコンサルタント、そしてエンジニアとして活躍する多くの人が経験していることかもしれません。

数理最適化が役に立つのは、これまで人手で行っていたノウハウなどを自動化したい場合や、より効率化できる方法を探りたい場合です。何かある指標を決め、その指標を最大にしたい、あるいは最小にしたい場合に、「最適化問題」として「定式化」します。「定式化」は、基本的には数式を用いるのですが、難解な数学は必要ありません。言葉で記述してプログラミングに落とし込む、ということを行うことも可能です。

本章では、解きたい問題を「最適化問題」として「定式化」し、それを解くための流れについて解説します。「最適化問題」にはいくつかのパターンがありますが、「定式化」する方法と、それを解く流れについて理解してしまいさえすれば、あとは目の前の問題がどのパターンとして解けるかを考えるだけです。

最適ルート探索を行うことになった背景

あなたは、中規模の倉庫会社から最適化に関する相談に乗ってほしいとの依頼を受けました。話を聞いてみると、その倉庫会社はこれまで現場の担当者の勘と経験によって、広域に点在するどの倉庫からどの倉庫へ資材を配送するのか、配送ルートの計画を行ってきました。

しかしながら、そうした現場の担当者も徐々に高齢化し、ノウハウを伝えるにあたって若手が育たず、「AIを使ってノウハウを学習させたりする方法はないだろうか」というのが倉庫会社の経営陣からの相談でした。

それを聞いたあなたは、勘や経験を学習することを考える前に、まずは配送ルートの最適化問題を解くアルゴリズムを作るのがよいのではないかと提案します。

この配送ルート最適化を行う方法について、検討していきましょう。

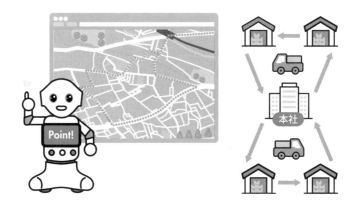

4-1

数理最適化問題の解き方を
理解しよう

　配送ルートをはじめ、何かを「最適化」する場合、そのステップは決まっています。簡単に表現すると、「問題を作る」と「解く」という2つのステップです。

　前者の問題を作るステップを「**定式化**」と呼びます。定式化のステップにおいては、最適化したいものを明確にします。たとえば、配送ルート最適化問題であれば最も距離が短くなる、あるいは最も配送コストが最小になるようなルートを探索することになります。このため、定式化のステップにおいては、「総移動距離を最小にする」あるいは「総配送コストを最小にする」といった具合に、最小化するものを決定します。

　次のステップである問題を解く方法としては、大きく2通りの方法が考えられます。1つ目の方法は、あらゆるパターン（ルート）を計算したうえで定式化した通り、総移動距離や総配送コストが最小になるルートを選ぶという方法です。この方法は、確実に正しい答えが導き出せる反面、すべてのルートを計算するために、非常に時間がかかるという問題があります。

　そこで、計算時間を短縮する方法が「**ヒューリスティック**」と呼ばれる最適化問題を解く2つ目の方法です。ヒューリスティックとは、経験的に効率よく最適解にたどり着くと考えられている方法で、問題ごとに知られている方法（特殊解法）と多くの最適化問題に適用できる方法（一般解法）があります。
　特殊解法は決まった問題に対しては効果を発揮しますが、定式化した問題があまり知られていない場合には、一般解法を試すことになります。

　いずれにしても、ヒューリスティックによる解法は、あらゆるパターン（ルート）をすべて計算するわけではないので、高速計算が可能である一方、必ずしも厳密な最適解を導き出すことはできず、「おおよそ最適に近い解」を導き出す方法であると考えたほうがよいでしょう。

以上の方法で配送ルート最適化を行い、最適配送ルート（総輸送距離最小の最適ルート）が見つかる様子を**図4-1-2**と**図4-1-3**に示します。

本章では、配送ルート最適化問題を題材に、**4-2**で「定式化」についての説明を行ったうえで、**4-3**以降で全探索とヒューリスティックのそれぞれの解法を説明していきます。

それでは、配送ルート最適化問題を解いていきましょう。

図4-1-1 数理最適化問題の全体像

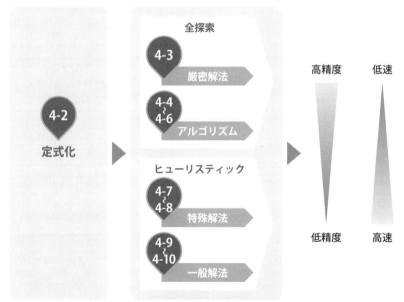

図4-1-2 移動距離が最短となるルートを探索していく様子

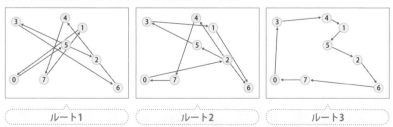

図4-1-3 移動距離最小の状態に近づいている様子

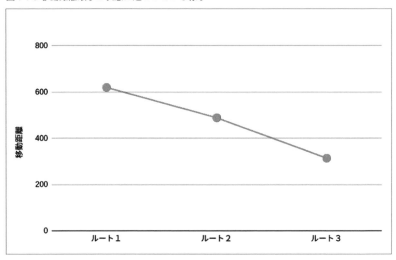

数理最適化の出発点である「定式化」を理解しよう

　まず、数理最適化問題の解を求めるときに重要なのは、その問題において何を求めればよいのかという「目的」と、それを取り巻くさまざまな「条件」を明確に整理しておくことです。数理最適化において、このプロセスを経て問題を数式で表現することを「**定式化**」と呼びます。

　定式化によって、さまざまな問題を解くことができます。その一例として、次の図のように正方形の土地を切り出すとして、面積を $10\,\mathrm{m}^2$ に限りなく近づけるには、一辺の長さをどの程度にすればよいのかという問題を考えてみましょう。

　正方形の面積は、一辺の長さ x の二乗によって計算できるので、x^2 が 10 に限りなく近い x が「最適」ということになります。

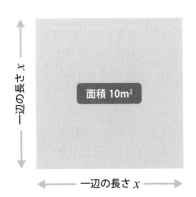

一辺の長さ x

面積 10m²

一辺の長さ x

　この問題を定式化すると、次のようになります。

（目的）　x の二乗と 10 との差を最小化する
（条件）　x は正の数

これにより、あらゆる正の数 x を計算すると、x が約 3.16 の場合に、この目的を果たす（x の二乗と 10 との差は最小である約 0 になる）ことがわかります。最適化問題をプログラミングによって解く場合は、このような定式化で十分対応できます。

数学的に表現する場合、目的とするもの（最小化あるいは最大化したいもの）を「目的関数」と呼び、以下のような用語を使用して定式化を行います。

最小化（または最大化）したいもの ➡ min（または max）
制約（条件）➡ s.t.

これらの用語を用いて、数式によって上記の問題を定式化すると次のようになります。

$$\min : \ |10 - x^2|$$
$$\text{s.t.} : x \geq 0$$

「x の二乗と 10 との差を最小化する」という言葉で記述した目的は、$10 - x^2$ の絶対値を最小化するという意味の「$\min: |10 - x^2|$」によって表現でき、「x は正の数」という条件は「s.t. $x \geq 0$」によって表現します。

以上が定式化の大まかな流れです。この考え方によって、実際に配送ルートの最適化問題を定式化していきましょう。配送ルート最適化問題における目的は、配送ルートの効率化を行うこと、すなわち、すべての倉庫を訪れるような配送ルートの総移動距離を短くすることです。

次に、制約条件は全倉庫間の距離が与えられる（わかっている）ということと、各倉庫への訪問回数は 1 回に制限します。言葉で表現すると、以下のようになります。

（目的）配送ルートの総移動距離を最小化する
（条件）全倉庫間の距離は既知、各倉庫への訪問回数は一度のみ

これを数式によって定式化すると、次のようになります。

$$\text{min:} \sum_{i \in V} \quad \sum_{j \in V} \quad d_{ij} f_{ij}$$

s.t. :

V（訪れるべき倉庫の集合）

$$d_{ij} \ (\forall i \in V, \ \forall j \in V)$$

$$f_{ij} \in \{0, 1\}$$

$$f_{ij} = 0 \ (\forall i \notin V_{visited})$$

$$f_{ij} = 0 \ (\forall j \in V_{visited})$$

dは任意の倉庫間を通るときの移動距離を表し、fはそのような倉庫間を直接移動するかどうかを表します。すなわち、d_{ij}とは倉庫iと倉庫jとの間の移動距離で、倉庫iと倉庫jの間を移動することができる場合にはf_{ij}は1に、そうでない場合にはf_{ij}は0になります。そして、倉庫が10あった場合には、訪れるべき倉庫の集合は$V = 1, \ 2, \ \cdots 10$のようになり、d_{ij}とf_{ij}のiとjはすべてVに含まれ、iまたはjが、すでに訪問済みの倉庫であった場合にはf_{ij}は0になるということを、これらの数式は表現しています。

　最適化問題をプログラミングによって解く場合は、数式の1つひとつを理解する必要はなく、言葉による定式化で十分ではありますが、参考書によってはこのような数式を中心に解説されていますので、そうした数式に出会った場合の参考にしてみてください。

　さて、今扱おうとしている配送ルートの最適化問題、とりわけ総移動距離を最小化する問題は、「巡回セールスマン問題」という有名な問題として知られています。この他にも、

一定時間通れなくなる道が存在する
ある倉庫間は一方通行である

などといった制約条件が加わることでより複雑な定式化が試される場合もあります。本章では最適化問題の解き方を理解することを目的としているため、ここで定式化した通りの最も基本的な巡回セールスマン問題を扱っていきます。

全探索を行ってみよう

　ここでは、最適化問題を解く際の基本である全探索と呼ばれる手法を用いて、配送ルート最適化問題を巡回セールスマン問題として解いていきます。

　全探索は総当たり法やbrute-force attackとも呼ばれ、計算に膨大な時間がかかりますが、確実に最適解を求めることができます。

　巡回セールスマン問題の場合、スタートからすべての頂点を一度だけ通って再びスタート地点に戻ってくるような経路をすべて列挙し、それぞれの経路の距離を求めてその中で最も距離が短くなるような経路が答えとなります。

　まずは、各倉庫を頂点とするグラフを可視化していきましょう。以下のソースコードを実行してみてください。

各倉庫を頂点とするようなグラフを可視化する①	Chapter4.ipynb

```
1   import numpy as np
2   np.random.seed(100)
3   import networkx as nx
4   import matplotlib.pyplot as plt
5   import pandas as pd
6
7   # 頂点数を8とする
8   n = 8
9
10  # 各地点の座標を読み込む
11  vertices = pd.read_csv('vertices.csv').values
12  print('倉庫の座標')
13  print(vertices)
14
15  # グラフの作成
16  g = nx.DiGraph()
17
18  # n個の頂点をグラフに追加
19  g.add_nodes_from(range(n))
20
```

次ページへつづく

```
21  # 頂点座標の情報をグラフに追加しやすい形に整形
22  pos = dict(enumerate(zip(vertices[:, 0], vertices[:, 1])))
23
24  # グラフを描画
25  nx.draw_networkx(g, pos=pos, node_color='c')
26  print('倉庫の位置関係')
27  plt.show()
```

図4-3-1 各倉庫を頂点とするグラフ

```
倉庫の座標
[[ 9 25]
 [68 88]
 [80 49]
 [11 95]
 [53 99]
 [54 67]
 [99 15]
 [35 25]]
倉庫の位置関係
```

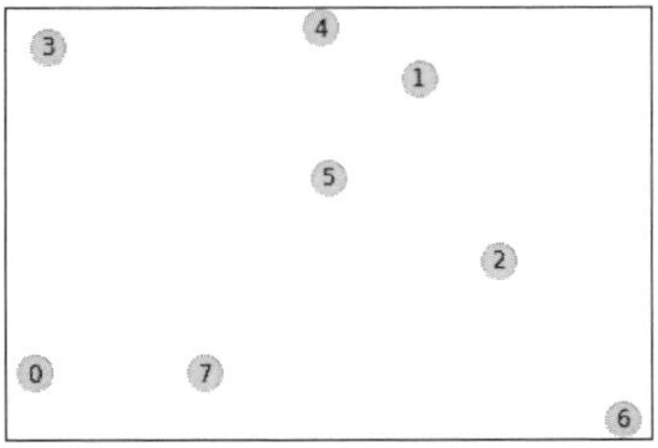

各倉庫を頂点とするようなグラフを可視化する ②　　　　　　　　　Chapter4.ipynb

```
1   # 頂点感の距離をマトリックスで表す
2   graph = np.linalg.norm(
3       vertices[:, None] - vertices[None, :],
4       axis=-1,
5   )
6   # graph(5, 3) は、頂点5から頂点3への距離
7   # graph(0, 7) は 頂点0から頂点7への距離
8
9   # わかりやすさのため小数点以下は切り捨て
10  graph = graph.astype(int)
11
```

次ページへつづく

```
12  print('倉庫間距離のマトリックス')
13  print(graph)
```

図4-3-2 距離を求める

```
倉庫間距離のマトリックス
[[   0   86   74   70   86   61   90   26]
 [  86    0   40   57   18   25   79   71]
 [  74   40    0   82   56   31   38   51]
 [  70   57   82    0   42   51  118   74]
 [  86   18   56   42    0   32   95   76]
 [  61   25   31   51   32    0   68   46]
 [  90   79   38  118   95   68    0   64]
 [  26   71   51   74   76   46   64    0]]
```

　このソースコードは、倉庫と倉庫の間のルートを可視化するものです。ここではnetworkxというライブラリを用いて、「グラフ表現」と呼ばれる頂点とそれをつなぐリンクによる表現によってルートを可視化します。具体的には6つのステップでグラフ表現を用いて、それぞれの倉庫の位置を可視化します。

　まず、1つ目のステップとして倉庫（頂点）の数を決めます。ここでは、倉庫の数を8とします。次に、2つ目のステップとして各倉庫の座標を決めます。今回は、すでに用意された座標をcsvから読み込みます。

　そして、3つ目のステップとしてグラフの作成を宣言した後、4つ目のステップとして8つの倉庫（頂点）を宣言したグラフに追加し、5つ目のステップとしてそれらを整形し、最後のステップとしてグラフを描画します。

　さて、ここからは描画した倉庫（頂点）をたどって、各頂点間の距離を求めていきます。次ページのソースコードによって、各頂点間の距離を求めます。

　このソースコードを実行した結果、graphという行列に各頂点間距離の計算結果が出力されます。たとえば、1行2列目は0番目の倉庫（頂点）と1番目の倉庫（頂点）との距離を表します。便宜上、頂点間の距離は小数点以下を切り捨てて整数としています。これら、各頂点間の距離をたどっていくと、総移動距離を求めることができます。そこで、すべての倉庫をたどっていくパターン（考え得るすべての巡回ルート）の総移動距離をすべて計算し、それぞれを比較することによって、総移動距離が最短になるルートを選択すれば、それが最短

ルートということになります。以下のソースコードを実行することによって、考え得るすべての巡回ルートの総移動距離を求めていきましょう。

すべての巡回ルートの総移動距離を計算する　　　　　　　　　　　　📄 Chapter4.ipynb

```
1   from itertools import permutations
2
3   # 始点(終点)を決める
4   src = 0
5
6   # 経路を全列挙(始点は除いて列挙しておく)
7   routes = np.array([*permutations(range(1, 8))]).T
8
9   # 経路数を出力
10  m = routes.shape[1]
11  print(f'経路数: {m}')
12
13  # 始点を最初と最後に追加
14  routes = np.pad(routes, pad_width=((1,1), (0,0)),
15  constant_values=src)
16  print('経路の列挙')
17  print(routes)
18
19  # 各経路について、総移動距離を一括で求める
20  dist = graph[routes[:-1], routes[1:]].sum(axis=0)
21  print('各経路の総移動距離')
22  print(dist)
```

このソースコードは2つのステップからなります。最初にすべての巡回ルート（倉庫をたどっていくパターン）を列挙します。このために、itertoolsというライブラリのpermutationsという関数を用います。

permutations関数によって、数字列を並べ替えるすべてのパターン（たとえば数字列が [0, 1, 2] であれば、[0, 1, 2] [0, 2, 1] [1, 0, 2] [1, 2, 0] [2, 0, 1] [2, 1, 0] の6パターン）を計算できます。ここでは、最初と最後の頂点を0としています。次のステップでは、各距離について前後の頂点間の距離を求めて足し合わせることで、経路の距離を求めます。

このソースコードを出力した結果を次ページに示しており、変数mには計算した巡回ルートの数（5040パターン）を、routesには計算した巡回ルート（各

列が倉庫をたどっていくパターンであり、1行目には最初の倉庫を、2行目には次の倉庫、3行目には…）を、distにはそれぞれの巡回ルートの総移動距離（最初の巡回ルートの総移動距離は440、次の巡回ルートは…）を、それぞれ格納しています。

図4-3-3 すべての巡回ルートの総移動距離を計算した結果

```
経路数: 5040
経路の列挙
[[0 0 0 ... 0 0 0]
 [1 1 1 ... 7 7 7]
 [2 2 2 ... 6 6 6]
 ...
 [6 7 5 ... 3 1 2]
 [7 6 7 ... 1 2 1]
 [0 0 0 ... 0 0 0]]
各経路の総移動距離
[440 482 485 ... 471 403 440]
```

以上によって、すべての巡回ルートの総移動距離が計算できたので、あとはその中から、最小のものを選択することによって、最短の総移動距離と、その巡回ルートが導出できます。以下のソースコードを実行しましょう。

最短距離を求める

```
1  print(f'最短距離: {dist.min()}')
```

図4-3-4 最短の総移動距離

```
最短距離: 314
```

最短の巡回ルートを求める　　　　　　　　　　　　📄 Chapter4.ipynb

```
1   # 経路を移動距離の短い順にソート
2   i = np.argsort(dist)
3   routes = routes[:, i]
4   dist = dist[i]
5   print('経路を短い順に並び替える')
6   print(dist)
7
8   path = routes[:, 0]
9   print(f'最短経路: {path}')
10  print(f'最短距離: {dist[0]}')
```

図4-3-5 巡回ルートを表示する

```
経路を短い順に並び替える
[314 314 336 ... 618 620 620]
最短経路：[0 3 4 1 5 2 6 7 0]
最短距離：314
```

　このソースコードでは、最初に距離の短い順に経路を並び替え、次に一番目の経路、すなわち最短経路とそのときの距離を出力します。最後に以下のソースコードを実行することによって、最短ルートを可視化します。

最短の巡回ルートを可視化する　　　　　　　　　　　　　　　　📄 Chapter4.ipynb

```
1   for i in range(n):
2       nx.draw_networkx(g, pos=pos, node_color='c')
3       plt.show()
4       g.add_edge(path[i], path[i+1])
5   nx.draw_networkx(g, pos=pos, node_color='c')
6   plt.show()
7
8
9   for i in range(n):
10      g.remove_edge(path[i], path[i+1])
```

図4-3-6 最短の巡回ルートを表示する

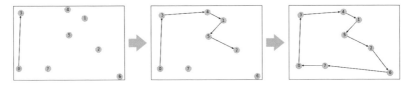

　以上の流れによって、[0,3,4,1,5,2,6,7,0] という距離314の最短巡回ルートを導出することができました。これが、すべての巡回ルートを求める、すなわち「全探索」によって、最短ルートを導出する方法です。

　この方法は、要素、すなわち倉庫の数が少ないうちは少ない計算時間で最短ルートを導出できますが、要素の数が増えていくと、それに伴って計算時間が膨大になります。そこで、効率的に最短ルートを導出する方法を検討する必要があります。**4-4**以降では、「全探索」によって求めた最短ルートをどのようにすれば少ない計算時間で求めることができるのかを検討していきます。

アルゴリズムによる問題の解き方を理解しよう

4-3で扱った「全探索」という方法は確実に最短巡回ルートを計算することができますが、要素の数、すなわち巡回する倉庫の数が増えていくと、それに伴って計算時間が膨大になります。そのため、効率的に最短巡回ルートを計算することを考える必要があります。ここでは、数理最適化を行ううえで欠かせない「計算量」に関する考え方を解説します。

プログラムを実行するのに掛かる時間は、計算量という概念を用いて表されます。計算量は、Oという記号（ランダウの記号）を用いて$O(N)$と表記されます。Nは要素の数を意味し、$O(N)$は、「プログラムを実行するのにおおよそN回以下の計算を行う必要がある」ということを意味します。計算量の表記にはさまざまなものがありますが、ここでは、ランダウによる表記に統一します。

簡単な例を用いて、計算量を理解していきましょう。以下のソースコードを実行すると、1からN（＝100）までの和を求めることができます。

```
1から100までの和を求める                          Chapter4.ipynb
1  # nを100とする
2  n = 100
3  s = sum(i for i in range(1, n+1))
4  print(f'和: {s}')
```

図4-4-1 for文で和を求める

```
和: 5050
```

このプログラムは、1からN（＝100）までの値を足して和を求めるものであり、N回の計算（足し算）を実行しています（その結果として、5050という和が計算できます）。従って、計算量は$O(N)$と表現できます。

N＝100の場合、コンピュータは100回の計算処理を行います。

それでは、これまで扱ってきた最短巡回ルートを求める巡回セールスマン問題を、全探索で解いた場合の計算量を表現することで考えてみましょう。この計算量は$O(N!)$と表現され、$N!$はNの階乗（$1 \times 2 \times \cdots \times N$）を意味します。N＝10の場合は、約360万回の計算処理を行うことになります。

一般的なパソコンに搭載されているCPUでは、C++等の高速な言語を使用した場合、一秒間に最大10^9回程度の計算処理を行うことができるといわれており、Pythonのように処理が遅い言語の場合は最大10^7回程度といわれています。マルチコアのCPUやスーパーコンピュータのように並行処理を行える場合や、numpyなどのライブラリを用いてメモリを活かした並列処理を行う場合はこの限りではありませんが、この数値を目安に計算量を考えると、おおよその計算時間を前もって見積もることができます。

巡回セールスマン問題を全探索で解く場合、10頂点（始点を入れて11頂点）の場合でおよそ360万回の計算が必要であり、頂点が1つ増えるごとに計算量がおよそN倍になることを考えると、11頂点の場合は10頂点の場合の10倍以上の計算量となり、頂点数が15になると、最適解を求めるのに少なくとも3時間の計算時間が必要であろうことが見積もられます。

このように、全探索によってかかる時間はNの数が少しでも増えると膨大になり、やがては非現実的なほどの計算時間になります。そこで、効率よく計算するアルゴリズムを考える必要があります。アルゴリズム次第でどれほど計算時間が効率化できるかを具体的に考えてみましょう。たとえば、さきほど求めた1からNまでの和を求めるプログラム（今回はN＝10とします）について考えてみましょう。

このプログラムは、1からNまでの和を求める単純なものなので、Nに比例して計算量が増加（すなわち線形に増加）していきます。これを効率化することを考えます。

求めたい和をSとすると、

$$S = 1 + 2 + 3 + 4 + 5 + 6 + 7 + 8 + 9 + 10 \cdots\cdots (式①)$$

となりますが、この式は、

$$S = 10 + 9 + 8 + 7 + 6 + 5 + 4 + 3 + 2 + 1 \cdots\cdots (式②)$$

と表すこともできます。

（式①）と（式②）を式ごと足し合わせると、以下のようになります。

$$2S = 11 + 11 + 11 + 11 + 11 + 11 + 11 + 11 + 11 + 11 = 11 \times 10$$
$$\cdots\cdots\cdots (式③)$$

11が10回登場することがわかり、両辺を2で割ることで、

$$S = \frac{11 \times 10}{2} \cdots\cdots (式④)$$

と表現できます。これで、10回の足し算を計算するプログラムが1回の掛け算で計算できることになるのです。

プログラムとしては、以下のソースコードを実行して求めることができます。

1から10までの和を1回の掛け算で求める	📄 Chapter4.ipynb

```
1  n = 10
2  s = (1+n)*n//2
3  print(f'和: {s}')
```

図4-4-2 和の公式により求める

```
和: 55
```

この考え方はNを10000とする場合にも同様で、次ページのソースコードによって導出できます。

1から10000までの和を1回の掛け算で求める	📄 Chapter4.ipynb

```
1  n = 10000
2  s = (1+n)*n//2
3  print(f'和: {s}')
```

図4-4-3 nが大きい場合

```
和: 50005000
```

　これら2つのプログラムの計算量は、$O(1)$ と表すことができます。これは、計算時間がNに依存せず、1回のみの計算で解を導出することができるということを意味しています。

　同様の考え方で、膨大な計算量を $O(1)$ の計算量に落とし込む例を見ていきましょう。以下の式によって定義する和を導出することを考えます。

$$S = \sum_{i=1}^{N} \sum_{j=1}^{M} i \times j \quad \text{……（式⑤）}$$

　これは、1からNまでの数と1からMまでの数を掛け算したものを、すべて足し合わせるというものです。この場合も、足し合わせによってSを求めようとすると、1からNまでと1からMまでのすべての数の足し算を計算することになり、$O(NM)$ の計算量を必要とします。

　この問題は、式変形を行うことで効率的に計算できることがわかります。（式⑤）を変形してみると、

$$S = \sum_{i=1}^{N} i \sum_{j=1}^{M} j \quad \text{……（式⑥）}$$

となります。これは、（式④）と同様に考えると、

$$S = \frac{(1+N)N}{2} \times \frac{(1+M)M}{2} \quad \text{……（式⑦）}$$

という変形をすることができます[※]。計算としては (式⑦) を一回解くだけで済み、$O(NM)$ の計算量を $O(1)$ に圧縮できることになります。

　このように、アルゴリズムを工夫することで計算量を大きく圧縮することが可能になります。計算を効率化するアルゴリズムにはさまざまなものがあり、問題を多く解くことで効率的なアルゴリズムを自分自身でも考案することができるようになります。

　興味のある読者の皆さんは是非、さまざまなアルゴリズムを学んでみることをお勧めします。

※(式⑦) の式変形は、$\sum$ 因数分解によって導くことも可能です。

$$S = 1 \times 1 + 1 \times 2 + ... + 1 \times M + 2 \times 1 + ... + 2 \times M + ... N \times 1 + ... + N \times M$$

$$S = (1 + 2 + ... + N) \times 1 + (1 + 2 + ... + N) \times 2 + ... (1 + 2 + ... + N) \times M$$

$$S = (1 + 2 + ... + N) \times (1 + 2 + ... + M)$$

$$S = \frac{(1 + N)N}{2} \times \frac{(1 + M)M}{2}$$

動的計画法によって
厳密解を求める方法を学ぼう

ここからは、最短の巡回ルートの計算を「動的計画法」というアルゴリズムによって効率化する方法について解説していきます。この概念について理解するために、まずは全探索によってこれを行う方法を復習しましょう。

全探索は、下図のようにすべての経路を列挙し、各経路についての総距離を求めていくというものでした。

図4-5-1 全探索のイメージ

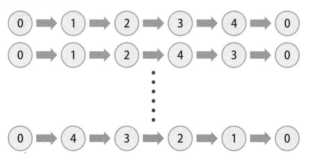

全探索アルゴリズムによって最適解を求めようとすると、**4-4**で見たように $O(N!)$ の計算量を必要とします。これを効率化するには、全探索における無駄な計算、つまり同じ計算を行っている箇所があるかどうかを確認していきます。その例を、以下の図によって確認しましょう。

図4-5-2 全探索において同じ計算を行っている箇所

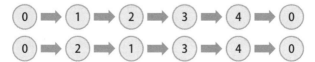

この例を見ると、2通りの経路において、3→4→0という部分が重複していることがわかります。つまり、全探索では3→4→0の距離を何度も計算してしまっているのです。このように、途中の経路が重複しているようなルートの組み合わせは、他にもかなり多く存在します。

こうした重複する計算をどのようにすれば効率化することができるでしょうか。それを考えるうえで、**図4-5-2**を見ながら求めたい最短ルートの最後が3→4→0だったと仮定します。この場合、まだ訪問していない頂点は1と2に限られるので、0→1→2→3と0→2→1→3のルートを計算したうえで、その距離が最短になる方を選択すれば最短ルートを求めることができ、そのルートの総移動距離は求めたルートに3→4→0を足し合わせればよいことになります。

今、求めたい最短ルートの最後が3→4→0であることを仮定しました。

この最後の部分が3→4→0ではなく1→4→0、2→4→0だった場合でも、同様に最短の総移動距離を求めることができ、それらを比較することで1→4→0、2→4→0、3→4→0のいずれが最短であるかを求めることができます。同様の方法で、最後の部分が4→0ではなく1→0、2→0、3→0の場合の最短の総移動距離を求めることができ、結果としてすべてのルートを効率的に比較しながら、最短ルートを導き出すことができるのです。

この考え方を一般化すると、次のように表現できます。

● 求めたい最短の経路では、最後に訪れる頂点は0と決まっている。

● そのような経路が最短経路となるためには、以下の4通りの遷移が候補として存在し、その中で最短のものが最適解となる。

　・0を除いた頂点集合において、最後に訪れた頂点が1であるような場合の最短距離を求め、それに1→0の距離を足す。

　・0を除いた頂点集合において、最後に訪れた頂点が2であるような場合の最短距離を求め、それに2→0の距離を足す。

　・0を除いた頂点集合において、最後に訪れた頂点が3であるような場合の最短距離を求め、それに3→0の距離を足す。

　・0を除いた頂点集合において、最後に訪れた頂点が4であるような場合の最短距離を求め、それに4→0の距離を足す。

- 4通りのうち、0を除いた集合において、最後に訪れた頂点が1であるような場合の最短経路を求めるためには、以下の3通りの遷移が候補として存在し、その中で最短のものが最適解となる。

  ・0,1を除いた頂点集合において、最後に訪れた頂点が2であるような場合の最短距離を求め、それに2→1の距離を足す。

  ・0,1を除いた頂点集合において、最後に訪れた頂点が3であるような場合の最短距離を求め、それに3→1の距離を足す。

  ・0,1を除いた頂点集合において、最後に訪れた頂点が4であるような場合の最短距離を求め、それに4→1の距離を足す。

- 他の3通りも同様に、帰納的（再帰的）に最短経路を求めていく。

これを図で表現すると次のようになります。

図4-5-3 最短経路が 0→3→1→4→2→0 である場合

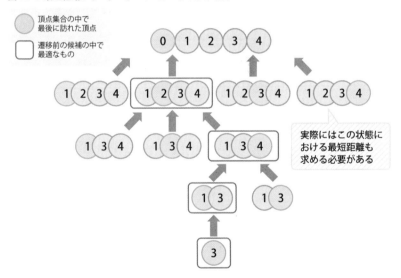

このように、ゴールを固定したうえで、それぞれのルートを部分的に分解して比較しながら最短ルートを求める方法は、「**動的計画法**」と呼ばれます。英語ではDynamic Programmingと表記されるため、**DP**と略されます。

動的計画法は手法というより、部分的に分解して比較していく考え方と表現したほうがよく、帰納的に最適解を求める「漸化式のように表現する」方法とも表現されます。

　参考ではありますが、漸化式を用いることによって、最短距離は以下のように表すことができます。

$$DP_{S\cup v,v} = min_{u\in S}\,(DP_{S,u} + dist_{u,v})$$

$$DP_{\phi,0} = 0$$

　この意味は、頂点集合$_{S\cup v}$で頂点vを最後に訪れるような場合の最短距離は、「vを除いた頂点集合Sにおいて、Sに含まれる各頂点uについて、uを最後に訪れると仮定した場合の最短距離にu→vの距離を足したものを求め、それらの中で最短のもの」となる、ということを意味します。

　4-6では、実際にソースコードを動かすことによって、動的計画法によって最短ルートを導出する体験を行いましょう。

4-6

動的計画法のソースコードを理解しよう

4-5で解説した動的計画法（DP）を実装します。

まずは必要なクラスを定義して、実行して最短ルートを効率的に求めることができることを確認した後、クラス内の関数の中身を確認していきます。

まずは、以下に定義したクラスを確認してみましょう。

動的計画法（DP）と全探索を計算して、比較するために必要なクラスを定義する①

📄 Chapter4.ipynb

```python
from itertools import combinations
import pandas as pd
import random
inf = float('inf')

class Graph:
    class Edge:
        def __init__(self, weight=1, **args):
            self.weight = weight

        def __repr__(self):
            return f'{self.weight}'


    def __init__(self, n):
        self.N = n
        self.edges = [{} for _ in range(n)]


    # 辺を追加
    def add_edge(self, u, v, **args):
        self.edges[u][v] = self.Edge(**args)


    @classmethod
    def from_csv(cls, path):
```

次ページへつづく

第4章　最適ルート探索問題を題材にした最適化問題を解く方法

```
27    nodes = pd.read_csv(path).values
28    n = nodes.shape[0]
29    print(f'頂点数：{n}')
30    weights = cls.weights_from_nodes(nodes)
31
32    g = cls(n)
33    g.generate_network(nodes)
34
35    for u in range(n):
36        for v in range(n):
37            g.add_edge(u, v, weight=weights[u, v])
38    return g
39
40
41    @staticmethod
42    def generate_nodes(n):
43        nodes = np.random.randint(low=0, high=100,
       size=(n, 2))
44        return nodes
45
46
47    def generate_network(self, nodes):
48        n = len(nodes)
49        network = nx.DiGraph()
50        network.add_nodes_from(range(n))
51        pos = dict(
52            enumerate(zip(nodes[:, 0], nodes[:, 1]))
53        )
54        nx.draw_networkx(network, pos=pos, node_color='c')
55        self.network = network
56        self.pos = pos
57        return network
58
59
60    @staticmethod
61    def weights_from_nodes(nodes):
62        return np.linalg.norm(
63            nodes[:, None] - nodes[None, :],
64            axis=-1,
65        ).astype(np.int64)
66
67
```

次ページへつづく

```
68    # ランダムに辺を生成する関数(csv以外のパターンも作成したい場合に使用)
69    def generate_edges(self):
70        random.seed(0)
71        for u, v in combinations(range(self.N), 2):
72            weight = random.randint(1, 100)
73            self.add_edge(u, v, weight=weight)
74            self.add_edge(v, u, weight=weight)
75        for u in range(self.N):
76            self.add_edge(u, u, weight=0)
77
78
79    # ルートの総距離を計算(全探索用)
80    def calculate_dist(self, route):
81        n = self.N
82        source = route[0]
83        route += [source]
84        return sum(
85            self.edges[route[i]][route[i+1]].weight
86            for i in range(n)
87        )
88
89
90    def show_path(self, path):
91        n = self.N
92        network = self.network
93        pos = self.pos
94        for i in range(n):
95            network.add_edge(path[i], path[i+1])
96        nx.draw_networkx(
97            network,
98            pos=pos,
99            node_color='c',
100        )
101        plt.show()
102        self.remove_edges()
103
104
105    def remove_edges(self):
106        network = self.network
107        network.remove_edges_from(
108            list(network.edges)
109        )
```

第
二
部

数
理
最
適
化
編

動的計画法 (DP) と全探索を計算して、比較するために必要なクラスを定義する②
📄 Chapter4.ipynb

```python
class TSPBruteForce(Graph):
    # 全探索アルゴリズム (DPアルゴリズムとの比較用に、numpyを使わず実装)
    def __call__(self, src=0):
        n = self.N
        stack = [([src], 1<<src)]
        dist = float('inf')
        calc_count = 0
        while stack:
            route, visited = stack.pop()
            if visited == (1<<n) - 1:
                calc_count += 1
                d = self.calculate_dist(route)
                if d >= dist: continue
                dist = d
                res_route = route

            for i in range(n):
                if i==src or visited>>i & 1: continue
                nxt_route = route.copy()
                nxt_route.append(i)
                stack.append((nxt_route, visited|(1<<i)))

        print(f'計算回数: {calc_count}')
        return dist, res_route
```

動的計画法 (DP) と全探索を計算して、比較するために必要なクラスを定義する③
📄 Chapter4.ipynb

```python
class TSPDP(Graph):
    # DPアルゴリズム
    def __call__(self, src=0):
        n = self.N
        dp = [[(inf, None)] * n for _ in range(1<<n)]
        dp[1][src] = (0, None)
        calc_count = 0
        for s in range(1<<n):
            for v in range(n):
                if s>>v&1: continue
                t = s|(1<<v) # tはsにvを追加した集合
                for u in range(n):
```

次ページへつづく

```
13            if ~s>>u&1: continue
14            d = dp[s][u][0] + self.edges[u][v].weight
15            if d >= dp[t][v][0]:
16                continue
17            dp[t][v] = (d, u)
18            calc_count += 1
19
20        print(f'計算回数: {calc_count}')
21
22        dist = inf
23        predecessor = []
24        for u in range(1, n):
25            s = (1 << n) - 1
26            d = dp[s][u][0] + self.edges[u][src].weight
27            if d >= dist: continue
28            dist = d
29            predecessor = [src]
30            while True:
31                v = u
32                predecessor.append(v)
33                u = dp[s][v][1]
34                if u is None: break
35                s &= ~(1 << v)
36
37        return dist, predecessor[::-1]
```

　このソースコードは、Graphというクラスを定義して巡回すべき倉庫の情報を与えることで、それぞれの倉庫間の移動距離を計算し、最短ルートを計算するというものです。この中身を簡単に解説します。

　まず、Graphクラス内で定義されているEdgeクラスは、辺の情報（頂点である倉庫と倉庫の間の情報）を持ちます。Edgeクラス内で定義しているweightという変数に倉庫間の移動距離を格納します。インスタンスを作成する__init__関数で、引数のnとしてグラフの頂点の数（すなわち倉庫の数）を表します。

　add_edge関数は、頂点u,v間に辺を追加します。generate_edge関数は、全頂点間にランダムな長さの辺を貼ります。calculate_dist関数は、経路を渡すと距離を計算して返します。Graphクラスを継承したTSPBruteForceクラ

スと TSPDP クラスは、それぞれ全探索と動的計画法によって最短ルートを求めます。

それでは、これらの中身を解説する前に、まずは実行して動作を確認してみましょう。まずは Graph クラスを定義し、倉庫（頂点）の座標を csv ファイル **4_6_nodes.csv** によって与えます。

Graphクラスを定義して、倉庫間距離を与える　　　　　　　　　　🗋 Chapter4.ipynb

```
1  print('DP')
2  g1 = TSPDP.from_csv('4_6_nodes.csv')
3  print('全探索')
4  g2 = TSPBruteForce.from_csv('4_6_nodes.csv')
```

図4-6-1 csvからGraphを生成

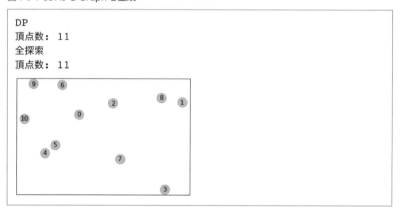

次に、作成した Graph クラスに対し、動的計画法（DP）によって、その最短距離を求め、その計算時間を確認してみます（実行環境によってこの数値は大きく異なります）。

動的計画法（DP）によって最短ルートを求める　　　　　　　　　🗋 Chapter4.ipynb

```
1  %%time
2  d, path = g1(src=0)
3  print(f'距離: {d}')
4  print(f'経路: {path}')
```

図4-6-2 DPにより距離とpathを求める

```
計算回数: 10633
距離: 331
経路: [0, 6, 9, 10, 4, 5, 7, 3, 1, 8, 2, 0]
CPU times: user 138 ms, sys; 0 ns, total: 138 ms
Wall time: 139 ms
```

　10,633回という計算回数で最適とされる経路が求まり、その距離（総移動距離）を求めることができました。この結果が正しいかどうかを確認するため、また計算時間の比較を行うために、全探索を行った場合の結果を確認してみましょう。

全探索法によって最短ルートを求める　　　　　　　　　　　　📄 Chapter4.ipynb

```
1  %%time
2  d, path = g2(src=0)
3  print(f'距離: {d}')
4  print(f'経路: {path}')
```

図4-6-3 全探索により距離とpathを求める

```
計算回数: 3628800
距離: 331
経路: [0, 6, 9, 10, 4, 5, 7, 3, 1, 8, 2, 0]
CPU times: user 29.6 s, sys: 805 µs, total; 29.6 s
Wall time: 29.6 s
```

　全探索を実施した結果、動的計画法で求めたものと同じ巡回ルートが、全探索においても求められたことがわかります。さらに、計算回数は3,628,800回であり、これは10!回距離の計算を行ったことを表しています。

　この結果、計算時間についても、動的計画法は全探索の約100分の一未満の時間で最短距離を求めることができることがわかります。

　どちらの探索でも、最短経路を出力すると次のようになります。

経路の出力	🗎 Chapter4.ipynb

```
1   g2.show_path(path)
```

図4-6-4 pathを可視化する

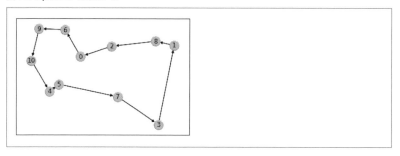

　ここからは、動的計画法と全探索のそれぞれによって最短ルートを求める関数について確認していきます。やや難解な説明が続くので、ソースコードの詳細までは必要ないと思う読者の皆さんは読み飛ばして、**4-7**に進んでいただいても問題ありません。

　まず、全探索について解説し、それに比較して動的計画法を解説します。

　以下は、全探索によって最短ルートを求めるTSPBruteForceクラスです。

```
1   class TSPBruteForce(Graph):
2       # 全探索アルゴリズム(DPアルゴリズムとの比較用に、numpyを使わず実装)
3       def __call__(self, src=0):
4           n = self.N
5           stack = [([src], 1<<src)]
6           dist = float('inf')
7           calc_count = 0
8           while stack:
9               route, visited = stack.pop()
10              if visited == (1<<n) - 1:
11                  calc_count += 1
12                  d = self.calculate_dist(route)
13                  if d >= dist: continue
14                  dist = d
15                  res_route = route
16
17              for i in range(n):
```

次ページへつづく

```
18              if i==src or visited>>i & 1: continue
19              nxt_route = route.copy()
20              nxt_route.append(i)
21              stack.append((nxt_route, visited|(1<<i)))
22
23      print(f'計算回数: {calc_count}')
24      return dist, res_route
```

　全経路を行う際、**4-3**で紹介したpermutations関数を使用する方法が一般
的ですが、頂点（すなわち倉庫）の数が膨大になるとメモリ不足に陥り、プログ
ラムを実行できなくなります。そのため、ここではpermutations関数に頼ら
ない方法を採用します（頂点数13がパソコンによるメモリ不足が起こる目安
です）。

　全探索のルートを素直に求める場合、forループを何度も回すN重for文と
いうものが必要になりますが、Nが可変の場合は、そのプログラムは非常に複
雑になります。

　そこで、全探索のルートを求める方法として、「**深さ優先探索**」という手法を
紹介します。

図4-6-5 深さ優先探索（DFS）のイメージ

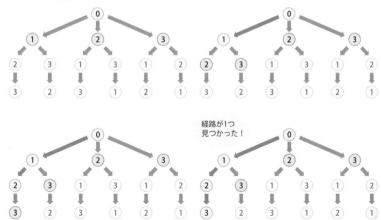

次ページへつづく

159

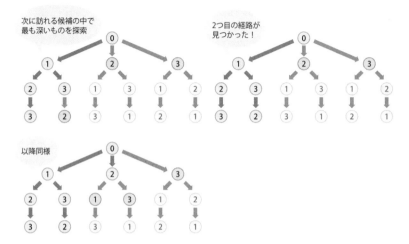

深さ優先探索（DFS）とは、全探索の計算を膨大なメモリを使わずに効率よく実施する手法であり、上の図は、どのような順番で経路を列挙していくかを表しています。まず0 -> 1 -> 2 -> 3が見つかったら、そのときの距離を計算し、次に0 -> 1 -> 3 -> 2の経路が見つかったらそのときの距離を計算し、…という処理を繰り返すことによって、各経路は距離が計算された後もメモリ上に保存し続ける必要がなくなります。

このようにルートを列挙していくことで、メモリ消費を少なくできます。

これに比較し、動的計画法によって最短ルートを求めるTSPDPクラスの中身を見ていきましょう。

```
1   class TSPDP(Graph):
2       # DPアルゴリズム
3       def __call__(self, src=0):
4           n = self.N
5           dp = [[(inf, None)] * n for _ in range(1<<n)]
6           dp[1][src] = (0, None)
7           calc_count = 0
8           for s in range(1<<n):
9               for v in range(n):
10                  if s>>v&1: continue
11                  t = s|(1<<v) # tはsにvを追加した集合
```

次ページへつづく

```
12              for u in range(n):
13                  if ~s>>u&1: continue
14                  d = dp[s][u][0] + self.edges[u][v].
    weight
15                  if d >= dp[t][v][0]:
16                      continue
17                  dp[t][v] = (d, u)
18                  calc_count += 1
19
20          print(f'計算回数：{calc_count}')
21
22          dist = inf
23          predecessor = []
24          for u in range(1, n):
25              s = (1 << n) - 1
26              d = dp[s][u][0] + self.edges[u][src].weight
27              if d >= dist: continue
28              dist = d
29              predecessor = [src]
30              while True:
31                  v = u
32                  predecessor.append(v)
33                  u = dp[s][v][1]
34                  if u is None: break
35                  s &= ~(1 << v)
36
37          return dist, predecessor[::-1]
```

　この関数では、前半でDPによる最適解探索を行い、後半で経路の復元を行っています。この関数の中で出てきた処理のいくつかはあまり見慣れないものかもしれません。「1<<n」のような演算は**bit演算**、「<<」や「|」は**bit演算子**と呼ばれます。bit演算の詳細はこの後で解説しますが、ここでは処理の意味を簡単に説明します。

- range（1<<n）：すべての頂点集合を列挙
- s>>v&1：頂点集合sに頂点vが含まれているかを判定
- s | 1<<v：頂点集合sに頂点vを追加した頂点集合を表す
- ~s>>u & 1：頂点集合sに頂点uが含まれていないかを判定

アルゴリズム自体は、**4-4**における漸化式をほぼそのままプログラムで実装したもので、$DP\phi$, src から帰納的（ボトムアップ的）に最短距離を求めています。ただし実装の上では便宜上、$DP\{src\}$, $src = 0$ から開始しています。

このアルゴリズムの計算量は、$O(2^N N^2)$ となり、全探索のときの $O(N!)$ と比較すると、かなり高速化することができました。

(参考) bit演算について

$1 \ll n$ や $visited \gg i \& 1$ のような表記は見慣れていないかもしれません。

これらは**bit演算**と呼ばれ、数値を10進数ではなく2進数として扱い計算をすることが可能になります。

ここでは2進数についての説明は省略しますが、以下のように整数を表記したものです。

$$11111_{(2)} = 2^0 + 2^1 + 2^2 + 2^3 + 2^4 = 31$$

（10進数で31となる整数は2進数で11111と表記します）

Pythonで使用できるbit演算子を示します。これらは実際に使いながら覚えていきましょう。

表4-6-1 Pythonで使用できるbit演算子

演算子	意味	読み方	使用例
&	bitごとの論理積	and	$01 \,\&\, 11 \to 01 = 1$
|	bitごとの論理和	or	$01 \,\|\, 11 \to 11 = 3$
~	bitの逆数	inverse	$\sim 0011 \to -0100 = -4$
<<	bitを左にずらす	left shift	$0011 \ll 1 \to 0110 = 6$
>>	bitを右にずらす	right shift	$1100 \gg 2 \to 0011 = 3$
^	bitごとの排他的論理和	xor	$01 \,\hat{}\, 11 \to 10 = 2$

※Pythonにおけるintは64bit整数ではなく多倍長整数であるため、~は逆数を表しますが、その他の言語においては反転を表すことが多いです。実際には反転と同じように扱えるのであまり気にする必要はありません（気になる方は調べてみてください）。

✤ 関数の中で出てきた演算について

- visited ==（1＜＜n）−1：終点以外のすべての頂点に訪れたか
- visited＞＞i & 1：頂点 i に訪れたか
- visited |（1＜＜i）：次に訪れる頂点 i を追加した頂点集合

　さて、2進数演算ができると何が嬉しいかというと、頂点集合を2進数で表すことで集合演算が簡単にできるようになります。2進数の各bitを頂点の有無フラグとして捉えることができ、集合への頂点追加や削除等がしやすくなるのです。また単に簡単になるというだけでなく、演算自体も高速に行えるようにもなります。

4-7

近似解を求めるという
アプローチを学ぼう

　ここまでを通して、全探索法と動的計画法という2つのアプローチによって、最短ルートを求める「巡回セールスマン問題」と解くことに挑戦してきました。ここまでで扱った方法は、**4-1**で示した数理最適化問題の全体像のうちの前半である「**全探索**」という考え方に該当し、**4-3**で扱った全探索法は「厳密解法」、**4-5**と**4-6**で扱った動的計画法は「**アルゴリズム**」に該当します。

図4-7-1 数理最適化問題の全体像（再掲）

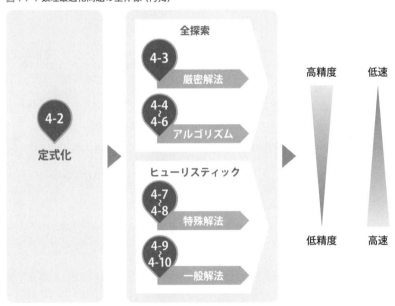

　これら「全探索」という考え方による2つの方法は、厳密に最適解を求めることができる一方で、計算速度に関しては高速とは言えず、Nの増加に伴って計算時間が爆発的に増えてしまいます。全探索法は $O(N!)$ の計算量を、動的計

画法は $O(2^N N^2)$ の計算量を必要とします。そこで、全ルートを探索せず、厳密な意味では最適解とはいえない可能性があるが、ある程度は最適に近い解である「近似解」を経験的に求めるという考え方である「**ヒューリスティック**」が必要になります。ここでは、最短ルートを求める問題に対して特に有効であることがわかっている「最近傍法」を解説し、それに続く **4-9** 以降で、比較的汎用性のあるヒューリスティックの手法を解説します。

　最近傍法は、最短ルートを求める問題に特化した方法であり、「今いる頂点から最も近い頂点へ遷移する」ことを積み重ねることで、徐々に短いルートを見つけていく方法です。これは、「貪欲法 (Greedy)」という考え方が基礎になっています。貪欲法とは、後先のことは考えず（全体の最短ルートに関しては一旦考えず）、その場その場で最適な解を選択していく（局所的な最短ルートをたどっていく）というもので、最短ルートを求める問題以外にも用いられます。

　全体の最短ルートを考えること自体を放棄してしまうので、必ずしも全体の最適解（厳密解）を求めることはできませんが、そうした手法であっても、意外に厳密解に近い解（近似解）を高速に求めることができます。

　最近傍法は、具体的には次のようなアルゴリズムによって、最短ルートの近似解を探索していきます。以下の図を用いながら解説すると、おおよそ３つのステップによって、最短ルートの近似解を求めることができます。

---

❶ 最初は始点にいる（**1**）

❷ 今いる頂点から、まだ訪れていない頂点までの距離をすべて求め、その中で最小となる頂点へ移動する。移動した頂点を訪問済みとし、今いる頂点とする（**2**〜**4**）

❸ 今いる頂点が終点であれば探索を終了し、そうでなければ**❷**に戻って繰り返す（**5**〜**7**）

図4-7-2 最近傍法によるルート探索イメージ

1 最初は始点にいるものとする

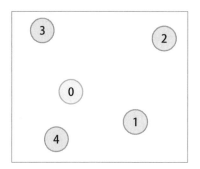

2 現在の頂点から未到達の
すべての頂点への距離を計算する

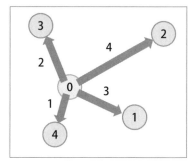

3 最も距離が短い頂点を求めて

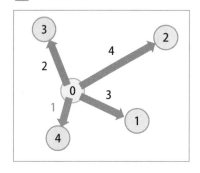

4 遷移し、現在の頂点を更新する

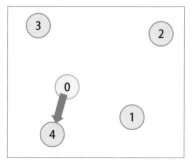

5 同様の処理を繰り返す

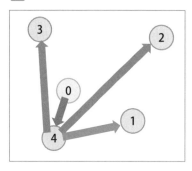

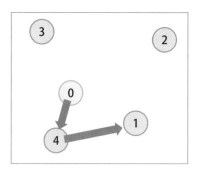

6 未訪問の頂点がなくなったら

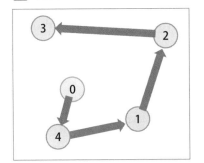

7 終点（始点）へ移動する

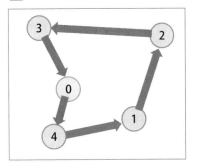

　4-8では、最近傍法をソースコードを実行することによって確認していきましょう。

最近傍法によって近似解を求めよう

ここからは、4-7で解説した最近傍法をソースコードを実行することによって体感していきます。まず必要なクラスを定義し、実行して最短ルートを効率的に求められることを確認した後、クラス内の関数の中身を確認していきます。まずは、以下に定義したクラスを確認してみましょう。

最近傍法を計算するために必要な関数を定義する	🗂 Chapter4.ipynb

```python
class TSPNearestNeighbour(Graph):
    def __call__(self, src=0):
        n = self.N
        visited = [False] * n
        visited[0] = True
        dist = 0
        u = src # 一つ前の頂点
        path = [src]
        calc_count = 0
        for _ in range(n-1):
            cand = []
            for v in range(n): # 次に訪れる頂点
                calc_count += 1
                if visited[v]: continue
                cand.append((v, dist + self.edges[u][v].weight))

            cand.sort(key=lambda x: x[1])
            u, dist = cand[0] # 最も近い頂点へ移動
            visited[u] = True
            path.append(u)
        path.append(src)
        print(f'計算回数: {calc_count}')

        return dist + self.edges[u][src].weight, path
```

このソースコードは**4-6**と同様にGraphというクラスを定義し、巡回すべき倉庫の情報を与えることで、それぞれの倉庫間の移動距離を計算し、最短ルートを計算するというものです。

4-6で定義したGraphクラスを継承させ、新規に最近傍法によって最短ルートを探索するTSPNearestNeighbourというクラスを定義しています。このクラスを**4-6**と同様の流れで実行していきます。

まずはGraphクラスを定義し、倉庫（頂点）の座標をcsvファイル**4_8_nodes.csv**によって与えます。

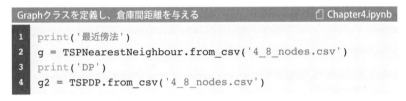

```
1  print('最近傍法')
2  g = TSPNearestNeighbour.from_csv('4_8_nodes.csv')
3  print('DP')
4  g2 = TSPDP.from_csv('4_8_nodes.csv')
```

図4-8-1 csvからGraphを読み込む

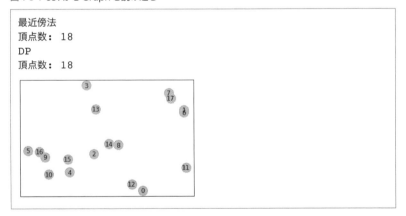

```
最近傍法
頂点数：18
DP
頂点数：18
```

次に、作成したGraphクラスに対して、最近傍法でその最短距離を求め、その計算時間を確認してみます。

次ページのように、TSPNearestNeighbourのソースコードを実行してみましょう。

最近傍法によって最短ルートを求める　　　　　📄 Chapter4.ipynb

```
1  %%time
2  d, path = g(src=0)
3  print(f'距離: {d}')
4  print(f'経路: {path}')
5  g.show_path(path)
```

図4-8-2 csvからGraphを読み込む

```
計算回数: 306
距離: 375
経路: [0, 12, 11, 8, 14, 2, 15, 4, 10, 9, 16, 5, 13, 3, 7, 17, 1, 6, 0]
```

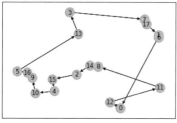

```
CPU times: user 386 ms, sys: 195 ms, total: 582 ms
Wall time: 345 ms
```

　総移動距離は、常に今居る場所から最も近い頂点へ移動していったときの移動距離の合計を表しています。計算回数は各ステップごとにどの頂点が最も近いかを計算するので、Nの二乗となります。これに比較し、動的計画法（DP）によって、同様のことを行ってみましょう。

動的計画法（DP）によって最短ルートを求める　　　📄 Chapter4.ipynb

```
1  %%time
2  d2, path = g2(src=0)
3  print(f'距離: {d2}')
4  print(f'経路: {path}')
5  g.show_path(path)
```

図4-8-3 DPにより距離とpathを求める

```
計算回数: 2782671
距離: 334
経路: [0, 12, 4, 10, 5, 16, 9, 15, 2, 14, 8, 13, 3, 7, 17, 1, 6, 11, 0]
```

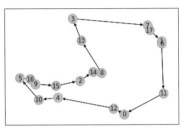

```
CPU times: user 39.9 s, sys: 490 ms, total: 40.3 s
Wall time: 40.1 s
```

　全探索法と比較して高速な計算が可能でしたが、最近傍法の計算時間はそれを遥かに上回るほど短時間であり、近似解とはいえ、動的計画法（DP）で求めたものに近いルートを導き出すことができていることがわかります。もちろん近似解法である以上、厳密は解ではないということを常に意識しておく必要があります。

　具体的に、動的計画法（DP）によって導出した厳密解と比較し、最近傍法で求めた近似解との相対誤差を計算してみましょう。

動的計画法（DP）による厳密解と最近傍法による近似解を比較して 相対誤差を計算する 　　　　　　　　　　📄 Chapter4.ipynb

```
1  print(f'相対誤差: {(d-d2)/d2}')
```

図4-8-4 距離の相対誤差を求める

```
相対誤差: 0.12275449101796407
```

　今回の計算においては、およそ20%という誤差であることがわかりました。
　この数値は、状況次第で大きく変わってしまうので、入力するcsvファイルを書き換えて、どの程度の誤差が生じるかを確認してみるとよいでしょう。誤差が5%以下になったり、100%以上になったりする場合もあり得るということが確認できます。

最近傍法の計算量は$O(N^2)$となるため、10,000頂点くらいであれば、十分高速に近似解を求めることができることがわかっています。

最後に4-3で使用したグラフを用いて、実際に近似経路がどのようになっているのか可視化してみましょう。まずはnetworkxでグラフを作成します。

```
近似経路を可視化する                                          Chapter4.ipynb
1  import numpy as np
2  np.random.seed(100)
3  import networkx as nx
4  import matplotlib.pyplot as plt
5
6  n = 8
7  vertices = np.random.randint(1, 100, (n, 2))
8  g = nx.DiGraph()
9  g.add_nodes_from(range(n))
10 pos = dict(enumerate(zip(vertices[:, 0], vertices[:, 1])))
11 print('倉庫の位置関係')
12 nx.draw_networkx(g, pos=pos, node_color='c')
13 plt.show()
```

図4-8-5 最近傍法による探索の様子を可視化する

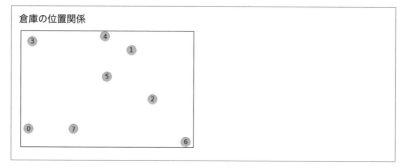

次に、自分で定義したほうのグラフを作成して、辺を追加します。

自分で定義したグラフを作成して辺を追加する 📄 Chapter4.ipynb

```
1  dist = vertices[:,None] - vertices[None, :]
2  dist = np.sqrt((dist**2).sum(axis=-1)).astype(int)
3  print('倉庫間距離のマトリックス')
4  print(dist)
5
6  graph = Graph(n)
7  for i in range(n):
8      for j in range(n):
9          graph.add_edge(i, j, weight=dist[i,j])
```

図4-8-6 倉庫間距離を表示する

```
倉庫間距離のマトリックス
[[   0   86   74   70   86   61   90   26]
 [  86    0   40   57   18   25   79   71]
 [  74   40    0   82   56   31   38   51]
 [  70   57   82    0   42   51  118   74]
 [  86   18   56   42    0   32   95   76]
 [  61   25   31   51   32    0   68   46]
 [  90   79   38  118   95   68    0   64]
 [  26   71   51   74   76   46   64    0]]
```

そして、最近傍法により近似解を求めて、そのときの経路を可視化します。

最近傍法により近似解を求める 📄 Chapter4.ipynb

```
1   d, path = graph(src=0)
2   n = len(path) - 1
3   for i in range(n):
4
5       nx.draw_networkx(g, pos=pos, node_color='c')
6       plt.show()
7       g.add_edge(path[i], path[i+1])
8   nx.draw_networkx(g, pos=pos, node_color='c')
9   plt.show()
10
11  for i in range(n):
12      g.remove_edge(path[i], path[i+1])
```

図4-8-7 近似解の経路を可視化する

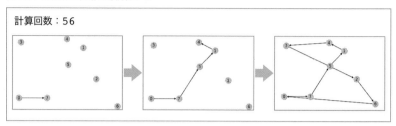

　ヒューリスティック的に近似解を求めるアルゴリズムは他にも、insertion法や2-opt法や焼きなまし法などさまざまです。また、現状最も優れているソルバーの1つとして、LKHというものがあります。気になる方は調べてみると面白いかもしれません。

遺伝アルゴリズムを用いて
近似解を求める方法を学ぼう

4-7と4-8では、最短ルートを求める近似解法として、最近傍法についての解説を行い、実際にソースコードを実行することによって、その動作を確かめてみました。最近傍法は、最短ルートの近似解を求めるヒューリスティックと呼ばれる手法のうちの1つとして有力なものである一方、ルート探索問題（巡回セールスマン問題）に特化したものでした。

もしも問題に特化せず、ある程度汎用的に最適化問題に適用できる手法があれば、多くの問題を同じ方法で解くことが可能です。そうした汎用性のある手法として有力なものの1つが、ここで紹介する「**遺伝アルゴリズム**」です。

遺伝アルゴリズムとは、生物が進化する方法を真似することによって、少しずつ解を改良していき、最適解に近いものを導き出すという考え方によって考案されたものです。英語ではGenetic Algorithmと表記されることから、**GA**と略されます。

遺伝アルゴリズム（GA）によって厳密解に近い解が導出できるということは保証されていない一方、ルート探索問題（巡回セールスマン問題）をはじめとする多くの最適化問題に対して、厳密解に近い近似解が計算できることが知られています。GAによって導出された一例である以下の図のルートのように、人間の目で見る限りは、最適解に近いものを導き出すアルゴリズムの1つであることは知られています。

図4-9-1 遺伝アルゴリズム（GA）によって導出したルートの一例

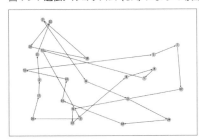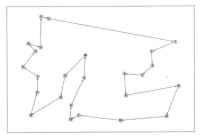

それでは、遺伝的アルゴリズム（GA）の基本的な流れについて見ていきましょう。このアルゴリズムは、生物の進化の過程から着想を得たものであり、次のような手順を踏むことが基本となります。

❶ 初期世代の個体群を生成
❷ 次世代の個体群を生成していく
　ⓐ交叉
　ⓑ突然変異
　ⓒ選択（淘汰）
❸ 次世代の個体群を現世代として扱い、❷に戻って繰り返す

この三つのステップを繰り返していく結果として、以下の図のように徐々に「優秀」なものが増え、その中からさらに優秀な（「かなり優秀」な）ものが生まれていきます。巡回セールスマン問題であれば、いくつかのあまり効率的でないルートを進化させていくと、その中から徐々に優秀な（最短ルートに近い）ものが生まれてくるということです。

図4-9-2 遺伝アルゴリズムによる進化のイメージ

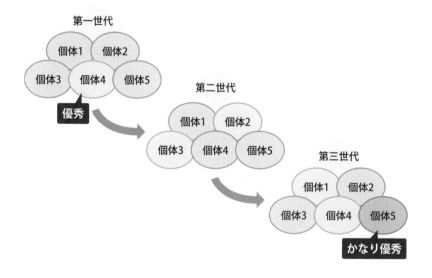

第二部 数理最適化編

遺伝的アルゴリズムにおいて最も重要なのは、次世代の個体群をどのように生成するかということであり、大まかには、「**交叉**」「**突然変異**」「**選択**」の3種類の計算方法を組み合わせるのですが、それぞれはあくまで考え方であり、具体的にどのような方法でそれらを実現するかについては、問題ごとに考える必要があります。

　巡回セールスマン問題では、以下のような方法を用いることが一般的です。

ⓐ 交叉

　交叉とは、現世代（親）の個体群の中から任意のペアを選び、ペアの持つ遺伝子情報を一部入れ替えて次世代（子）を生成することです。

図4-9-3 交叉の流れ

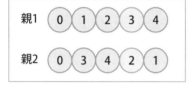

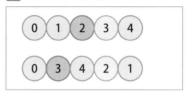

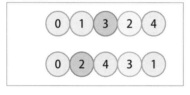

ⓑ 突然変異

　突然変異は、生成された子をそのまま次世代に引き継ぐのではなく、生物の突然変異と同じように遺伝子情報を一部ランダムに変化させることです。

図4-9-4 突然変異の様子

ⓒ 選択

今回は、エリート選択という方法で、一部優秀で適応度が高い（総距離が短い）親をそのまま次世代の子として扱っていきます。

図4-9-5 選択の仕方

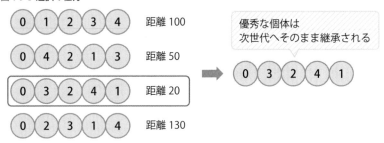

4-9では、以上の方法をソースコードとして実装することを試みていきましょう。

遺伝アルゴリズムのソースコード を理解しよう

　ここからは、**4-9**で解説した遺伝アルゴリズム（GA）をソースコードを実行することによって体感していきましょう。

　他のアルゴリズムと同様に必要な関数を定義し、ソースコードを実行して最短ルートを効率的に求められることを確認した後に、関数の中身を確認していきます。

　まずは、以下に定義した関数を確認してみましょう。

モジュールをインポートする　　　　　　　　　　　　　📄 Chapter4.ipynb

```
1   import numpy as np
2   import random
3   import pandas as pd
4   import matplotlib.pyplot as plt
5   import networkx as nx
```

遺伝アルゴリズム（GA）を計算するために必要な関数を定義する　　📄 Chapter4.ipynb

```
1   # 今回は、便宜上始点と終点を0に固定します。
2   class GATSP:
3       def __init__(self, n=10):
4           self.N = n
5
6       def generate_nodes(self):
7           np.random.seed(0)
8           self.nodes = np.random.uniform(size=(self.N, 2))
9           self._dist = np.linalg.norm(
10              self.nodes[:,None] - self.nodes[None,:],
11              axis=-1,
12          )
13
14
15      @classmethod
```

次ページへつづく

第4章　最適ルート探索問題を題材にした最適化問題を解く方法

```
16      def from_csv(cls, path):
17          nodes = pd.read_csv(path).values
18          n = nodes.shape[0]
19          tsp = cls(n)
20          tsp._dist = np.linalg.norm(
21              nodes[:,None] - nodes[None,:],
22              axis=-1,
23          )
24          tsp.nodes = nodes
25          return tsp
26
27
28      def generate_route(self):
29          return np.random.permutation(np.arange(1, self.N))
30
31      @staticmethod
32      def routes_from_csv(path):
33          routes = pd.read_csv(path).values
34          return routes
35
36
37      def init_routes(self, m=100):
38          routes = np.array([self.generate_route() for _
    in range(m)])
39          return np.pad(routes, pad_width=((0,0), (1,0)),
    constant_values=0)
40
41
42      def dist(self,routes):
43          routes = np.pad(routes, pad_width=((0,0),
    (0,1)), constant_values=0)
44          return self._dist[routes[:,:-1],routes[:,1:]].
    sum(axis=1)
45
46
47      def fitness(self, routes): return 1/self.dist(routes)
48
49
50      def select_parents(self, routes, m=None):
51          if m is None: m = routes.shape[0]//2
52          assert 2*m <= routes.shape[0]
53          f = self.fitness(routes)
```

次ページへつづく

```
54          p = f/f.sum()
55          pair = np.random.choice(routes.shape[0], (m, 2),
    replace=True, p=p)
56          i = np.argsort(routes, axis=1)
57          return routes[pair], i[pair]
58
59      def crossover(self, routes, m=None):
60          if m is None: m = routes.shape[0]//2
61          parents, i = self.select_parents(routes, m)
62          for j in range(m): # ペアごとに交叉
63              k = np.random.randint(1,self.N-1)
64              parents[j,np.arange(2),i[j,np.arange(2),
    parents[j,::-1,k]]], parents[j,:,k] \
65                  = parents[j,:,k], parents[j,np.arange(2),
    i[j,np.arange(2),parents[j,::-1,k]]]
66          childs = parents.reshape(-1, self.N)
67          return childs
68
69      def mutate(self, routes, p=0.7):
70          m = routes.shape[0]
71          bl = np.random.choice((0,1), m, replace=True,
    p=(1-p, p)).astype(bool) #突然変異を起こす確率を指定
72          k = np.arange(m)[bl]
73          i, j = np.random.randint(1, self.N-1, (m, 2))
    [bl].T
74          routes[k,i], routes[k,j] = routes[k,j], routes
    [k,i]
75          return routes
76
77
78      def extract_elites(self, routes, elite_cnt):
79          return routes[np.argsort(self.fitness(routes))
    [-elite_cnt:]]
80
81
82      def generate_nxt(self, routes, elite_cnt=2):
83          elites = self.extract_elites(routes, elite_cnt)
84          childs = self.crossover(routes, m=(routes.
    shape[0]-elite_cnt)//2)
85          childs = self.mutate(childs)
86          return np.vstack([elites, childs])
87
```

次ページへつづく

```
88
89
90      def show(self, routes):
91          path = list(routes[np.argsort(tsp.dist(routes))]
        [0])+[0]
92          plt.figure(figsize=(15, 10))
93          g = nx.DiGraph()
94          g.add_nodes_from(range(n))
95          pos = dict(enumerate(zip(tsp.nodes[:, 0], tsp.
        nodes[:, 1])))
96          nx.draw_networkx(g, pos=pos, node_color='c')
97          for i in range(len(path)-1):
98              g.add_edge(path[i], path[i+1])
99          nx.draw_networkx(g, pos=pos, node_color='c')
100         plt.show()
101         plt.clf()
```

このソースコードは、GA（遺伝的アルゴリズム）を使用して、最短ルートを探索する（巡回セールスマン問題を解く）ためのクラスを定義しています。

__init__関数では、グラフの頂点数を指定してインスタンスを生成します。

generate_citiesは、最初に各頂点の座標をランダムに決め、全頂点間の距離を求める関数です。generate_routeは個体、つまり１つの経路をランダムに生成する関数で、init_routesで初期の個体群（m個体）を生成します。dist関数は個体群を渡すと、各個体の経路長を一括で計算して返してくれます。

crossover, mutate, extract_elitesはそれぞれ、交叉、突然変異、選択を行う関数です。select_parentsは交叉のときに親個体を選ぶ際に使用し、fitnessは個体の適応度を計算する際に使用します。generate_nxtはこれらの関数を使用して次世代の個体群を生成するものであり、showは個体群を渡すとその中で最も優秀な（経路長が短い）個体を可視化する関数です。

まず、クラスを定義して、倉庫とその間の距離の情報をcsvファイル**4_10_nodes.csv**から読み込みます。そして、初期値としてのルートをcsvファイル**4_10_routes.csv**で与えます。

```
1  tsp = GATSP.from_csv('4_10_nodes.csv')
2  n = len(tsp.nodes)
3  routes = tsp.routes_from_csv('4_10_routes.csv')
4  print('第0世代の経路群')
5  print(routes)
```

図4-10-1 倉庫（nodes）の座標をcsvから読み込み、ソルバーインスタンスを生成

```
第0世代の経路群
[[ 0    4   16 ...  11  18   6]
 [ 0    3   17 ...  18  19  16]
 [ 0   11   19 ...   4  13   5]
 ...
 [ 0    1    9 ...  19  17  12]
 [ 0   17   13 ...  19   4   2]
 [ 0    9   11 ...   3   5   7]]
```

　以上で、遺伝アルゴリズムを計算する準備が整いました。ここから5,000世代の遺伝を行う（5,000回計算を繰り返す）ことで、最短ルートを計算していきます。

```
1  for i in range(2001):
2      routes = tsp.generate_nxt(routes)
3      if i % 1000 == 0:
4          print(f'第{i}世代')
5          tsp.show(routes)
```

　以下のソースコードを実行することで、第0世代から第2,000世代までの遺伝の途中のルートの「進化」を確認できます。遺伝的アルゴリズムは初期の個体群をランダムに生成し、途中の交叉や突然変異は乱数に基づいて行われるため、出力結果は毎回異なります。

第4章　最適ルート探索問題を題材にした最適化問題を解く方法

183

図4-10-2 遺伝的アルゴリズムを適応

第0世代

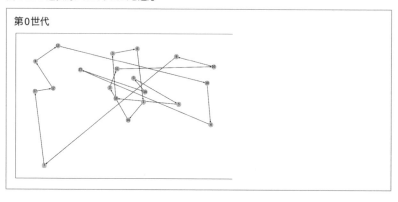

第1000世代
<Figure size 432x288 with 0 Axes>

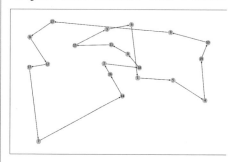

第2000世代
<Figure size 432x288 with 0 Axes>

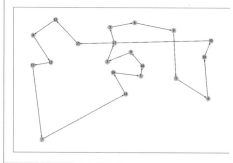

量は固定ではありません。遺伝アルゴリズムで計算できるルートは、あくま
で近似解であり、必ずしも厳密解と同じであるとは限りませんが、それに近い
解を高速で求めることができます。

```python
def generate_nodes(self):
    np.random.seed(0)
    self.nodes = np.random.uniform(size=(self.N, 2))
    self._dist = np.linalg.norm(
        self.nodes[:,None] - self.nodes[None,:],
        axis=-1,
    )


@classmethod
def from_csv(cls):
    n = 20
    m = 100
    tsp = cls(n)
    nodes = pd.read_csv('4_10_nodes.csv').values
    tsp._dist = np.linalg.norm(
        nodes[:,None] - nodes[None,:],
        axis=-1,
    )
    tsp.nodes = nodes
    return tsp


def generate_route(self):
    return np.random.permutation(np.arange(1, self.N))

@staticmethod
def routes_from_csv():
    routes = pd.read_csv('4_10_routes.csv').values
    return routes


def init_routes(self, m):
    routes = np.array([self.generate_route() for _
in range(m)])
```

次ページへつづく

```
35          return np.pad(routes, pad_width=((0,0), (1,0)),
    constant_values=0)
36
37
38      def dist(self,routes):
39          routes = np.pad(routes, pad_width=((0,0), (0,1)),
    constant_values=0)
40          return self._dist[routes[:,:-1],routes[:,1:]].
    sum(axis=1)
```

　最後に、それぞれの関数の中身を簡単に解説します。

　まず、generate_nodesという関数は、最初に頂点を生成するために使います。init_routesという関数は初期世代の個体群を生成するのに用いて、その中で各個体を生成するgenerate_routeを使用しています。dist関数は、個体群（経路群）に対して各経路の総距離を一括で計算して返します。

```
47      def fitness(self, routes): return 1/self.dist(routes)
48
49
50      def select_parents(self, routes, m=None):
51          if m is None: m = routes.shape[0]//2
52          assert 2*m <= routes.shape[0]
53          f = self.fitness(routes)
54          p = f/f.sum()
55          pair = np.random.choice(routes.shape[0], (m, 2),
    replace=True, p=p)
56          i = np.argsort(routes, axis=1)
57          return routes[pair], i[pair]
58
59      def crossover(self, routes, m=None):
60          if m is None: m = routes.shape[0]//2
61          parents, i = self.select_parents(routes, m)
62          for j in range(m): # ペアごとに交叉
63              k = np.random.randint(1,self.N-1)
64              parents[j,np.arange(2),i[j,np.arange(2),
    parents[j,::-1,k]]], parents[j,:,k] \
65              = parents[j,:,k], parents[j,np.arange(2),
    i[j,np.arange(2),parents[j,::-1,k]]]
```

次ページへつづく

```
66        childs = parents.reshape(-1, self.N)
67        return childs
68
69    def mutate(self, routes, p=0.7):
70        m = routes.shape[0]
71        bl = np.random.choice((0,1), m, replace=True,
   p=(1-p, p)).astype(bool) #突然変異を起こす確率を指定
72        k = np.arange(m)[bl]
73        i, j = np.random.randint(1, self.N-1, (m, 2))
   [bl].T
74        routes[k,i], routes[k,j] = routes[k,j], routes
   [k,i]
75        return routes
76
77
78    def extract_elites(self, routes, elite_cnt):
79        return routes[np.argsort(self.fitness(routes))
   [-elite_cnt:]]
80
81
82    def generate_nxt(self, routes, elite_cnt=2):
83        elites = self.extract_elites(routes, elite_cnt)
84        childs = self.crossover(routes, m=(routes.
   shape[0]-elite_cnt)//2)
85        childs = self.mutate(childs)
86        return np.vstack([elites, childs])
```

　generate_nxtは、次世代の経路群を生成する関数です。その中では、エリート選択（より移動距離が短いルートの選択）を行ったり、交叉や突然変異を行ったりしており、それぞれの関数が以下のように対応しています。

- 交叉：crossover
- 突然変異：mutate
- エリート選択：extract_slites

　これらを行うためのサブ的な関数として、個体の適応度（経路の短さ）を求めるfitnessや、交叉の際に親をランダムに選択するselect_parentsがあります。

```
90      def show(self, routes):
91          path = list(routes[np.argsort(tsp.dist(routes))]
        [0])+[0]
92          plt.figure(figsize=(15, 10))
93          g = nx.DiGraph()
94          g.add_nodes_from(range(n))
95          pos = dict(enumerate(zip(tsp.nodes[:, 0], tsp.
        nodes[:, 1])))
96          nx.draw_networkx(g, pos=pos, node_color='c')
97          for i in range(len(path)-1):
98              g.add_edge(path[i], path[i+1])
99          nx.draw_networkx(g, pos=pos, node_color='c')
100         plt.show()
101         plt.clf()
```

　show関数は、5,000世代までの遺伝の途中で生成されるルートを可視化するための関数です。

　以上が遺伝アルゴリズムの全体像であり、巡回セールスマン問題に限らず、その問題に対して適した変更を加えることで、さまざまな最適化問題に適用できます。

第5章

シフトスケジューリング問題を中心にした最適化問題の全体像

前章では、倉庫間の配送ルート最適化問題（巡回セールスマン問題）を題材にして、そもそも、最適化問題とはどのように考え、どのようにすれば解くことができるのかについて解説しました。

特に問題を定式化したうえで、計算量が少なければ厳密解法を、そうでなければヒューリスティックな手法（近似解法）を用いるという大きな流れを実際にソースコードを実行しながら確認しました。

この流れは、あらゆる最適化問題において共通です。配送ルート最適問題で総移動距離を最小化したように、問題ごとに最小化（あるいは最大化）したい対象（目的関数）を決めて、問題が置かれている条件（制約条件）のもと、あらゆるパターンを探索したうえで目的関数が最小（または最大）になるパターンを発見するということが最適化問題の一般的な流れであり、それをいかに効率的に解くかは問題の種類ごとに異なります。

そこで、その種類について知っておくことで、具体的な問題に直面した際に解き方を検討することができるようになります。

本章では、まず最適化問題にはどのような種類があるのかについて
全体像を大まかにまとめたうえで、その代表的な「解き方」である
「線形最適化」「非線形最適化」「組み合わせ最適化」という3つのパ
ターンを実際に解いていきながら、最適化問題の流れに慣れていき
ましょう。
さまざまな解き方に慣れておくことで、新しい問題に直面しても、
何を調べながら解けばよいか、その感覚をつかむことができるよう
になります。

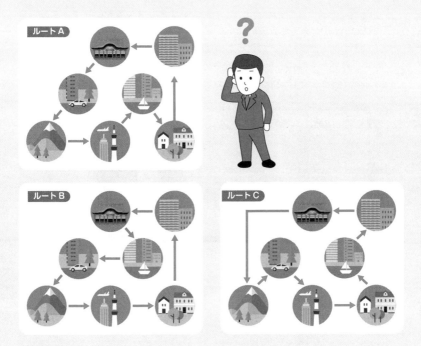

全体像

最適化問題の全体像をまとめることになった背景

配送ルートの最適化問題についての手法を実装したあなたは、依頼を受けていた倉庫会社から、引き続き相談依頼を受けます。

当初、「AIを使ってノウハウを学習させたい」と思っていた倉庫会社の担当者は、「ひょっとすると、最適化問題をしっかりと学んでいくことで、より多くのノウハウを定式化し、自動計算するシステムが開発できるのではないか」と考えるようになりました。

そこで、まず世の中にどのような最適化問題があるかをまとめてほしい、という依頼を受けました。最適化問題の全体像をまとめるにはどのような方法があるのかについて、検討していきましょう。

最適化問題の種類を知ろう

　4章で学んだように、最適化問題は問題として定式化することさえできれば、全探索法によって最適解を導くことができます。そして、探索するパターンが多く、計算時間がかかりすぎる場合に、アルゴリズムを工夫して効率よく全探索を行うか、あるいは、ヒューリスティックと呼ばれる経験的に良いとされる探索方法によって、最適解に近いであろう近似解を求めることができます。いずれにしても、問題さえ定式化できれば解にたどり着くことができる数理最適化は、社会のさまざまな場面で用いられます。

　数理最適化問題には、その解法から「線形最適化」「非線形最適化」「組み合わせ最適化」という3つのパターンに分類されます。

　まず、線形最適化は古くから研究がなされており、目的関数が線形（一次関数）で表現されるものを指します。たとえば、「スーパーマーケットで売られている77種類の食料品の中から、何をどれだけ購入すれば9種類の栄養素を最も安く入手できるか」という問題であれば、目的関数は77種類の食料品に含まれる栄養素の足し算によって表現されるため、線形（一次関数）の形を取ります。前章で解説した最適ルート探索問題（巡回セールスマン問題）もまた、目的関数は、各ルートの足し算の形を取るため、線形最適化問題として解いています。

　次に、非線形最適化は、目的関数が二次関数などの線形（直線）でない形（すなわち非線形の形）の関数で表現されます。土地の面積や、生産量に従って価格が安くなる製品の総売上金額など、目的関数が非線形の形で表されるものは、社会の中で数多く見られ、その中で最適な（総売上金額最大など）解を求める方法が、非線形最適化問題です。

　最後に、組み合わせ最適化とは、さまざまな組み合わせの中から最適なものを選択するものです。たとえば、日本の都道府県を隣り合う都道府県がすべて

別の色になるように四色で塗り分ける地図の塗り分け問題や、さまざまな容量の荷物を最も効率よくナップザックに詰めるナップザック問題、お見合いパーティーなどで最適なペアをマッチングするマッチング問題など数多くの種類があり、その多くは目的関数を工夫することにより、線形最適化問題として解くことができます。

　ここからは、（組み合わせ最適化問題を含む）線形最適化問題と非線形最適化問題について、その解き方と、社会やビジネスの中での利用イメージについて、簡単にまとめていきます。

❖「線形最適化問題」とは何か

　線形最適化問題は、目的関数が線形（一次関数）で表現されるものを指します。線形最適化問題を解くことそのものを「**線形計画**」と呼び、問題を定式化する際に、線形最適化問題として表現し、線形最適化問題としての解き方を行うことで、（計算時間を度外視すれば）どんな問題でも解くことができます。

　線形最適化問題を解く「線形計画」は、社会における多くの問題に適用することができ、「世界を動かしているのは線形計画である」という人もいるほど、その用途は、国の政策検討から企業の経営計画にいたるまで、戦略を立案するにあたり幅広い目的で用いられています。

　そうした戦略立案に線形計画を用いる方法について、先述した「スーパーマーケットで売られている77種類の食料品の中から、何をどれだけ購入すれば、9種類の栄養素を最も安く入手できるか」という1945年にアメリカで研究された「主婦の問題」という最適化問題を例に、簡単に解説していきます。

　まず、77種類の食料品をそれぞれ、（食料品1）、（食料品2）……（食料品77）のように表現します。そして、それぞれの食料品に含まれる栄養素が、一日に必要な栄養素を100%とした場合にどの程度かを、**表5-1-1**に表します。そして、そのそれぞれの価格を**表5-1-2**に表します。こうした場合、どのような定式化を行うべきでしょうか。

表5-1-1 食料品に含まれる栄養素

食料品	栄養素1	栄養素2	栄養素3	……	栄養素9
食料品1	1%	3%	55%	……	90%
食料品2	35%	0%	0%	……	20%
⋮				……	
食料品77	90%	120%	0%	……	0%

表5-1-2 食料品の価格

食料品	食料品1	食料品2	食料品3	……	食料品77
価格	1,000円	150円	300円	……	2,000円

ここでは、9種類の栄養素の摂取量を最大にしたり、77の食料品の購入数を最大にするのが目的ではなく、9種類の栄養素を「最も安く」入手することが目的なので、目的関数は「それぞれの食料品の購入金額の合計」ということになります。つまり、

（食料品1の個数）×（食料品1の価格）＋（食料品2の個数）×（食料品2の価格）＋
… ＋（食料品77の個数）×（食料品77の価格）

を最小にすることが目的となり、なるべく安い金額の組み合わせで、9種類の栄養素を摂取することになります。制約条件としては、「9種類それぞれの栄養素が一日に必要な栄養素を満たすこと」とすることができます。

このため、以下のような式で表現できます。

（栄養素1の摂取量）≧100%
（栄養素2の摂取量）≧100%
⋮
（栄養素9の摂取量）≧100%

これらは、77種類の食料品の個数から、次ページのように計算できます。

(栄養素1の摂取量) ＝ (食料品1の個数) × (食料品1に含まれる栄養素1)
　　　　　　　　　　＋ (食料品2の個数) × (食料品2に含まれる栄養素1)
　　　　　　　　　　⋮
　　　　　　　　　　＋ (食料品77の個数) × (食料品77に含まれる栄養素1)
(栄養素2の摂取量) ＝ (食料品1の個数) × (食料品1に含まれる栄養素2)
　　　　　　　　　　＋ (食料品2の個数) × (食料品2に含まれる栄養素2)
　　　　　　　　　　⋮
　　　　　　　　　　＋ (食料品77の個数) × (食料品77に含まれる栄養素2)
　　　　　　　　　　⋮
(栄養素9の摂取量) ＝ (食料品1の個数) × (食料品　1に含まれる栄養素9)
　　　　　　　　　　＋ (食料品2の個数) × (食料品2に含まれる栄養素9)
　　　　　　　　　　⋮
　　　　　　　　　　＋ (食料品77の個数) × (食料品77に含まれる栄養素9)

　また、個数はすべて0以上であり、マイナスの個数というものは考える必要がないので、以下のような制約条件を追加する必要があります。

(食料品1の個数) ≧ 0
(食料品2の個数) ≧ 0
　　　　⋮
(食料品77の個数) ≧ 0

　以上の目的関数と制約条件は、少し簡略化すると、以下のようにまとめられます。

目的関数：(食料品 i の個数) × (食料品 i の価格) の和を最小化
　　　　　　　　　　　　　　　　(i は1から77まで)
制約条件：(栄養素 j の摂取量) ≧ 100%　　(j は1から9まで)
　　　　　　(食料品 i の個数) ≧ 0　　　　　(i は1から77まで)

　数式で表現すると、次ページのようになります。

$$\min : \sum_{i=1}^{77} \quad x_i p_i$$

$$\text{s.t.} \sum_{i=1}^{77} \quad x_i n_{ij} \geq 0 \quad \text{for } j = 1, 2, \cdots, 9$$

$$x_i \geq 0 \quad \text{for } i = 1, 2, \cdots, 77$$

x_i は食料品 i の個数を、p_i は食料品 i の価格を、n_{ij} は食料品 i が含む栄養素 j の量を、それぞれ表します。

さて、この複雑な数式によって定式化された「主婦の問題」は、どのようにすれば解くことができるのでしょうか。たとえば、食料品1にのみ注目してみましょう。

表5-1-1を見ると、最も少ない栄養素1であっても、1%の栄養素が含まれるので、食料品1を100個購入すれば一日に必要な栄養素がすべて手に入ることになります。しかし、それではあまりにも効率が悪く、金額としても食料品1の価格1,000円の100倍の10,0000円がかかってしまいます。

そこで、他の組み合わせを考えることになります。食料品1に加えて食料品2をするのであれば、食料品2には栄養素1が35%含まれるので、食料品2を3個購入すれば十分であり、価格としても食料品2の150円を3倍した450円で済む、ということになります。

関係をグラフにすると　以下のようになります。

図5-1-1 栄養素1を取得するのに必要な食料品1と2の個数

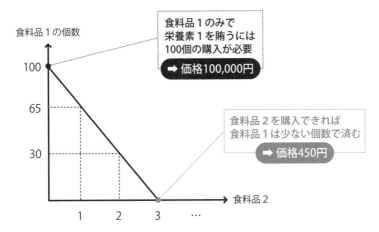

このように、食料品1のみの場合、それに食料品2を加えた場合、そしてさらに食料品3を加えた場合…と、すべての食料品を組み合わせた場合を考慮していくことで、栄養素1の制約条件を満たしながら、最小となる金額を求めることができます。この作業を、9つすべての栄養素の制約条件を考慮しながら行うことで、問題を解くことができます。

このように要素を表の形で整理し、目的関数と制約条件を足し算の形で表現することは、さまざまな場合について応用できます。たとえば、都市において公園をどの程度設置するのが市民にとっての満足度を最大にするのかといった都市計画の問題について、最適解を求めることによって自治体や国家の政策立案を行ううえでの重要な指針になります。どの商品をどの程度開発することで売上を最大にするのかを求めることで、経営戦略を検討することができます。

そして、制約条件を考慮しながら目的関数を最小化していくというプロセスは、線形計画として最適化問題を解くうえで共通しており、細かいプログラムを実装せずとも、「ソルバー」と呼ばれるツールによって解くことができます。
ここでは、ソルバーを使って線形最適化問題を解く流れを5-2で、組み合わせ最適化問題を線形最適化問題に落とし込んでいく流れを5-4以降で紹介します。これらの流れは、幅広い線形最適化問題に適用できるので、さまざまな応用例に適用して考えてみましょう。

♣「非線形最適化問題」とは何か

目的関数は、必ずしも線形最適化問題のような足し算の形で表現できるものばかりではありません。
たとえば、商品の価格を決める問題を考えてみましょう。

2001年、大手牛丼チェーンの吉野家は、それまで一杯400円だった牛丼並盛を、280円に値下げしました。値下げに先立って並盛250円のキャンペーンを行った結果、客数が3倍になるなど、価格と客数との関係を調査しました。そのうえで、価格の「最適化」を行った結果、280円という金額が最適であるという解を得たのです。このケースを簡単に定式化してみましょう。

商品である牛丼一杯を売って得られる利益は、大雑把に考えると、その価格から原価や人件費を含むコストを差し引いたものであり、以下のように表現できます。

（牛丼1杯あたりの利益）＝（牛丼1杯あたりの価格）－（牛丼一杯にかかるコスト）

　そして、価格を250円に下げることで客数が3倍になったということは、牛丼の売上数は、その価格が少なければ少ないほど増え、以下のような式で表現できます。

（牛丼の総売上数）＝－（係数1）×（（牛丼1杯あたりの価格）－（係数2））

　そうすると、牛丼の売上から得られる利益は、以下のような式で表現でき、これを最大化することが、目的関数となります。

（総利益）＝（牛丼1杯あたりの利益）×（牛丼の総売上数）

　この式を見ると、（牛丼1杯あたりの利益）にも、（牛丼の総売上数）にも、それぞれ「牛丼一杯あたりの価格」が含まれることから、総利益は二次関数の形になります。定式化すると、以下のようになります。

目的関数：－（係数1）×（（牛丼1杯あたりの価格）－（係数2））×（牛丼1杯あたりの価格）－（牛丼一杯にかかるコスト）を最大化する
制約条件：（牛丼1杯あたりの価格）≧0

これを数式で表現してみましょう。

$$\max : -\alpha (p - \beta)(p - c)$$
$$\text{s.t. } p \geqq 0$$

　目的関数は、牛丼一杯あたりの価格pの二次関数であることがわかります。
二次関数であれば、以下のように図を描くことで、その最適値を求めることが
できます。

　ただ、二次関数は、人間が手作業によってグラフを描くのであれば、最適解
を求めることができるかもしれません。しかしながら、グラフを描いたり見た
りすることのできない計算機にとって、その解を求めることは、それほど楽な
作業ではありません。5-3では、二次関数をはじめとする非線形関数で表現さ
れた目的関数から、どのように最適解を求めるかについて、ソースコードを実
行しながら確かめてみます。

　さて、ここで見てきた企業における商品価格を決める問題のように、非線形
最適化問題もまた、社会や企業の中の多くの場で用いられています。
　本節の最後に、社会の中にどのように線形/非線形最適化問題があり、どの
ように役立てられているかを簡単に紹介します。

図5-1-2 最適金額を求めるイメージ

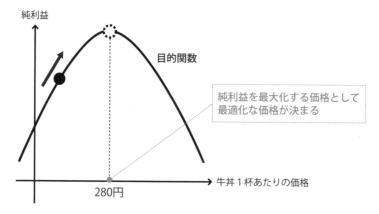

✤ 社会の中の最適化問題

　社会の中の最適化問題は、「もっと効率よく作業をしたい」と感じるところすべてで用いられていると考えるとイメージしやすいかもしれません。従って、人や機械が仕事や作業をしている場所であれば、至るところで最適化問題が見つかります。ここでは、特に扱われることが多い5つのシチュエーションに分けて、その例を紹介していきます。

　最初のシチュエーションは鉄道です。ダイヤの作成は複雑なパターンから適したものを選択する最適化問題の典型であり、運行スケジューリング問題などと言われます。他にも、乗務員のシフトスケジューリングや、乗り換え経路案内、改札の待ち行列を解決するマルチエージェント・シミュレーションなどがあります。

　次のシチュエーションはオフィスビルです。空調の自動調整は、デマンド・レスポンスなどと言われます。他にも、エレベーターの制御、それぞれのプロジェクトに関する人員のスケジューリングなどがあります。

　コンビニにも、最適化問題を多く発見できます。アルバイトのシフト管理（シフトスケジューリング）、お客さんの動線を予測したうえで商品の陳列を最適化する問題、商品の配送最適化や在庫管理（サプライチェーンマネジメント）、POSシステムによる需要予測などです。

　4章で扱った倉庫や製品を生産する工場も、最適化問題による効率化がなされる場所の典型です。具体的には、エネルギーの供給や配分（最適制御、起動停止計画問題）、生産計画やスケジューリングの最適化問題です。

　最後に、意外に知られていない行政の例を紹介しましょう。特にまちづくりを使命とする行政は、避難計画や防災にマルチエージェント・シミュレーションなどを用いて最適化を行ったり、施設の配置などの都市計画を最適化したり、インフラ整備計画などの最適化を行っています。

　こうした例から、皆さんが携わっているビジネスの中で最適化問題を見つけると、業務効率化や改善の糸口になるかもしれません。

第二部
数理最適化編

⬢ ビジネスの分野で注目される最適化問題

社会の中の最適化問題を解決することが、ビジネスに直結するのは当然ですが、ここでは、特に古くから研究が進んでいて、ビジネスの分野に応用されている問題をご紹介します。

まず4章で扱った、倉庫などからの物流を扱うロジスティック・ネットワーク設計問題は、情報や倉庫などの拠点の配置や削減、生産ライン能力、生産量、在庫量、輸送量などを決定する問題で、工場などで盛んに用いられています。

勤務スケジューリング問題は、乗務員や従業員、アルバイトなどのスケジュールを求める問題です。

最小費用流問題は、単語からはわかりにくいかもしれませんが、時刻ごとの需要を満たすように、船舶や車両を用いて物資が余っている場所から不足している場所へ最小の輸送費用で配送を行うものです。

安全在庫問題は、需要のばらつきに備えて、在庫費用と品切れリスクのバランスをとるものです。

ロットサイズ決定問題は、製品をまとめて製造すると効率がよい場合に、在庫費用とのバランスを考慮して製造する製品の数を決定するものです。

パッキング問題は、コンテナなどの入れ物に荷物を効率よく詰め込むもので、レイアウトを決める際などにも用いられることがあります。

収益管理問題は、時間経過によって陳腐化する商品に対して、価格の操作を行うことで、収益の最大化を行うものです。

こうした問題は、古くから研究されていることもあり、手法が確立されているということが大きなメリットです。自分が解こうとしている問題が、これらのうちどれに該当するかの検討がつけられれば、それぞれの問題の専門書や、先人の作成したソースコードを使って、比較的短時間に解くことができます。

線形最適化／非線形最適化

線形最適化／非線形最適化を取り扱うことになった背景

相談依頼を行っている倉庫会社の担当者は、引き続き、あなたに対して
リクエストを行います。

「最適化問題が社会のさまざまなシチュエーションで実際に用いられて
おり、それがビジネスシーンにおいても活用されているということがわ
かった。特に線形計画については、経営戦略にも用いられるほど重要な
ものであるということがわかった。そこで簡単な例で最適化問題がどの
ように問題を解くのか、本当にシンプルな内容でよいので、デモンスト
レーションを行っていただくことはできないだろうか。」

このようなリクエストを受けたあなたは、まずは線形最適化問題の中で
も伝統的な「主婦の問題」と、「面積の決まった土地の辺の長さを、非線
形最適化として定式化して解く」というデモンストレーションの2つを
行うことにします。それでは、これらの問題について考えながら、線形
最適化問題と非線形最適化問題のイメージをつかみましょう。

ソルバーを利用して 線形最適化問題を解いてみよう

　ここでは、線形最適化問題の代表例として、5-1で紹介した「スーパーマーケットで売られている食料品の中から、何をどれだけ購入すれば栄養素を最も安く入手できるか」という主婦の問題を簡単にしたものを解いてみます。

　5-1で紹介した通りの77種類の食料品と9種類の栄養素のすべての組み合わせを計算するには膨大な計算時間を要してしまうので、ここでは3種類の食料品と4種類の栄養素の組み合わせを考えてみます。

　食料品に含まれる栄養素と各食料品の価格は、それぞれnutrition.csvとprice.csvの2つのファイルに格納されています。まずは、以下のソースコードを実行してファイルを読み込んだうえで、最も安い金額で4種類の栄養素を摂取する組み合わせを計算してみましょう。

主婦の問題をソルバーによって解く　　　　　　　　　　　　Chapter5.ipynb

```python
import numpy as np
import pandas as pd
from itertools import product
from pulp import LpVariable, lpSum, value
from ortoolpy import model_min, addvars, addvals
from IPython.display import display

# データ読み込み
df_n = pd.read_csv('nutrition.csv', index_col="食料品")
df_p = pd.read_csv('price.csv')
print("食料品と栄養素の関係")
display(df_n)
print("食料品の価格")
display(df_p)

# 初期設定 #
np.random.seed(1)
np = len(df_n.index)
```

次ページへつづく

```
19  nn = len(df_n.columns)
20  pr = list(range(np))
21
22  # 数理モデル作成 #
23  m1 = model_min()
24  # 目的関数
25  v1 = {(i):LpVariable('v%d'%(i),cat='Integer',lowBound=0)
    for i in pr}
26  # 制約条件
27  m1 += lpSum(df_p.iloc[0][i]*v1[i] for i in pr)
28  for j in range(nn):
29      m1 += lpSum(v1[i]*df_n.iloc[i][j] for i in range
    (np)) >= 100
30  m1.solve()
31
32  # 総コスト計算 #
33  print("最適解")
34  total_cost = 0
35  for k,x in v1.items():
36      i = k
37      print(df_n.index[i],"の個数:",int(value(x)),"個")
38      total_cost += df_p.iloc[0][i]*value(x)
39
40  print("総コスト:",int(total_cost),"円")
```

　このソースコードでは、まず2つのファイルを読み込んだうえで、「初期設定」としてファイルに含まれる食料品の種類数や栄養素の数を計算します。

　次に、「数理モデル作成」で定式化を行います。定式化のプロセスにおいて、目的関数と制約条件をそれぞれ記載します。そして、solveという関数によって定式化した問題を解き、最後に「総コスト計算」というところで結果を出力します。

　出力結果は、次ページのようになります。

図5-2-1　主婦の問題の条件と最適解

食料品と栄養素の関係

食料品	栄養素1	栄養素2	栄養素3	栄養素4
食料品1	0	0	90	10
食料品2	10	50	40	70
食料品3	80	0	0	0

食料品の価格

	食料品1	食料品2	食料品3
0	1000	150	300

最適解
食料品1　の個数：0 個
食料品2　の個数：3 個
食料品3　の個数：1 個
総コスト：750 円

　読み込んだファイルの中身とともに、最適解として、食料品1、2、3は、それぞれ0個、3個、1個であり、その結果としての総コスト（金額）は、750円という最適解が計算されました。

　ファイルの中身を自由に書き換えたり、食料品や栄養素の数を増やしてみて正しい解が得られるか、あるいは他の問題にも適用できるかを試してみるとよいでしょう。

非線形最適化問題を解いてみよう

　ここでは、目的関数が二次関数などの非線形の関数で表現される場合の最適化問題を考えてみます。

　二次関数のような関数には、「最大値」または「最小値」が必ず存在します。最大値や最小値は、グラフを描いてみるとすぐに見つけることができるのですが、計算でそれを求めるとなると、グラフを「見る」わけにはいきません。

　そこで、非線形最適化問題を解く際には、範囲を絞り込みながら徐々に最適解に近づいていくという方法を用いることになります。

図5-3-1 正方形の面積のイメージ

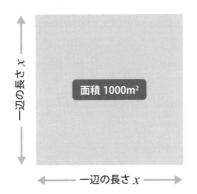

一辺の長さ x

一辺の長さ x

面積 1000m²

　ここでは、**4-2**で簡単に紹介した正方形の形をした土地の最適な長さを求める問題を考えてみましょう。上図のように、正方形の土地を切り出すとして面積を1000㎡に限りなく近づけるには、一辺の長さをどの程度にすればよいでしょうか。正方形の面積は一辺の長さ x の二乗によって計算できるので、x の二乗が10に限りなく近い x が「最適」ということになります。

　この問題を定式化すると、以下のようになります。

（目的）x の二乗と1000との差を最小化する
（条件）x は正の数

これを式で表すと、以下のようになります。

$$\min : \ |1000 - x^2|$$
$$\text{s.t.} : x \geq 0$$

　4章では、この問題の定式化のみを行い、実際に計算によって解くということを行いませんでした。ここでは、この問題を解く方法として、二分探索とニュートン法という2つの手法を紹介します。

　二分探索とは、両端から範囲を2つに分けながら、少しずつ絞り込みを行っていく方法です。以下のソースコードを実行してみましょう。

二分探索によって$f(x)$が0となるxの値を求める　　　　　　　　　　　Chapter5.ipynb

```python
def f(x):
    return x**2 - 1000

# 初期設定
lo = -0.1
hi = 1000.1
eps = 1e-10 # 許容誤差

# 二分探索を実行
count = 0
while hi-lo > eps:
    x = (lo + hi) / 2
    if f(x) >= 0:
        hi = x
    else:
        lo = x
    count += 1

print(f'結果: {hi}')
print(f'探索回数: {count}回')
```

図5-3-2 二分探索により1000の二乗根を求める

```
結果: 31.622776601731587
探索回数: 44回
```

このプログラムでは、**図5-3-3**に示すような計算プロセスによって関数$f(x)$が0となるxの値を求めます。

　まず、探索範囲の両端（lo, hi）を決めて、その両端の中心点が0以上であればhiを狭め、0以下であればloを狭めます。このようにして、hiとloの差が許容誤差（eps）以下になるまで、範囲を絞り込み続けます。

　ここでは、44回の探索（絞り込み）で解を求めることができたということがわかります。二分探索による探索の様子を図で表すと、次のような探索範囲の絞り込みに対応します。

図5-3-3 二分探索のイメージ

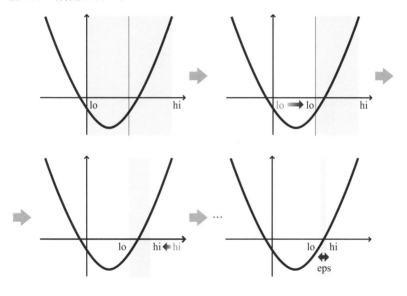

　次に、ニュートン法によって、同じ問題を解く方法を紹介します。ニュートン法とは、関数とx軸との交点を求める手法であり、関数の値が0になるxの値を求める方法として用いられます。

　次ページのソースコードを実行してみましょう。

	ニュートン法によって$f(x)$ が0となるxの値を求める　　　📄 Chapter5.ipynb

```python
1   # ニュートン法の関数
2   # x0, epsはデフォルト値
3   def square_root(y, x0=1, eps=1e-10):
4       x = x0
5       count = 0
6       while abs(x**2 - y) > eps:
7           x -= (x*x - y) / (2*x)
8           count += 1
9       return x, count
10
11  # ニュートン法の実行
12  x, count = square_root(1000)
13  print(f'結果: {x}')
14  print(f'探索回数: {count}回')
```

図5-3-4 ニュートン法により1000の二乗根を求める

```
結果: 31.622776601684333
探索回数: 9回
```

　ニュートン法とは、**図5-3-5**に描かれているように、xの初期値を何らか定めたうえで、その点の接線とx軸との交点を新たなxとすることによって、徐々に$f(x)$とx軸との交点を求めるものです。

　具体的には、以下のようなアルゴリズムです。

---

❶ 制約条件を満たす範囲で適当な解**x0**を決める

❷ そこから接線を引く

❸ 接線が**x**軸と交わる点を次の**x**とする

❹ **❷**に戻って誤差が小さくなるまで繰り返す

　そして、上記のソースコードを実行すると探索回数が9回となり、二分探索に比べて高速に計算できていることがわかります。

第二部　数理最適化編

図5-3-5 ニュートン法のイメージ

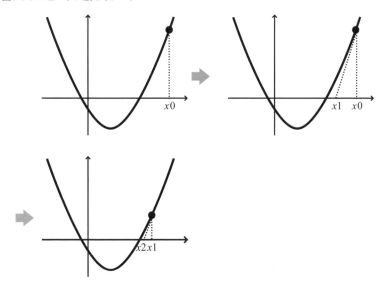

組み合わせ最適化

マッチング問題を取り扱うことになった背景

最適化問題についての理解を深めた倉庫会社の担当者は、あなたに依頼を行います。

「最適化問題がどのようなものであるか、そして、どのようにすれば解くことができるのか、そのイメージが広がった。そこで、まずは差し迫った問題を解決していきたい。今、目の前にある問題は、倉庫の日雇いアルバイトのシフトを決める問題。我が社の倉庫管理業務は、正社員の他に、アシスタントとなるアルバイトを日雇いで応募している。これまでは管理する倉庫の規模もそれほど大きくなく、アルバイト候補者の希望を見ながら、担当者が手でシフトの割り振りを行っていた。しかしながら、最近は徐々に規模を拡大し、穴がないようなシフトを決めることが難しくなってきている。アルバイトのシフトの割り振りを、最適化問題として定式化し、計算を行うことはできないだろうか。」

これは、マッチング問題と呼ばれるもので、組み合わせ最適化問題の1つとして分類されます。マッチング問題をどのようにすれば解くことができるのか、さらに、マッチング問題を題材にしながら、組み合わせ最適化をどのように考えるべきかについて、検討していきましょう。

日雇いアルバイトのシフトを自動で決める方法について検討してみよう

本節から**5-10**までで、組み合わせ最適化問題の1つであるマッチング問題とその解き方について紹介しながら、組み合わせ最適化問題を解くプロセスを学んでいきます。

ここでは、その準備段階として、データの読み込みを行います。

まず、シフトを組むにあたり、アルバイト候補にシフト希望表を出してもらいます。月曜日から金曜日までの朝・昼・夜のすべてで15のコマのうち、勤務を希望するコマに〇を、そうでないコマに×をつけて提出してもらいます。

図5-4-1 シフト希望表の例

	月	火	水	木	金
朝	〇	×	〇	×	×
昼	×	×	×	〇	×
夜	×	〇	×	×	〇

そして、これを1つに結合することで、従業員ごとのシフト希望の集計結果を一覧で示すことができます。

図5-4-2 シフト希望表の集計結果の例

	月朝	月昼	月夜	火朝	火昼	火夜	水朝	水昼	水夜	木朝	木昼	木夜	金朝	金昼	金夜
候補者1	〇	×	×	×	×	〇	×	×	×	〇	×	×	×	×	〇
候補者2	×	〇	×	×	〇	×	×	×	〇	×	〇	×	×	〇	×

こうした形式で作成したシフト希望表が**schedule.csv**に格納されています。以下のソースコードによって、シフト希望表を読み込んでみましょう。

```
シフト希望表を読み込む                                      □ Chapter5.ipynb
1  import pandas as pd
2  def schedules_from_csv(path):
3      return pd.read_csv(path, index_col=0)
4
5  schedules_from_csv('schedule.csv')
```

図5-4-3 シフト希望表の読み込み

	月朝	月昼	月夜	火朝	火昼	火夜	水朝	水昼	水夜	木朝	木昼	木夜	金朝	金昼	金夜
候補者0	0	0	0	0	0	0	0	0	1	0	0	0	0	0	0
候補者1	0	1	0	0	0	0	0	0	1	0	0	0	0	0	0
候補者2	0	1	1	0	0	0	0	0	0	0	0	1	0	0	0
候補者3	1	0	0	1	0	0	0	0	1	0	1	0	0	0	0
候補者4	0	0	0	0	0	0	0	0	0	0	0	0	0	1	0
候補者5	1	0	0	0	0	1	0	0	0	0	0	0	0	0	1
候補者6	0	0	0	1	0	0	0	0	0	0	0	0	0	0	0
候補者7	0	1	0	0	1	0	0	0	0	0	1	1	0	0	0
候補者8	0	0	1	0	0	0	0	1	0	0	0	0	0	0	1
候補者9	0	0	1	0	0	0	0	0	0	0	0	0	0	0	0
候補者10	0	0	0	0	0	1	0	0	0	1	0	0	0	0	0
候補者11	0	0	0	0	0	0	1	0	0	0	0	0	0	0	0
候補者12	0	0	0	1	0	0	0	0	0	0	0	0	0	0	0
候補者13	0	0	0	1	1	0	0	0	0	0	0	0	0	0	0
候補者14	0	0	0	1	0	0	0	0	0	0	0	0	1	0	0

ソースコードを実行した結果を見ると、上記のような表が格納されていることがわかります。ここからは、こうして読み込んだシフト希望表になるべく添える形で、アルバイト候補者を割り振るための計算を行います。

そのための準備として、5-5ではグラフネットワークによって、このシフト希望を可視化する方法を学びます。

シフト希望をグラフネットワークで可視化する方法を学ぼう

　本節では、**5-4**で読み込んだシフト希望表やマッチングした結果のシフトを可視化するために、4章でも用いたグラフネットワークを用いる方法を学びます。そして、次節以降でアルバイト候補者とシフトのコマとのマッチングを行います。本節から**5-8**までシフト希望などの可視化とマッチングアルゴリズムの解説が続き、それらの知識を総合したソースコードは、**5-9**以降で実行することになります。

　解説が続くことになるので、一旦大まかに一読し、**5-9**以降のソースコードを実行したうえで再び読みなおしてみると、理解が深まります。

　さて、グラフネットワークは、下図のように表現できます。頂点には座標をはじめとするさまざまな情報を持たせることができ、辺には距離やコストなどの情報を持たせることができます。

　グラフネットワークは**5-4**でも用いた通り、頂点（ノード・Node）と辺（エッジ・Edge）で構成されるデータの構造（データ構造）のことを示します。

　データ構造については、本節最後の参考をご参照ください。

図5-5-1 グラフネットワークのイメージ

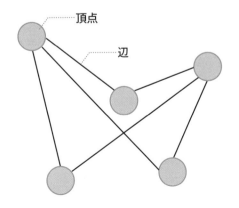

　今回のようなケースでは、ネットワークを作成する際に2つのグループを考えます。

- アルバイト候補者グループ
- シフトグループ

　各グループの要素は、グラフネットワークでは頂点と呼ばれます。そして、シフト表に沿って、従業員グループの頂点から、シフトグループの頂点へ矢印を描きます。これらをグラフネットワークにおける辺と呼びます。

図5-5-2 シフト希望表をグラフネットワークに表示した例

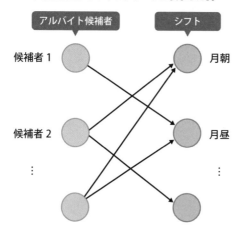

　グラフネットワークに見慣れると、シフト希望表が視覚的に一望でき、理解がしやすくなります。このグラフでは、アルバイト候補者とシフトとの間には辺が存在しましたが、候補者と候補者、シフトとシフトとの間には辺が存在しません。こういったグラフは、頂点を2つのグループに分けて考えることができるため、「**二部グラフ**」と呼ばれます。

　二部グラフにおいて、マッチング問題を解くためには、アルバイト候補者グループとシフトグループの間で各従業員と各シフトを1度まで使ってよいとし、アルバイト候補者とシフトのペアを最大でいくつ作ることができるかを求める問題と考えると解き方がイメージしやすくなります。

(参考) データ構造とは

データ構造とは、グラフネットワークにおける頂点と辺のように、コンピュータで効率よく計算をするための「データの持たせ方」のことです。

「データ構造とアルゴリズム」と表現されることもあり、両者は非常に密接に関わっています。「○○なアルゴリズムを使えば効率よく計算することができる」という場合に「□□というデータ構造」を用いれば、「○○なアルゴリズム」をさらに高速に計算できるという対応関係がある場合が少なくありません。

ネットワークグラフもデータ構造の1つで、今回のようにアルバイト候補者とシフトのような関係を最適化問題として扱うとき、データ構造をうまく用いることで効率よく計算できます。

アルゴリズムにおけるデータ構造の重要性についての例を紹介します。ある集合の中に、ある要素が存在するかを確認するプログラムは、以下のように書くことがあります。

- listというデータ構造を用いた確認
- setというデータ構造を用いた確認

listとsetの処理結果を比較する　📄 Chapter5.ipynb

```python
import numpy as np

print(f'1 ～ 100までの整数を100個乱数生成')
a = np.random.randint(1, 100, 100)
print(a)

l = list(a)
s = set(a)

x = 50

# 下の2行はどちらも同じ結果になる
print(f'50が含まれているか: {x in l}')
print(f'50が含まれているか: {x in s}')
```

図5-5-3 listとsetの処理結果

```
1 ～ 100までの整数を100個乱数生成
[38 13 73 10 76  6 80 65 17  2 77 72  7 26 51 21 19 85 12 29 30 15 51 69
 88 88 95 97 87 14 10  8 64 62 23 58  2  1 61 82  9 89 14 48 73 31 72  4
 71 22 50 58  4 69 25 44 77 27 53 81 42 83 16 65 69 26 99 88  8 27 26 23
 10 68 24 28 38 58 84 39  9 33 35 11 24 16 88 26 72 93 75 63 47 33 89 24
 56 66 78  4]
50が含まれているか: True
50が含まれているか: True
```

　前者と後者は、結果が同じになるため、一見処理としては違いがないように思えるかもしれません。しかし、同じ処理を何度も実行する場合にははっきりと違いが出てきます。

listでの実行時間　　　　　　　　　　　　　　　　　　🗐 Chapter5.ipynb

```
1  %%time
2  for _ in range(10**6):
3      x in l # listの場合
```

図5-5-4 listでの計算結果

```
Wall time: 15.1 s
```

setでの実行時間　　　　　　　　　　　　　　　　　　🗐 Chapter5.ipynb

```
1  %%time
2  for _ in range(10**6):
3      x in s # setの場合
```

図5-5-5 setでの計算結果

```
Wall time: 536 ms
```

　前者がlist、後者がsetを使って検索した場合の実行時間となっています。明らかに後者のほうが高速で、この差は検索回数に応じて大きくなっていきます。なぜこれほどまでに処理の時間に差が出てくるのでしょうか。

　両者の違いは、listというデータ構造を使っているか、それともsetというデータ構造を使っているかという部分のみです。

実は、2つのデータ構造に対して検索をするときのプロセスには明確な違いがあります。

　Listにある値が含まれているかどうかを確かめるとき、プログラムではlistの前から順番に比較していきます。

　それに対して、setにある値が含まれているかどうかを確かめるとき、プログラムではある値をハッシュ関数と呼ばれる関数を用いてハッシュ値という値に変換し、そのハッシュ値自体をSetのインデックスのように扱うことで要素の有無を$O(1)$でチェックできるようにしています。

図5-5-6 listとsetによる値の検索イメージ

▼**リストによる検索のイメージ**

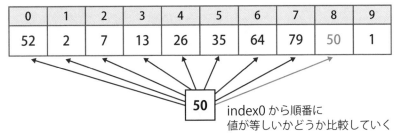

▼**セットによる検索のイメージ**

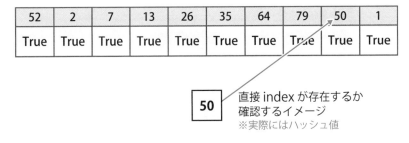

　ハッシュ関数についての詳細は割愛しますが、要するにlistとsetでは、データの持ち方、すなわちデータ構造が異なるため、同じ処理をしているつもりでも計算時間に大きな差が生じてしまうのです。

　これはほんの一例に過ぎませんが、大枠のアルゴリズムが同じだとしても、使用するデータ構造によって処理時間が大きく変わることが少なくありません。

5-6

マッチング問題を最大流問題に帰着させる方法を学ぼう

5-5では、シフト希望表をグラフネットワークとして可視化し、二部グラフのマッチング問題として問題を捉えるということを学びました。ここからは、二部グラフの最大マッチング問題を解くアルゴリズムについて検討します。

まず考えられるのが、アルバイト候補者とシフトとのすべての組み合わせを考え、その中で最も多くのシフト希望を満たす全探索法です。しかし、この場合の全探索、計算量があまりにも膨大になるため、効率的な方法が必要です。

まず、ヒューリスティックな手法の1つであり、4章でも触れた貪欲法が考えられます。マッチング問題に対して貪欲法を用いる場合、アルバイト候補者を前からサーチし、希望のシフトがまだ埋まっていなければそこに入るというシンプルなアルゴリズムとして実現できます。

一見、正しい解が求まる方法のようにも感じられますが、この手法には問題があります。たとえば次のような例を考えてみましょう。

図5-6-1 シフト希望表の一例

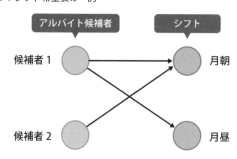

図5-6-2 正解のシフトの例

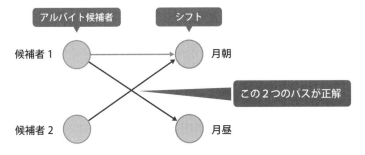

図5-6-3 貪欲法によって誤ってパスを選択する例

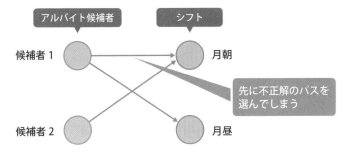

図5-6-1のシフト希望表の一例は、わずか二人のアルバイト候補者のシフト希望からシフトを決定するイメージを表しています。

人間の目で見ると、図5-6-2の正解のシフトの例のように、アルバイト候補者1は月昼に、候補者2は月朝に割り振ると、二人の希望を満たすことができます。しかし、候補者1から順番に決めていく貪欲法のようなヒューリスティックの手法を用いると、図5-6-3に示すように候補者1が月朝に先に割り振られてしまい、結果として候補者2の希望を満たすことができない（最適解とは大きく異なる解を導いてしまう可能性がある）ことがわかります。

では、どのように考えていけば、最大マッチング問題の最適解を効率よく解くことができるでしょうか。

実は、二部グラフの最大マッチング問題は、グラフネットワークを「水路」として見ることによって解けることが知られています。まず、グラフネットワークを水路として表現したうえで（図5-6-4）、水の源流と出口を用意します（図

5-6-5)。源流から水を流して、流れた水の量を測るような計算を行うことで最適なパスを見つけることができます。これを、水路の最大流を求めるという意味で「**最大流問題**」と呼びます。つまり、最大流問題を解くことができれば、マッチング問題も解けるということになります。

図5-6-4 シフト希望表を水路として表現するイメージ

図5-6-5 水路に水を流すことによって最適なパスを求める最大流問題のイメージ

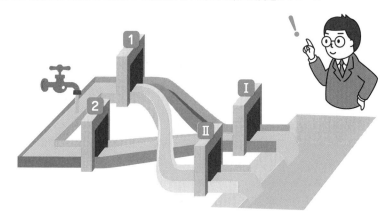

　最大流問題を解く一般的な流れを次ページの図で説明します。
　図5-6-6の一番左の頂点は「**source**」、一番右の頂点は「**sink**」と呼ばれます。最大流問題では、sourceからsinkに最大でどの程度水（フロー）を流すことができるのかというイメージを考えます。

頂点間に張られている辺は、有向辺 (流れる向きが決まっている辺) であり、矢印が向いている頂点を「**子ノード**」、反対側の頂点を「**親ノード**」と呼びます。また各辺が持つ値は「**capacity**」と呼ばれ、どのくらいのフローを流すことができるかを表しています。

最大流問題と解くと、**図5-6-6**のグラフでは**図5-6-7**のようにフローを流すことでsinkで流れ込む総フロー量を最大にできます。Sourceからはいくらでもフローが流れ込むことができると考えますが、各経路に流せるフローの制限から、最終的にsinkへ到達可能なフローの総量は12と計算できます。

図5-6-6 最大流問題を解くためのグラフ

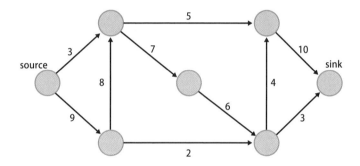

図5-6-7 最大流問題の解となるような流れ方

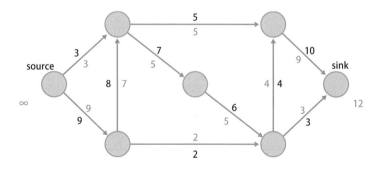

最大流問題を解く大まかな流れとして、ここでは「Dinicのアルゴリズム」と呼ばれるものを解説します。最大流問題を解くアルゴリズムには、他にも「Ford Fulkersonのアルゴリズム」や「Push Relabelアルゴリズム」、「Push

Relabel アルゴリズム」など、さまざまな種類が存在します。

Dinic アルゴリズムの概要は以下の通りで、詳細は **5-7** 以降で解説します。

---

❶ 幅優先探索（BFS）という手法を使って、source からどのような順番で
フローを流すかを決める。（**5-7**）

❷ もし、どのような辺をたどっても sink へフローを流すことができないの
であれば、処理を終了する。このとき、それまでに sink へ流れたフロー
の合計が最大流（最適解）となる。

❸ 深さ優先探索（DFS）という手法を使って、1で決めた流し方に従い、
source から sink へ向かって流せるだけのフローを流す。各辺につい
て、フローが流れた分だけ辺の capacity を減らし、さらに逆向きで同じ
capacity の辺を張る。（**5-8**）

❹ ❶に戻る。

次節以降では、幅優先探索（**5-7**）と深さ優先探索（**5-8**）を学び、そのうえで
最大流問題のソースコードを実行してみましょう（**5-9**）。

最後に、二部グラフによるマッチング問題を解くソースコードを実行する
（**5-10**）ことで、マッチング問題の全体像を理解しましょう。

最大流問題を解くためのパーツ「幅優先探索」を理解しよう

最大流問題を解くDinicのアルゴリズムでは、まずグラフネットワークにおいて、どのような順番でsourceからsinkへフローを流していくかを決めるのが最初のステップです。

これを実現する方法が、「**幅優先探索 (BFS)**」と呼ばれるものです。

BFSの直観的なイメージを、**図5-7-1**に示します。まず、sourceそのものを順番としては最初となるレベル0とします。次に、レベル0と直接結合している頂点をレベル1とします。そしてレベル1と直接結合している頂点をレベル2とし、このレベル付けを終点であるsincにたどり着くまで行います。

これによって、sourceから各頂点まで最小で何本の辺を通ってたどり着くことができるのかがレベルによって表現できます。

図5-7-1 BFSによってレベルを決定するイメージ

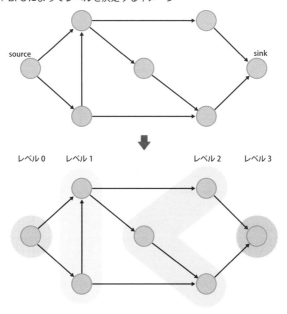

具体的には、BFSのアルゴリズムは以下の通りです。

---

❶ Sourceのレベルを0とする

❷ レベルが確定した頂点であり、かつ、未だ探索していない頂点のうち、最もレベルが低い頂点から出ている辺を探索する。すべての頂点が探索済みになったら、処理を終了する

❸ 各辺について、
　ⓐ すでに子ノード（次のノード）のレベルが確定しているのであれば、レベルを更新せず、そのノードとの経路（辺）は「非アクティブ」とする
　ⓑ まだ子ノードのレベルが確定していないのであれば、レベルを確定させる

❹ ❷に戻って繰り返す

　以上のアルゴリズムを実行することで、それぞれの頂点のレベルを確定するとともに、各辺がアクティブ（フローを流せる状態）か非アクティブ（フローを流せない状態）かを確定します。この情報を元に、**5-8**で解説する深さ優先探索（DFS）を実行することになります。

図5-7-2 BFSによって頂点のレベルと辺のアクティブ/非アクティブを確定した例

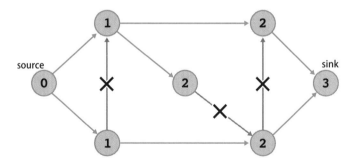

最大流問題を解くためのパーツ「深さ優先探索」を理解しよう

　BFSによって各頂点のレベルが確定した後は、深さ優先探索（DFS）を行うことで、最大マッチング問題を解くDinicのアルゴリズムが実行できます。

　DFSは、**5-7**のBFSで求めたアクティブな辺のみを伝って、sourceからsinkに流せるだけのフローを流していきます。実際のところ、「流せるだけ流す」という方法そのものは、**5-5**で紹介した「貪欲法」と本質的には同じであり、Dinicのアルゴリズムは貪欲法を改良したものといえます。

　DinicのアルゴリズムにおけるDFSと貪欲法との違いは、「逆辺」という考え方を採用したことです。これは、貪欲に流せるだけフローを流した後で、最後まで流し終わったゴールであるsinkから逆算して、流したフローが最善かどうかを確認し、最善のフローとして確定させていく、という考え方です。これによって、「最善のフロー」を次々に決めていきながら、他の辺や頂点との調整を行っていくことができるようになります。

　DFSの流れを**図5-8-1**で説明します。

　まず（a）のようにBFSによってアクティブな辺が確定した状態から開始します。各辺の数字は流すことのできるフローの量です。次に（b）のようにsourceからアクティブな辺を1つ選択し、その辺の容量だけフローを流して、その辺とつながる頂点からアクティブな各辺にフローを流します。（d）のようにアクティブ辺がなければフローを0とし、（e）のようにアクティブな辺があれば、流れてきた量と辺の容量のうち小さいほうの量をフローとして流します。これを（f）のようにsinkにたどり着くまで行い、ここから「逆辺」を実施します。Sinkにたどり着いた後は（g）sinkへの流入量を確定させ（頂点に「3」と記載し）、逆向きの矢印に容量と同じ数を記載するとともに、辺の容量からその数を減らします。この減らした数が辺の持つ「残りの容量」であり、再度、別の流入経路からフローを流す際に、それが可能かどうかを計算する重要な指針になります。この逆辺を（h）sourceにたどり着くまで逆順に実施し続けます。

以上の処理をsourceからの各辺に対して実施し、(i) これ以上フローが流せなくなったところで計算を終了します。

以上の処理から、**図5-8-1**の例の場合はsourceから「5」の容量の流出が起こせ、逆辺の数字を見ると上下それぞれで「3」と「2」のフローが流せていることがわかります。これが、このグラフネットワークにおける最大流であり、マッチング問題に応用する場合は、各アルバイト候補者からシフトへの辺の容量を「1」として、流すべきかそうでないか（0か1か）をDinicのアルゴリズムによって決めていくことになります。

図5-8-1 Dinicの流れ

（a）初期状態を設定する

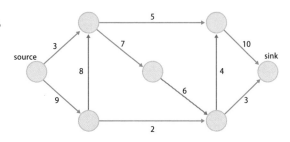

（b）sourceからフローを流す

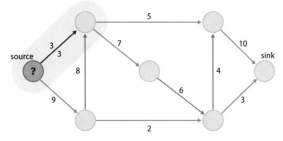

（c）現在の頂点から、次の頂点にフローを流す

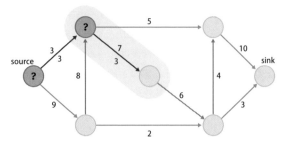

(d) アクティブな辺が
なければ、フロー
を0とする

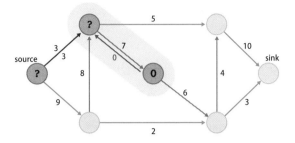

(e) アクティブな辺が
あれば、フローを
流し続ける

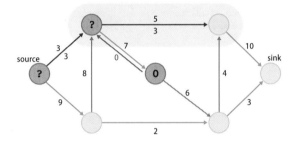

(f) sinkにたどり着く
までフローを流し
続ける

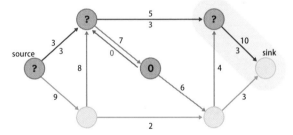

(g) sinkへの流入量を確
定させ、逆辺によっ
て容量を減らす

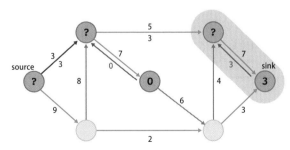

(h) sourceにたどり着く
　　まで逆辺を実施する

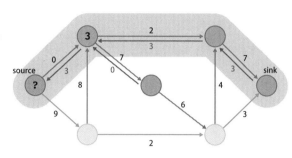

(i) すべての辺に対して
　　フローと逆辺を実施
　　し、これ以上フロー
　　が流せなくなったと
　　ころで終了

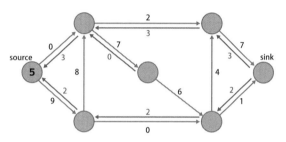

最後に、DFSのアルゴリズムをまとめておきます。

アルゴリズム：DFS (u, flow_in)：ノードuからsinkまで流せたフロー

❶ フローを確定させる
　ⓐ もしuがsinkならば、flow_in（流入量）がそのままフローとして確定
　　する
　ⓑ そうでなければ、uよりレベルが高い各ノードvについてDFS（v, (u
　　-> vの容量と残フローのmin)）を行い、それらの確定したフローの合
　　計とuに流れ込んできたフローの最小値が、uからsinkまでのフロー
　　として確定する
❷ 確定したフローの分だけ親ノードからuへの辺の容量を減らし、uから親
　ノードへ同容量の辺を張る

5-9では、最大流問題のソースコードを実行することによって、以上の流れ
を確認していきましょう。

5-9

最大流問題を解いてみよう

5-5〜5-8で日雇いアルバイトの候補者のシフトを決めるマッチング問題を、最大流問題として解く流れについて解説してきました。特に、最大流問題の解法の1つであるDinicのアルゴリズムを、その前半の幅優先探索（BFS）と後半の深さ優先探索（DFS）に分けて、それぞれ解説してきました。

本節では、実際に最大流問題の最適解を求めるソースコードを実行することによってその動作を確かめ、5-10ではそれをマッチング問題に応用します。

以下のソースコードではGraphクラスを作成し、その中でBFSやDFSを行う関数を定義します。

最大流問題を解くためのGraphクラスを定義する　　　　　　　Chapter5.ipynb

```python
from collections import deque
inf = float('inf')

class Graph:
    class __Edge:
        def __init__(self, capacity=1, **args):
            self.capacity = capacity


    def __init__(self, n=0):
        self.__N = n
        self.edges = [{} for _ in range(n)]


    # 辺を追加する関数
    def add_edge(self, u, v, **args):
        self.edges[u][v] = self.__Edge(**args)


    # BFS(幅優先探索)を行う関数
    def bfs(self, src=0):
        n = self.__N
        self.lv = lv = [None]*n
```

次ページへつづく

```python
24          lv[src] = 0
25          q = deque([src]) # BFSではqueueというデータ構造を使用する
   (Pythonではdequeue)
26          while q:
27              u = q.popleft()
28              for v, e in self.edges[u].items():
29                  if e.capacity == 0: continue # フローを流す
   ことができない(辺が存在しない)
30                  if lv[v] is not None: continue # すでにレベ
   ルが確定している
31                  lv[v] = lv[u] + 1
32                  q.append(v)
33
34      # DFS(深さ優先探索)を行う関数
35      def flow_to_sink(self, u, flow_in, sink):
36          if u == sink:
37              return flow_in
38          flow = 0
39          for v, e in self.edges[u].items():
40              if e.capacity == 0: continue
41              if self.lv[v] <= self.lv[u]: continue
42              f = self.flow_to_sink(v, min(flow_in,
   e.capacity), sink)
43              if not f: continue
44              self.edges[u][v].capacity -= f
45              if u in self.edges[v]:
46                  self.edges[v][u].capacity += f
47              else:
48                  self.add_edge(v, u, capacity=f)
49              flow_in -= f
50              flow += f
51          return flow
52
53
54      # 最大流が求まるまでBFSとDFSを繰り返し実行する
55      def dinic(self, src, sink, visualize=False):
56          flow = 0
57          while True:
58              if visualize:
59                  self.visualizer(self)
60              self.bfs(src)
61              if self.lv[sink] is None:
```

次ページへつづく

```
62          return flow
63      flow += self.flow_to_sink(src, inf, sink)
64
65  # 可視化するための関数をセット
66  def set_visualizer(self, visualizer):
67      self.visualizer = visualizer
```

　このクラスにおいて、bfsという関数が幅優先探索により頂点のレベルを探索する部分であり、flow_to_sinkという関数が深さ優先探索によりsourceからsinkへのフローを探索する部分となっています。dinicという関数からこれら2つの関数を繰り返し呼び出すことで、最大流を求めることができます。
　以下のソースコードを実行すると、このクラスを使って最大流問題を解くことができます。なお、頂点、辺とcapacityは、これまでの図の通りです。

最大流問題を解くアルゴリズム　　　　　　　　　　　　　　　　　　　□ Chapter5.ipynb

```
1   import networkx as nx
2   import matplotlib.pyplot as plt
3   plt.figure(figsize=(10,5))
4
5   # 辺の設定
6   edges = [
7       ((0, 2), 3),
8       ((0, 1), 9),
9       ((1, 2), 8),
10      ((2, 3), 7),
11      ((1, 4), 2),
12      ((2, 5), 5),
13      ((3, 4), 6),
14      ((4, 5), 4),
15      ((4, 6), 3),
16      ((5, 6), 10)
17  ]
18
19  # 頂点座標を設定
20  nodes = [
21      (0, 1),
22      (1, 0),
```

次ページへつづく

```
23      (1, 2),
24      (2, 1),
25      (3, 0),
26      (3, 2),
27      (4, 1),
28  ]
29
30  n = len(nodes)
31
32  # 可視化用のグラフ
33  graph = nx.DiGraph()
34
35  # グラフに頂点番号を追加
36  graph.add_nodes_from(range(n))
37
38  # 頂点座標の情報をグラフに追加しやすい形に整形
39  pos = dict(enumerate(nodes))
40
41  # 最初の状態を描画
42  plt.figure(figsize=(10, 5))
43
44  for (u, v), cap in edges:
45      graph.add_edge(u, v, capacity=cap)
46
47  labels = nx.get_edge_attributes(graph,'capacity')
48  nx.draw_networkx_edge_labels(graph,pos,edge_
    labels=labels, font_color='r', font_size=20)
49  nx.draw_networkx(graph, pos=pos, node_color='c')
50  plt.show()
51  graph.remove_edges_from([e[0] for e in edges])
```

図5-9-1 最大流問題を解くアルゴリズムを実行した結果

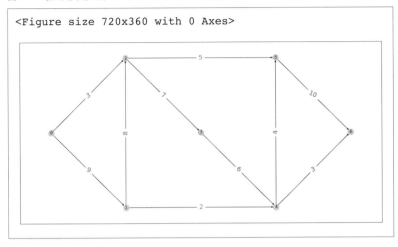

```
<Figure size 720x360 with 0 Axes>
```

　ソースコードを実行した結果、**図5-9-1**のように最大流は「12」となっていることがわかります。これは、sourceから上下の頂点へ「3」と「9」の容量いっぱいに流すことができていることから、最大流を計算できていそうだと推測されます。この結果の確からしさを確認するため、実際にsourceからsinkへどのようにフローが流れたのかを可視化してみましょう。

　最大流を求めるプロセスを可視化する次のソースコードを実行しましょう。

最大流を求めるプロセスを可視化する　　　　　　　　　　　　　Chapter5.ipynb

```
1   # 最大流を解くためグラフを生成
2   g = Graph(n)
3
4   for (u, v), cap in edges:
5       g.add_edge(u, v, capacity=cap) # 辺を追加
6
7
8   # 途中結果のフローの様子を描画する関数
9   def show_progress(g):
10      plt.figure(figsize=(20, 10))
11
12      for (u, v), cap in edges:
13          e = g.edges[u][v]
```

次ページへつづく

第二部 数理最適化編

```
14        if e.capacity >= cap:
15            continue
16        graph.add_edge(u, v, capacity=cap-e.capacity)
17
18    labels = nx.get_edge_attributes(graph,'capacity')
19    nx.draw_networkx_edge_labels(graph,pos,edge_
labels=labels, font_color='g', font_size=20)
20    nx.draw_networkx(graph, pos=pos, node_color='c')
21    plt.show()
22    graph.remove_edges_from([e[0] for e in edges])
23
24 # 可視化するための関数をセット
25 g.set_visualizer(show_progress)
26
27 print(f'最大流： {g.dinic(src=0, sink=6, visualize=True)}')
```

図5-9-2 最大流を求めるプロセスを可視化する

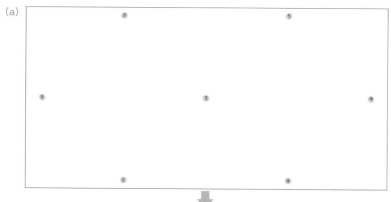

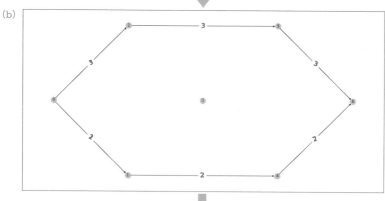

(c)

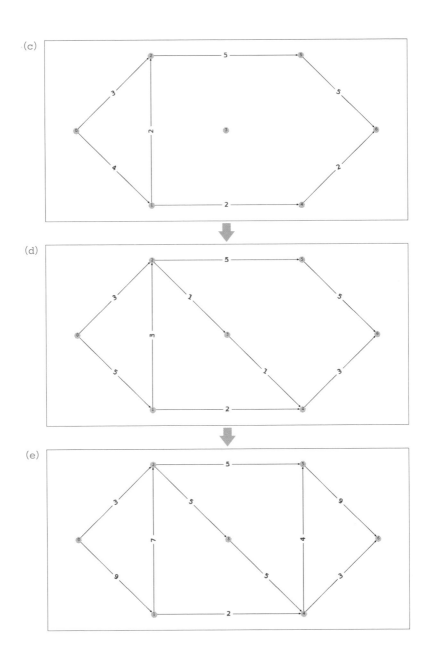

(d)

(e)

　最大流を求めるプロセスを可視化するソースコードを実行した結果に、（a）で示す頂点を結ぶ各辺に流れるフローを緑色の数値で表示していきます。

　（b）では **5-8** で解説した「5」というフローが見られ、（c）から（e）に処理が進んでいくに従って、最大流である「12」に近づいていく様子が確認されます。以上のソースコードにおける「辺の設定」の数値を変更していくことで、さまざまなグラフネットワークの最大流を求めることができます。

　次節では、いよいよ最大流問題をマッチング問題に応用したソースコードを実行し、アルバイト候補者のシフトを決定していきましょう。

最大流問題を応用して、マッチング問題を解いてみよう

5-6〜5-9で最大流問題を解く方法を解説するとともに、実際にソースコードを実行することで、その動作を確認してきました。本節では、いよいよ最大流問題をマッチング問題に応用するソースコードを実行して、その動作を確認し、アルバイトの候補者のシフトを決めるマッチングを行います。

ここまで解説してきた通り、今回のアルバイト候補者のシフトを決めるマッチングの問題は、二部グラフの最大流問題に帰着することができます。

図5-10-1 シフト希望表をグラフネットワークに表示した例

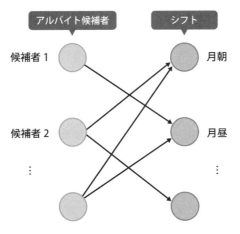

図5-10-1にあるような二部グラフに、sourceとsinkのノードを追加することによって最大流問題で扱ったグラフネットワークの形にし、最大流問題への帰着を考えます。sourceとsinkのノードを追加したネットワークを次ページの図5-10-2、さらに、辺の容量（capacity）をすべて「1」としたネットワークを図5-10-3に示します。

以上の形にすることで、アルバイト候補者のシフトを最大流問題を解くことによって求めることができます。

図5-10-2 二部グラフにsourceとsinkを追加した例

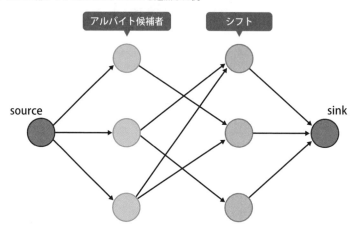

図5-10-3 辺の容量をすべて1としたネットワークの例

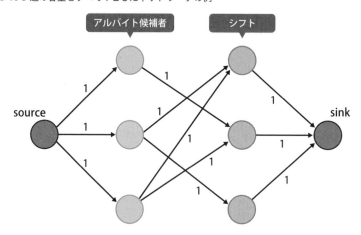

それでは、いよいよ次ページのソースコードを実行することによって、シフト希望表を読み込みましょう。

```
1  import numpy as np
2
3  import pandas as pd
4  def schedules_from_csv(path):
5      return pd.read_csv(path, index_col=0)
6
7  schedules = schedules_from_csv('schedule.csv')
8  n, m = schedules.shape
9  schedules
```

図5-10-4 シフトの読み込み

	月朝	月昼	月夜	火朝	火昼	火夜	水朝	水昼	水夜	木朝	木昼	木夜	金朝	金昼	金夜
候補者0	0	0	0	0	0	0	0	0	1	0	0	0	0	0	0
候補者1	0	1	0	0	0	0	0	0	1	0	0	0	0	0	0
候補者2	0	1	1	0	0	0	0	0	0	0	0	1	0	0	0
候補者3	1	0	0	1	0	0	0	0	1	0	1	0	0	0	0
候補者4	0	0	0	0	0	0	0	0	0	0	0	0	0	1	0
候補者5	1	0	0	0	0	1	0	0	0	0	0	0	0	0	1
候補者6	0	0	0	1	0	0	0	0	0	0	0	0	0	0	0
候補者7	0	1	0	0	1	0	0	0	0	0	1	1	0	0	0
候補者8	0	0	1	0	0	0	0	1	0	0	0	0	0	0	1
候補者9	0	0	1	0	0	0	0	0	0	0	0	0	0	0	0
候補者10	0	0	0	0	0	1	0	0	0	1	0	0	0	0	0
候補者11	0	0	0	0	0	0	1	0	0	0	0	0	0	0	0
候補者12	0	0	0	1	0	0	0	0	0	0	0	0	0	0	0
候補者13	0	0	0	1	1	0	0	0	0	0	0	0	0	0	0
候補者14	0	0	0	1	0	0	0	0	0	0	0	0	1	0	0

　続いて、次ページのソースコードを実行することによって、読み込んだシフト希望表をネットワークとして可視化しましょう。

第
二
部

数
理
最
適
化
編

| シフト希望表をネットワークとして可視化する | Chapter5.ipynb |

```python
import networkx as nx
import matplotlib.pyplot as plt

plt.figure(figsize=(20, 10))

# 可視化用のグラフ
graph = nx.DiGraph()

N = n + m + 2
graph.add_nodes_from(range(N))
# n個の頂点をグラフに追加
center = 10
vertices = [(center,9)] + [(center + (i-n//2), 6) for i
in range(n)] + [(center+ (i-m//2), 3) for i in range(m)]
+ [(center, 0)]


# 辺の作成
schedules = schedules.values
edges = np.argwhere(schedules)
edges += 1
edges[:,1] += n
edges1 = np.array([(0, i+1) for i in range(n)]).
reshape(-1, 2)
edges2 = np.array([(i+n+1, n+m+1) for i in range(m)]).
reshape(-1, 2)
edges = np.vstack([edges1, edges, edges2])

# 頂点座標の情報をグラフに追加しやすい形に整形
pos = dict(enumerate(vertices))

# 辺の追加
for u, v in edges:
    graph.add_edge(u, v, capacity=1)

# 描画
nx.draw_networkx(graph, pos=pos, node_color='c')
plt.show()
```

図5-10-5 ネットワークの可視化

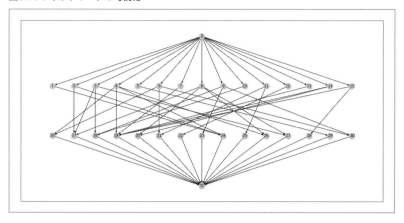

　さて、以上のようにして確認したシフト希望表に基づいて、最適なマッチングを行うソースコードを実行していきましょう。すでに最大流問題を解くGraphクラスは実装済みであるため、ここではGraphクラスのdinic関数のみを実行することによって、最大流問題を解くことができます。辺のcapacityはすべて1と考えます。以下のソースコードを実行してみましょう。

最大流問題を解くアルゴリズム　　　　　　　　　　　　　　　🗋 Chapter5.ipynb

```
1  g = Graph(N)
2
3  # 辺を追加
4  for u, v in edges:
5      g.add_edge(u, v, capacity=1)
6
7  print(f'最大流: {g.dinic(src=0, sink=N-1)}')
```

図5-10-6 最大流を求める

最大流: 14

　このソースコードを実行すると、まずは最大流を確認できます。
　この数値は、最大何人が希望のシフトに入れるのかを表しています。最終的なマッチング結果を可視化して確認しましょう。次ページのソースコードを実行してみましょう。

| マッチング結果のネットワークを可視化する | 📄 Chapter5.ipynb |

```python
import networkx as nx
import matplotlib.pyplot as plt

plt.figure(figsize=(20, 10))

# 可視化用のグラフ
graph = nx.DiGraph()

N = n + m + 2
graph.add_nodes_from(range(N))
center = 10

# 描画する座標を決める
vertices = [(center,9)] + [(center + (i-n//2), 6) for i
in range(n)] + [(center+ (i-m//2), 3) for i in range(m)]
+ [(center, 0)]

# 辺の作成
edges = np.argwhere(schedules)
edges += 1
edges[:,1] += n

# 頂点座標の情報をグラフに追加しやすい形に整形
pos = dict(enumerate(vertices))

# シフト表の初期化
shift_table = np.zeros(shape=(n, m), dtype=np.int8)

# 辺を追加
for u, v in edges:
    e = g.edges[u][v]
    if e.capacity == 1:# マッチングしていない辺は描画しない
        continue
    graph.add_edge(u, v, capacity=1)
    u -= 1 # 従業員のindexに変換
    v -= 1 + n # シフトのindexに変換
    shift_table[u, v] = 1

# 描画
nx.draw_networkx(graph, pos=pos, node_color='c')
plt.show()
```

図5-10-7 結果の可視化

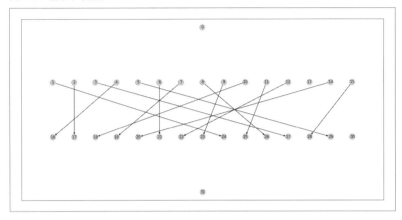

このソースコードを実行することにより、シフトの最適解が求まりました（図中のsourceとsinkは、最大流問題に帰着するために便宜上追加したものであり、実際には存在しません）。ここでは、アルバイト候補者全員の希望には添えず、なるべく多くの候補者のシフトをマッチングした結果、14人の希望に添うことができたという結果でした。

以上のように、マッチング問題の最適解を求めることができたことが確認されました。

最後に、以下のソースコードを実行することで、この結果のシフト表を確認してみましょう。

結果のシフト表を出力する　　　　　　　　　　　　　　　Chapter5.ipynb

```
1  # データフレームに変換
2  shift_table = pd.DataFrame(shift_table)
3
4  # カラムとインデックスを設定
5  idx = [f'候補者{i}' for i in range(n)]
6  col = [
7      f'{day}{time}'
8      for day in ['月', '火', '水', '木', '金']
9      for time in ['朝', '昼', '夜']
10 ]
11 shift_table.rename(index=dict(enumerate(idx)),
   columns=dict(enumerate(col)))
```

図5-10-8 結果のシフト表を出力

	月朝	月昼	月夜	火朝	火昼	火夜	水朝	水昼	水夜	木朝	木昼	木夜	金朝	金昼	金夜
候補者0	0	0	0	0	0	0	0	0	1	0	0	0	0	0	0
候補者1	0	1	0	0	0	0	0	0	0	0	0	0	0	0	0
候補者2	0	0	0	0	0	0	0	0	0	0	1	0	0	0	0
候補者3	1	0	0	0	0	0	0	0	0	0	0	0	0	0	0
候補者4	0	0	0	0	0	0	0	0	0	0	0	0	0	1	0
候補者5	0	0	0	0	0	1	0	0	0	0	0	0	0	0	0
候補者6	0	0	0	1	0	0	0	0	0	0	0	0	0	0	0
候補者7	0	0	0	0	0	0	0	0	0	0	1	0	0	0	0
候補者8	0	0	0	0	0	0	1	0	0	0	0	0	0	0	0
候補者9	0	0	1	0	0	0	0	0	0	0	0	0	0	0	0
候補者10	0	0	0	0	0	0	0	0	0	1	0	0	0	0	0
候補者11	0	0	0	0	0	0	1	0	0	0	0	0	0	0	0
候補者12	0	0	0	0	0	0	0	0	0	0	0	0	0	0	0
候補者13	0	0	0	0	1	0	0	0	0	0	0	0	0	0	0
候補者14	0	0	0	0	0	0	0	0	0	0	0	0	0	1	0

　上の表から、「候補者12」以外は全員希望のスケジュール通りにシフトに入れることがわかります。以上のようにして、組み合わせ最適化問題の1つであるマッチング問題を解くことができたことがわかります。

　組み合わせ最適化問題は、マッチング問題をはじめとして多くのパターンがあり、それぞれに特有の解き方がありますが、いくつかのパターンを理解することによって、さまざまな問題に応用することが可能です。
　マッチング問題以外の組み合わせ最適化問題のアルゴリズムについても、見識を深めていくとよいでしょう。

第三部

数値シミュレーション 編

　第一部、第二部を一通り学ぶことで、実際のビジネス現場におけるデータを分析し、その中で最適解を導き出す流れについて、イメージがつかめるようになったのではないでしょうか。データサイエンス・アナリティクスの現場では、難解な数学を使いこなすというよりも、むしろ基礎的な数学をその場その場で適切に使い分けることが、実際の問題解決につながります。

　ここからは、数値シミュレーションについて学ぶことで、現在のデータから将来の変化を予測する流れについての理解を深めます。ここで利用する数学は「微分方程式」と「数値計算」です。これらの数学を学ぼうと専門書を開いてみると、難解な数式が並んでいることに気づきます。

　しかし、そうした難解な数式の多くは、特殊な自然科学の法則を説明することを目的としたものも多く、ビジネスの現場に対してすぐに活用できる形になっていません。ここでは、第二部までで学んだ方法と同様に、数式の説明は最小限にとどめ、その裏側にある「考え方」について、図解とプログラミングを通して身につけていくことを目指します。

第6章

数値シミュレーションによって将来予測を行う方法

感染症の影響を予測してみよう

感染症の拡大など、現在の状況から一日後や二日後、そして、遠い将来を予測していくことを可能にするのが「数値シミュレーション」です。数値シミュレーションについて理解すると、感染症だけでなく、企業の商品の売れ行きや、口コミなどの噂の伝播など、企業活動にとって不可欠な近い将来を数値化でき、グラフなどを用いて可視化できるようになります。

本章では、数値シミュレーションを行ううえで最も重要な数学である「微分方程式」について、難しい数式を用いることなく、図解とプログラミングによって直感的な理解を行うことを目指します。まずは、感染症のモデルを動かしてみることからはじめ、数値シミュレーションへの理解を深めていきましょう。

感染症のシミュレーションを行うことになった背景

あなたは、お菓子の製造・販売を行うメーカーのデータサイエンティストとして、社内で必要なデータの分析を行いながら、売り上げや利益を高めるための施策を実現する提案を行っています。

ある日、あなたは上司から**「感染症の予測を行う SIR モデルというものが話題になっている。この考え方を応用して、商品の売り上げや、口コミの伝播の予測を行うような仕組みを考えられないだろうか」**という依頼を受けました。

そこで、あなたは感染症モデル（SIR モデル）について調査し、その背景にある数学的背景についてまとめることになりました。それらを行う方法について、検討していきましょう。

イメージで理解する感染症モデル

感染症の予測を行うための基本となるモデル（微分方程式）として、**SIRモデル**というものがよく知られています。これは、全人口、すなわち感受性保持者（Susceptible）、感染者（Infected）、免疫保持者（Recovered、あるいは隔離者；Removed）それぞれの頭文字であるS・I・Rによって命名されたものです。SIRモデルを直感的に理解するために、まず、それを計算するソースコードを実行して、グラフを描画してみましょう。

図6-1-1 SIRモデルによって描画されるグラフ

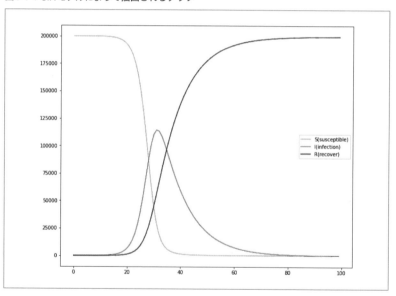

描画されたグラフは、全人口が2,000人だった村があったとして、その村で感染者が広がり、徐々に回復（あるいは隔離）される様子を示しています。縦軸は個体数（人口）を表し、横軸は日数を表します。全人口（Susceptible）が徐々に感染者（Infection）になり、やがて回復・隔離（Recover）になる様子は、次ページの図のように表現されます。

図6-1-2 SIRモデルによって人口全体 (S) が感染者 (I)、回復・隔離者 (R) に移行する様子

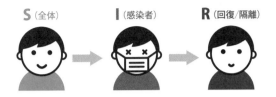

　こうした数値シミュレーションは、どのようにすれば実現できるでしょうか。数値シミュレーションを実際に行っている微分方程式のソースコードの構造を見てみましょう。

微分方程式のソースコードの構造　　　　　　　　　　🗋 Chapter6.ipynb

```
1   %matplotlib inline
2   import numpy as np
3   import matplotlib.pyplot as plt
4
5   # パラメータ設定 ························································  パラメータ設定
6   dt = 1.0
7   beta=0.000003
8   gamma=0.1
9   S=200000
10  I=2
11  R=0
12  alpha=I/(S+I+R)
13  num = 100
14
15  # 初期化(初期値設定) ···············································  初期化 (初期値設定)
16  inf = np.zeros(num)
17  sus = np.zeros(num)
18  rec = np.zeros(num)
19  inf[0] = I
20  sus[0] = S
21  rec[0] = R
22
23  # 時間発展方程式 ·····················································  時間発展方程式
24  for t in range(1,num):
25      # 時刻t-1からtへの変化分の計算 ·············  時刻t-1からtへの変化分の計算
26      S = sus[t-1]
```

次ページへつづく

```
27    I = inf[t-1]
28    R = rec[t-1]
29    alpha=I/(S+I+R)
30    delta_R=I*gamma
31    delta_S=-beta*S*I
32    if delta_S>0:
33        delta_S=0
34    delta_I = -delta_S-delta_R
35    # 時刻tでの値の計算
36    I = I + delta_I*dt
37    R = R + delta_R*dt
38    S = S + delta_S*dt
39    if S<0:
40        S=0
41    sus[t] = S
42    inf[t] = I
43    rec[t] = R
44
45    # グラフ描画
46    plt.figure(figsize=(16,6))
47    plt.subplot(1,2,1)
48    plt.plot(sus,label="S(susceptible)",color="orange")
49    plt.plot(inf,label="I(infection)",color="blue")
50    plt.plot(rec,label="R(recover)",color="green")
51    plt.legend()
52    plt.subplot(1,2,2)
53    plt.plot(inf,label="I(infection)",color="blue")
54    plt.legend()
```

（35行目の右）時刻tでの値の計算

（45行目の右）グラフ描画

　微分方程式のソースコードは、上記のような4つのブロックによって成り立っています。第一段階としてパラメータの設定、第二段階として初期化（初期値設定）、第三段階として時間発展方程式、第四段階としてグラフの描画があります。

　この構造の意味を直感的に理解するためには、微分方程式を「ドミノ倒しのようなもの」と考えるとわかりやすいでしょう。

図6-1-3 ドミノ倒しとしての微分方程式のイメージ

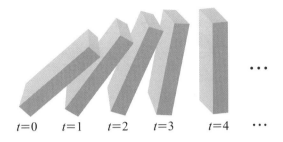

$t=0$　　$t=1$　　$t=2$　　$t=3$　　$t=4$　　…

　まず、計算を行う最初の時刻、すなわち時刻 $t=0$ のときの値が決まっていたと仮定します。ここでは、S・I・Rそれぞれの最初の値が決まっていたと仮定します。初期値がわかり、どのように変化するかがわかれば、時刻 $t=0$ の値から $t=1$ の値、そして $t=2$ 以降の値も順次決まっていきます。

　次の時刻を決めるための法則を記述するのが、時間発展方程式です。そして、時間発展方程式の中に含まれるパラメータを前もって設定すれば、$t=1,2,3,4,\cdots$ と、将来の値を次々に決めていくことができます。

　つまり、初期値を時間発展方程式に従って for ループで更新していけば、時刻 t の状態が予測できることになります。

　まとめると、微分方程式のソースコードは、まずドミノ倒しのパラメータを最初に設定し、時刻 $t=0$ での値（すなわち初期値）を決めて、時間発展方程式によって $t=1,2,3,4,\cdots$ の値を順次決めていく、という構造によって成り立っています。

　最後に、このようにして決定していった値の様子をグラフによって描画することで、将来の値が変化していく様子を見てとることができるのです。

　SIRにおいて、時間発展方程式がどのような法則によって計算されたのかを **図6-1-4** に簡単に記すので、実際のソースコードと照らし合わせて、その法則がソースコードとして実現されているということを確認してみてください。

図6-1-4 SIRモデルにおける時間発展の法則

 R（免疫保持者/隔離者）の増分 …… **I**（感染者）× **γ**（定数）

「感染者のうち一定数が **R**（免疫保持者/隔離者）になる」として計算できる

 I（感染者）の増分 …… **S**（全体）の減分　**R**（回復/隔離）の増分

「**I**（感染者）は、**S**（全体）から減った分だけ増え、うち **R** に変化した分だけ減る」として計算できる

 S（全体）の増分 …… **S**（全体）× **I**（感染者）× **β**（定数）

「**S**（全体）のうち **I**（感染者）に変化するものがどれくらいか」は、**S**（全体）が多ければ多いほど、また **I**（感染者）が多ければ多いほど、それらに比例して増えるので、**S**（全体）×**I**（感染者）×**β**（定数）として計算できる

　さて、SIRモデルは現在世界中を騒がせている感染症のメカニズムを理解するうえでは重要なものではありますが、これを元に微分方程式、そして数値シミュレーションを使いこなすまでに至るには、やや複雑です。

　ここからは、微分方程式の最も単純なものである「ねずみ算」から理解を深め、徐々にモデルを複雑にしていくことで微分方程式の全体像をつかみ、微分方程式、そして数値シミュレーションを使いこなす方法について深めていきましょう。

6-2

感染症モデルを理解するための
ねずみ算

さて、ここからは、最も単純な微分方程式の１つである「ねずみ算」について理解を深めていきましょう。ねずみ算とは文字通り、２匹が４匹に、４匹が８匹にと次々に個体数が増えていく微分方程式のモデルであり、何の制限もない状態で噂が広まっていく様子や、だれもが商品に飢えている状態で新商品が発売されたときの口コミの広がりの様子などを表現する際に用いられます。

図6-2-1 ねずみ算によって計算されるねずみの増加の様子

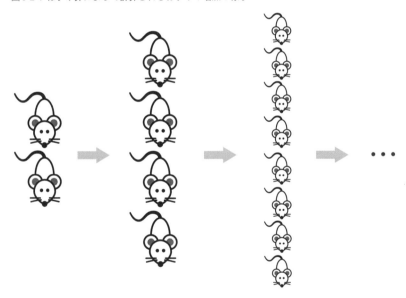

それでは次ページのソースコードを実行して、ねずみ算を微分方程式のプログラムによって計算する方法について理解を深めていきましょう。

ねずみ算を実行するソースコード　　　　　　　　　　　　📄 Chapter6.ipynb

```python
1   %matplotlib inline
2   import numpy as np
3   import matplotlib.pyplot as plt
4
5   # パラメータ設定
6   dt = 1.0
7   a = 1.0
8   num = 10
9
10  # 初期化(初期値設定)
11  n = np.zeros(num)
12  n[0] = 2.0
13
14  # 時間発展方程式
15  for t in range(1,num):
16      delta = a*n[t-1]
17      n[t] = delta*dt + n[t-1]
18
19  # グラフ描画
20  plt.plot(n)
21  plt.show()
```

　このソースコードを実行すると、まさに初期値の2匹が4匹に、4匹が8匹にと、倍々にねずみの個体数が増えていく様子が描かれていることがわかります。また、ソースコードを見るとSIRモデルと同様に、第一段階としてパラメータの設定、第二段階として初期化 (初期値設定)、第三段階として時間発展方程式、第四段階としてグラフの描画という、微分方程式のソースコードとしての基本構造を備えていることがわかります。

図6-2-2 ねずみ算によって描画されるグラフ

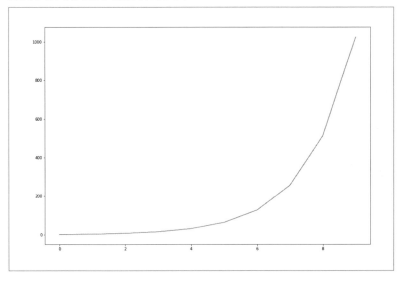

　このように線グラフによって描画するだけでも、個体数の分析という意味では十分役に立つのですが、せっかく「数値シミュレーション」を行うのであれば、その「見せ方」にも一工夫したいところです。効果的なデモンストレーションを行うことができれば、実際に行った分析結果に対し、上司や顧客など分析結果を見る人の興味をより引きつけることができます。

　効果的な見せ方については、「データビジュアライゼーション」などという分野で盛んに研究されていますが、ここでは数値シミュレーションの結果を効果的に見せる方法として、アニメーションについて紹介します。
　次ページのソースコードを実行してみましょう。

ねずみ算のアニメーションを実行する　　　　　　　　🗂 Chapter6.ipynb

```python
import numpy as np
import matplotlib.pyplot as plt
from matplotlib import animation, rc
from IPython.display import HTML

# パラメータ設定
dt = 1.0
a = 1.0
num = 10
x_size = 8.0
y_size = 6.0

# 初期化(初期値設定)
n = np.zeros(num)
n[0] = 2
list_plot = []

# 時間発展方程式
fig = plt.figure()

for t in range(1,num):
    delta = a*n[t-1]
    n[t] = delta*dt + n[t-1]
    x_n = np.random.rand(int(n[t]))*x_size
    y_n = np.random.rand(int(n[t]))*y_size
    img = plt.scatter(x_n,y_n,color="black")
    list_plot.append([img])

# グラフ(アニメーション)描画
plt.grid()
anim = animation.ArtistAnimation(fig, list_plot,
interval=200, repeat_delay=1000)
rc('animation', html='jshtml')
plt.close()
anim
```

　画面の中でねずみの個体がねずみ算によって増えていく様子がアニメーショ
ンによって描画されていることがわかります(紙面ではわかりにくいので、
ソースコードを実行して確認してみてください)。

図6-2-3 ねずみ算の個体数が変化していく様子

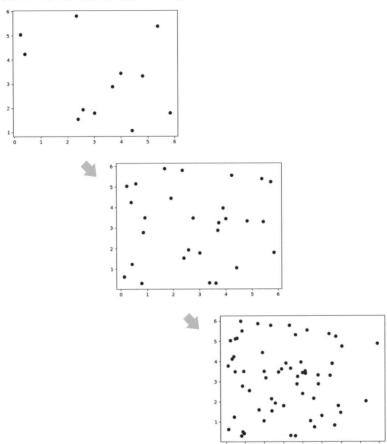

　以上のねずみ算は単純ではありますが、その計算結果をグラフにして、アニメーションにしていくという一連の流れ、つまり数値シミュレーションの基礎的な流れはすべて含まれています。

　ここからは、ねずみ算のソースコードの中身を細かく見ていきながら、パラメータを変化させていくことによって、実際の問題に適用する方法について理解を深めていきます。

ねずみ算のパラメータを変化させ、直感的な理解をしてみよう

ここからは、**6-2**で紹介したねずみ算の微分方程式のソースコードにおけるパラメータについて解説していきます。パラメータのチューニングを自在に行えるようになれば、実際のデータを参照しながら現実に近い予測を行うことができるようになります。

それでは、**6-2**のソースコードの詳細を確認してみましょう。

ねずみ算を実行するソースコードの解説	Chapter6.ipynb

```
1   %matplotlib inline
2   import numpy as np
3   import matplotlib.pyplot as plt
4
5   # パラメータ設定
6   dt = 1.0
7   a = 1.2                                        時間発展方程式を成立させるパラメータ
8   capacity = 100
9   num = 20
10
11  # 初期化(初期値設定)
12  n = np.zeros(num)
13  n[0] = 2
14
15  # 時間発展方程式                                  時間発展方程式の中核
16  for t in range(1,num):
17      delta = int(a*n[t-1]*(1-n[t-1]/capacity))
18      n[t] = delta*dt + n[t-1]
19  plt.plot(n)
20  plt.show()
```

まず、何よりも重要なところは、時間発展方程式の中核を担う式です。

$$n[t] = delta \times dt + n[t-1]$$

さきほどの時間発展方程式はドミノ倒しのようなものであるとの説明を思い出していただくと、そのドミノ倒しの法則がこの式に込められています。

$n[t]$ は時刻 t でのねずみの個体数を表し、$n[t-1]$ は時刻 $t-1$ での個体数を表します。これは、時刻 $t-1$ から t へ変化する際、$delta \times dt$ だけ個体数が増加するということを意味します。

ここでは、時刻 $t-1$ から t までの時刻差は 1 なので、パラメータ設定では dt = 1.0 と記載しています。このパラメータについては変化させないようにしましょう。

一方、時刻 $t-1$ から t へ変化する際、現在のねずみの個体数に対してどれだけ個体数が増加するか、つまり、ねずみ 1 匹あたり平均すると何匹の子を産むかということを決めるパラメータが a で定められます。

現在 a = 1.0 としているので、1 匹あたり平均 1 匹の子を産む、つまり個体数に対して倍々に増えていくということになります。

この増加の様子を図にすると、**図6-3-1** のようになります。

図6-3-1 ねずみ算による個体数の増加のイメージ

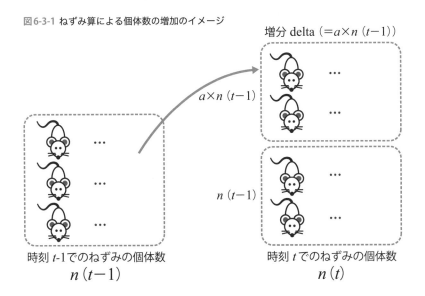

増分 delta（＝$a \times n\,(t-1)$）

$a \times n\,(t-1)$

$n\,(t-1)$

時刻 t-1 でのねずみの個体数
$n\,(t-1)$

時刻 t でのねずみの個体数
$n\,(t)$

いま、tの単位を「1ヶ月」と仮定しましょう。ねずみが子を宿すスピードは（種類にもよりますが）1ペア（2匹）あたり12匹と言われています。

1匹平均6匹の子を宿すということなのでaの値を6とし、1年間でどれくらい増えるかを計算してみましょう。一年間、つまり12ヶ月分を計算するためには、$num = 12$とします。

図6-3-2 $a = 6$とした場合のねずみ算によって描画されるグラフ

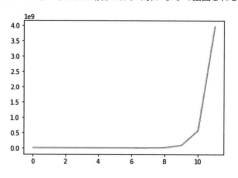

この結果、3,954,653,486匹、約40億匹近い個体数にまで増加してしまうことがわかりました。このように、実際のねずみの個体数の増加に当てはめるにはaというパラメータを6.0にすればよいなど、パラメータを変化させることによって、時間発展の様子を実際に近い挙動に近づけていくことができるようになります。

今回の計算結果に話を戻しましょう。実際のところ、40億匹近い個体数などという数にまで増加してしまうということは現実的ではありません。栄養が足りない、住む場所が足りないなど、これだけの個体数を養うのに十分な環境がなく、どこかで「頭打ち」を迎えてしまいます。

ねずみ算だけでは、この「頭打ち」という現象について説明することができず、実際SIRモデルのR（免疫保持者）のグラフも無限に増えていくわけではなく頭打ちを迎え、予測としても不正確になってしまいます。そこで、「ロジスティック方程式」と呼ばれる微分方程式が考案されました。

ここからは、ロジスティック方程式によって、より詳細に個体数の増加についての理解を深めていきましょう。

実際の生物や社会の現象を説明するロジスティック方程式

　ねずみ算は個体数が倍々に増えていく微分方程式のモデルで、何の制約もない状態で噂が広まっていく様子や、だれもが商品に飢えている状態で新商品が発売されたときの口コミの広がりの様子などを表現する際に用いられる重要なものですが、実際のところは栄養や住む場所が不足するなどし、ある程度の個体数で「頭打ち」が起こります。

　それを考慮した微分方程式が、「**ロジスティック方程式**」です。

　まず、以下のソースコードを実行してみましょう。

ロジスティック方程式を実行する　　　　　　　　　　　　Chapter6.ipynb

```python
%matplotlib inline
import numpy as np
import matplotlib.pyplot as plt

# パラメータ設定
dt = 1.0
a = 1.2
capacity = 100
num = 20

# 初期化 (初期値設定)
n = np.zeros(num)
n[0] = 2

# 時間発展方程式
for t in range(1,num):
    delta = int(a*n[t-1]*(1-n[t-1]/capacity))
    n[t] = delta*dt + n[t-1]
plt.plot(n)
plt.show()
```

図6-4-1 ロジスティック方程式によって描画されるグラフ

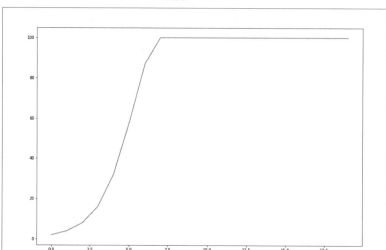

　図6-4-1に表示されるように、ロジスティック方程式は環境の許容量を超えると「頭打ち」します。この性質は、時間発展方程式の以下の式によって表現され、計算されます。

$$delta = int(a{*}n[t-1]{*}(1-n[t-1]/capacity))$$

　時刻$t-1$からtまでの個体数の増分$delta$は、この式の中の$-n[t-1]/capacity$という部分がなければ、ねずみ算の式と同じものになります。しかし$-n[t-1]/capacity$があることによって、次のようなことが起こります。
　まず、$n[t-1]$の大きさが$capacity$の値に近づけば近づくほど、$n[t-1]/capacity$の値は1に近づき、その結果として$(1-n[t-1]/capacity)$の値は0に近づきます。すると、$delta$の値は0に近くなり、個体数はほとんど増加しなくなります。

　この様子を、次ページのソースコードを実行して、アニメーションで確認してみましょう。

ロジスティック方程式のアニメーションを実行する　　　🗋 Chapter6.ipynb

```python
import numpy as np
import matplotlib.pyplot as plt
from matplotlib import animation, rc
from IPython.display import HTML

# パラメータ設定
dt = 1.0
a = 1.2
capacity = 100
num = 20
x_size = 8.0
y_size = 6.0

# 初期化(初期値設定)
n = np.zeros(num)
n[0] = 2
list_plot = []

# 時間発展方程式
fig = plt.figure()
for t in range(1,num):
    delta = int(a*n[t-1]*(1-n[t-1]/capacity))
    n[t] = delta*dt + n[t-1]
    x_n = np.random.rand(int(n[t]))*x_size
    y_n = np.random.rand(int(n[t]))*y_size
    img = plt.scatter(x_n,y_n,color="black")
    list_plot.append([img])

# グラフ(アニメーション)描画
plt.grid()
anim = animation.ArtistAnimation(fig, list_plot,
interval=200, repeat_delay=1000)
rc('animation', html='jshtml')
plt.close()
anim
```

265

図6-4-2 ロジスティック方程式の個体数が頭打ちする様子

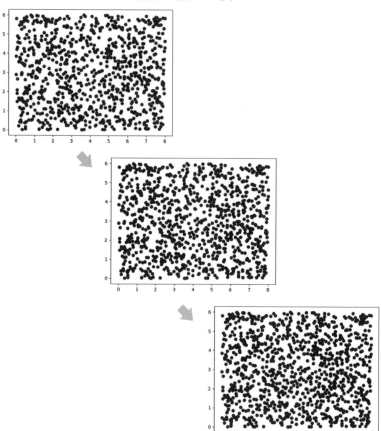

　図6-4-2からわかるように、一度頭打ちすると個体数は変化せず、個体の位置だけが（ランダムに表示するようにプログラムされているので）ランダムに変化します。

　さて、ロジスティック方程式のパラメータを変化させていくことによって、本微分方程式への理解をより深めていきましょう。

ロジスティック方程式の
パラメータを変化させ、
直感的な理解をしてみよう

ロジスティック方程式の時間発展の法則をもう一度見直してみましょう。

$$delta = int(a*n[t-1]*(1-n[t-1]/capacity))$$

ここで、操作可能なパラメータは2つあります。ねずみ算と同様に増分を表すaと、環境の許容量を表す$capacity$です。この2つの値をソースコードの「パラメータ設定」の部分で変化させることによって、値を自在に変えられるだけでなく、実際の多くの事例に当てはめていくことができます。

たとえば、やや乱暴ではありますが、クルーズ船ダイヤモンド・プリンセス号における新型コロナウイルス感染者数の増加の様子をロジスティック方程式によって表現してみましょう。

本件では、約3,000名の乗客のうち、新型コロナウイルスに感染した患者数は累計で約700名でした（厚生労働省の報告より）[1]。これを再現するには、$capacity$の値を700に、aの値を1.1とします。これらのパラメータに設定しなおし、6-4のソースコードを再び実行してみると、次ページのようなグラフを描くことができます。

＊1：新型コロナウイルス感染症の現在の状況と厚生労働省の対応について（令和2年3月23日版）
https://www.mhlw.go.jp/stf/newpage_10385.html

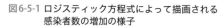

図6-5-1 ロジスティック方程式によって描画される
　　　　感染者数の増加の様子

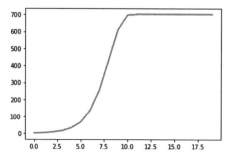

　これによって、約11日間で感染者数が頭打ちするという現実に近い様子が描かれることがわかります。もちろん、実際の感染者数の広がりの様子は「ねずみ算」と「頭打ち」だけで表現できるほど単純ではなく、専門家が利用する微分方程式ははるかに複雑なものですが、大まかな性質によって現象を説明するためには、「ねずみ算」と「頭打ち」という2つの性質によるロジスティック方程式は、十分に有効なモデルであるといえます。

6-6

生物間や競合他社との競争を説明するロトカボルテラ方程式（競争系）

　さて、だれもが免疫を持たない感染症の広がりの様子のような特殊な状況であればいざ知らず、実際の「ねずみ算」は環境の許容量による「頭打ち」以上に複雑です。ここからは、ねずみにとって同じ棲家や食料を奪い合う生物との「競争」について考えていきましょう。「競争」という要素を微分方程式に取り入れることで、同じ商品を扱う競合他社との企業間の競争にも応用できます。

　まずは、以下のソースコードを実行してみましょう。

ロトカボルテラ方程式（競争系）を実行する	Chapter6.ipynb

```
1   %matplotlib inline
2   import numpy as np
3   import matplotlib.pyplot as plt
4
5   # パラメータ設定
6   dt = 1.0
7   r1 = 1
8   K1 = 110
9   a = 0.1
10  r2 = 1
11  K2 = 80
12  b = 1.1
13  num = 10
14
15  # 初期化（初期値設定）
16  n1 = np.zeros(num)
17  n2 = np.zeros(num)
18  n1[0] = 2
19  n2[0] = 2
20
21  # 時間発展方程式
22  for t in range(1,num):
```

次ページへつづく

```
23   delta_n1 = int(r1*n1[t-1]*(1-(n1[t-1]+a*n2[t-1])/K1))
24   n1[t] = delta_n1*dt + n1[t-1]
25   delta_n2 = int(r2*n2[t-1]*(1-(n2[t-1]+b*n1[t-1])/K2))
26   n2[t] = delta_n2*dt + n2[t-1]
27
28   plt.plot(n1,label='n1')
29   plt.plot(n2,label='n2')
30   plt.legend()
31   plt.show()
```

図6-6-1 ロトカボルテラ方程式（競争系）によって描画されるグラフ

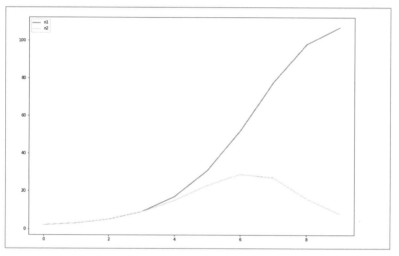

このグラフを見るとわかるように、生物種１の個体数 $n1$ と、生物種２の個体数 $n2$ がお互いに競合し合い、結果として生物種２の個体数 $n2$ が競争に負けて急激に現象していく様子が表現されています。この様子をアニメーションによって確認するため、以下のソースコードを実行してみましょう。

ロトカボルテラ方程式（競争系）のアニメーションを実行する　　　　　📄 Chapter6.ipynb

```
1   import numpy as np
2   import matplotlib.pyplot as plt
3   from matplotlib import animation, rc
4   from IPython.display import HTML
5
```

次ページへつづく

```
6   # パラメータ設定
7   dt = 1.0
8   r1 = 1
9   K1 = 110
10  a = 0.1
11  r2 = 1
12  K2 = 80
13  b = 1.1
14  num = 10
15  x_size = 8.0
16  y_size = 6.0
17
18  # 初期化（初期値設定）
19  n1 = np.zeros(num)
20  n2 = np.zeros(num)
21  n1[0] = 2
22  n2[0] = 2
23  list_plot = []
24
25  # 時間発展方程式
26  fig = plt.figure()
27  for t in range(1,num):
28      delta_n1 = int(r1*n1[t-1]*(1-(n1[t-1]+a*n2[t-1])/K1))
29      n1[t] = delta_n1*dt + n1[t-1]
30      delta_n2 = int(r2*n2[t-1]*(1-(n2[t-1]+b*n1[t-1])/K2))
31      n2[t] = delta_n2*dt + n2[t-1]
32      x_n1 = np.random.rand(int(n1[t]))*x_size
33      y_n1 = np.random.rand(int(n1[t]))*y_size
34      img = [plt.scatter(x_n1,y_n1,color="blue")]
35      x_n2 = np.random.rand(int(n2[t]))*x_size
36      y_n2 = np.random.rand(int(n2[t]))*y_size
37      img += [plt.scatter(x_n2,y_n2,color="red")]
38      list_plot.append(img)
39
40  # グラフ（アニメーション）描画
41  plt.grid()
42  anim = animation.ArtistAnimation(fig, list_plot,
    interval=200, repeat_delay=1000)
43  rc('animation', html='jshtml')
44  plt.close()
45  anim
```

図6-6-2 ロジスティック方程式の生物種1（青色）と2（赤色）による競争の様子

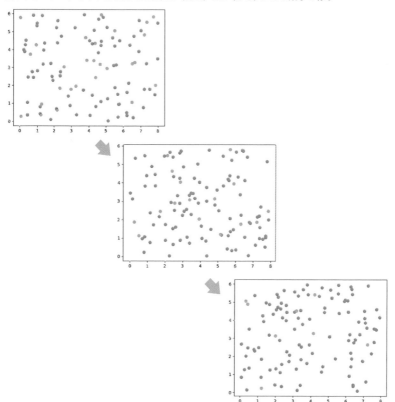

　このように、生物種2（画面上の赤色）が競争に敗れ、結果として個体種が減少していく一方、生物種1（画面上の青色）が個体数を増やしていく様子がアニメーションによっても確認できます。

　ロトカボルテラ方程式（競争系）という名称は、その発案者であるアメリカの数学者アルフレッド・ロトカと、イタリアの数学者ヴィト・ヴォルテラ（ボルテラ）の名の連名であり、6-8で紹介する捕食系のロトカボルテラ方程式もまた、彼らによって考案されたものです。ロトカボルテラ方程式（競争系）は、二種の生物種の競争関係を表す微分方程式であることから自由度が高い、つまり操作できるパラメータの数が多く、より現実に近い表現が可能になります。

　ここからは、パラメータ間の関係について理解を深めていきましょう。

6-7

ロトカボルテラ方程式（競争系）のパラメータを変化させ、直感的な理解をしてみよう

ロトカボルテラ方程式（競争系）についての理解を深めるために、時間発展の法則をもう一度見直してみましょう。

$$delta\_n1 = int(r1^*n1[t-1]^*(1-(n1[t-1]+a^*n2[t-1])/K1))$$

$$delta\_n2 = int(r2^*n2[t-1]^*(1-(n2[t-1]+b^*n1[t-1])/K2))$$

さて、これらの時間発展方程式において、$delta\_n1$ は $n1$ の増分を、$delta\_n2$ は $n2$ の増分をそれぞれ表します。

まず、$delta\_n1$ について見ていきましょう。重要なパラメータは、$r1$、a、$K1$ の3つであり、$-(n1[t-1]+a^*n2[t-1])/K1)$ という部分がなければ「ねずみ算」と同じになり、$+a^*n2[t-1]$ という部分がなければロジスティック方程式と同じになります。

$r1$ はねずみ算と同じ増分を、$K1$ は環境による個体数 $n1$ の許容量を表します。つまり、ロトカボルテラ方程式の特徴は、$+a^*n2[t-1]$ という部分によって表現されているといえます。

個体数 $n2$ が増えれば増えるほど、個体数 $n1$ の許容量 $K1$ は圧迫され、結果として個体数 $n1$ は増えにくくなります。そして、その圧迫度合いを表すパラメータが a ということになります。

6-6 のソースコードでは、a の値は0.1 としていました。この値を少しずつ増やしていくことで、どこまで増やせば個体数 $n2$ が $n1$ に比べて競争優位性を持つか、すなわち、$n2$ が $n1$ に勝ることができるかを調べてみましょう。

図6-7-1 $a = 2.1$としたときのロトカボルテラ方程式
　　　（競争系）によって描画されるグラフ

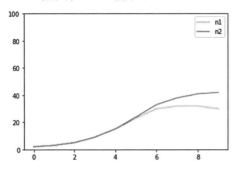

結論としては、aの値が1.9を超えると$n2$が$n1$に比べて優位になります。**図6-7-1**には、$a = 2.1$としたときの$n1$と$n2$の様子をグラフに描画しています。これは、*delta_n2*の式における圧迫度合い$b = 1.1$に比較して大きな値になっています。それは、許容度$K1 = 110$に対して許容度$K2 = 80$と小さく、より大きな許容度を持つ$K1$を占有するには、より大きな値の圧迫度合いが必要であるという理由から、結果としてaの値を大きくしないと$n2$が競争優位に立てないのです。

　さて、競争系の微分方程式において重要なパラメータはこれらだけではありません。単一種の増減のみを扱っていた**6-5**までには問題にならなかった「初期値」もまた、大きな影響を与えるものです。

　aの値を0.1に戻して、今度は$n2$の初期値を10に設定してみましょう。

　$n2[0] = 2$となっている初期値を$n2[0] = 10$と設定すると、以下のようなグラフが描画されます。

図6-7-2 $n2[0] = 10$としたときのロトカボルテラ方程式
　　　（競争系）によって描画されるグラフ

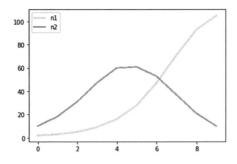

第三部　数値シミュレーション編

　この場合も、やはり圧迫度合いbと許容量$K1$、大きな値を持つ個体数$n1$が結果として競争優位に立ちますが、前半は$n2$が優位性を保っていることがわかります。この関係は、企業間の競争においても頻繁に見られます。

　初期値が大きい、つまり良いスタートダッシュを切れた企業の商品は、最初は大きなシェアを奪うことに成功しますが、徐々に競争優位性を持つ企業の商品にシェアを奪われていき、最後は商品がほとんど売れなくなってしまう、というものです。

　逆に考えると、「商品数$n1$は前半のうちはあまり売れ行きがよくないことから、ここで自らの競争優位性に気づくことができなければ早期撤退をしてしまい、結果として後半のシェアを奪うという未来が実現できないこともある」ということを、このグラフは教えています。

　ロトカボルテラ方程式（競争系）の性質をよく理解することは、そうした企業戦略においても有効に働く場合があるのです。

他生物種や他社との共生関係を説明するロトカボルテラ方程式（捕食系）

　生物間の競争関係は、食糧や棲家を奪い合う関係だけではありません。より根本的な関係であり、「食物連鎖」ともいわれる「捕食」と「被食」の関係について説明する微分方程式がロトカボルテラ方程式（捕食系）といわれるものです。

　「捕食」と「被食」という言葉は、あくまで自然界の中でのものではありますが、企業間の関係など社会においても広く見られる関係です。

　まずは、以下のソースコードを実行してみましょう。

ロトカボルテラ方程式（捕食系）を実行する	🗐 Chapter6.ipynb

```
1   %matplotlib inline
2   import numpy as np
3   import matplotlib.pyplot as plt
4
5   # パラメータ設定
6   dt = 0.01
7   alpha = 0.2
8   beta = 0.4
9   gamma = 0.3
10  delta = 0.3
11  num = 10000
12
13  # 初期化(初期値設定)
14  n1 = np.zeros(num)
15  n2 = np.zeros(num)
16  t = np.zeros(num)
17  n1[0] = 0.3
18  n2[0] = 0.7
19
```

次ページへつづく

```
20    # 時間発展方程式
21    for i in range(1,num):
22        t[i] = i*dt
23        delta_n1 = n1[i-1]*(alpha-beta*n2[i-1])
24        delta_n2 = -n2[i-1]*(gamma-delta*n1[i-1])
25        n1[i] = delta_n1*dt + n1[i-1]
26        n2[i] = delta_n2*dt + n2[i-1]
27
28    plt.plot(n1,label='n1')
29    plt.plot(n2,label='n2')
30    plt.legend()
31    plt.show()
```

図6-8-1 ロトカボルテラ方程式（捕食系）によって描画されるグラフ

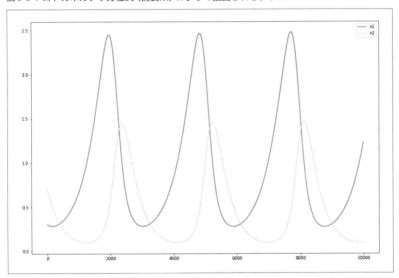

　被食者の個体数 $n1$ と捕食者の個体数 $n2$ は、**図6-8-1**のようにリズミカルな繰り返し波形を描きます。こうした捕食者と被食者との関係は、「ライオン」と「シマウマ」の関係としてたとえられます。

　シマウマは、捕食者であるライオンがいなければ、のびのびと個体数を増やすことができます。そして、シマウマが個体数を増やすことで、それを捕食するライオンが少し遅れて個体数を増やします。すると、捕食者が増えたことによりシマウマは個体数を減らします。これにより、少し遅れてライオンもまた

個体数を減らし、その結果として捕食者のいなくなったシマウマは、（最初のように）のびのびと個体数を増やすことができます。

　こうした自然界のリズミカルな関係を生み出すことができるのが、捕食と被食の関係であり、この関係があるからこそお互いに増えすぎず、結果として安定した関係が築けることから、捕食と被食の関係は「共生関係」の1つとされます。捕食と被食の関係は少ない時間間隔で見ると不安定ですが、長期的にはリズミカルに同様の活動を繰り返すことから、動的な安定状態であるとし、「動的平衡」などと呼ばれます。

　さて、こうした関係は、企業の活動においても広く見られます。たとえば、企業の採用活動を考えてみましょう。新卒などの求職者の数を $n1$ とし、企業活動の規模を $n2$ とします。企業は、その活動の規模を大きくするために、採用活動を行います。求職者数が多ければ多いほど、企業はその採用活動を盛んに行おうとします。そして、採用がうまくいけば、その規模を拡大します。

　しかし、活動の規模を大きくしすぎると求職者がいなくなり、退職者数が求職者数に勝ることから企業活動を縮小せざるを得なくなります。しかし、企業が採用活動を縮小すると結果として求職者数が増え、少し遅れて、企業はその規模を拡大しようとする、というサイクルが生まれます。

　もちろん、こうした安定状態というのは、企業活動としては望ましいものではなく、これまで対象としていなかったタイプの求職者を採用活動のターゲットとする（たとえば外国人労働者を積極的に採用する）などの施策を実施する必要があります。こうした幅広い施策を選択肢として考えることも、このような繰り返しパターンが起こり得るメカニズムを知っていることで可能になるのです。

6-9

ロトカボルテラ方程式（捕食系）のパラメータを変化させ、直感的な理解をしてみよう

　ロトカボルテラ方程式（捕食系）についての理解を深めるために、時間発展の法則をもう一度見直してみましょう。

$$delta\_n1 = n1[i-1]^*(alpha-beta^*n2[i-1])$$

$$delta\_n2 = -n2[i-1]^*(gamma-delta^*n1[i-1])$$

　さて、これらの時間発展方程式において、$delta\_n1$ は $n1$ の増分、$delta\_n2$ は $n2$ の増分をそれぞれ表します。

　まず、$delta\_n1$ について見ていきましょう。重要なパラメータは $alpha$、$beta$ の２つであり、$-beta^*n2[i-1]$ という部分がなければ、「ねずみ算」と同じになります。$-beta^*n2[i-1]$ があることによって、$n2$ が増えれば増えるほど、$n1$ はその数を減らす（食べられる）という性質を持ちます。

　一方、$delta\_n2$ は「ねずみ算」とは異なる肉食動物ならではの特徴を有します。$-delta^*n1[i-1]$ がなかったとすると、$delta\_n2 = -n2[i-1]^*gamma$ となり、ねずみ算のように増えるのではなく、個体数が多ければ多いほど、その数を減らしていくという性質を持ちます。そして、$-delta^*n1[i-1]$ があることによって、被食者の数 $n1$ が増えると、自分自身の個体数 $n2$ が減って0になることなく、捕食することでその個体数を増やす、という性質を持ちます。

　さて、ここでの４つのパラメータ、$alpha$、$beta$、$gamma$、$delta$ をそれぞれ変化させることによって、その性質を理解していきましょう。パラメータの性質を理解する際に気を付けるべきことは、２つ以上のパラメータを同時に変化させないことです。１つのパラメータのみを変化させることで、その影響が

如実にわかります。2つ以上のパラメータを同時に変化させてしまうと、その影響が、どのパラメータによるものなのかがわからなくなってしまいます。

さて、まずは、*alpha* の値を変化させてみましょう。すると、興味深いことがわかります。本来、*alpha* はシマウマ（被食者）が一度にどれだけ子孫を残せるかを表現するものであり、これを大きくすればするほど、シマウマのほうがライオン（捕食者）に比べて優位に立てるはずです。しかしながら、「食物連鎖」においては、その限りではないということが、パラメータを変化させることによってわかります。

図6-9-1 *alpha* ＝0.6としたときのロトカボルテラ方程式
（捕食系）によって描画されるグラフ

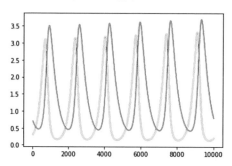

図6-9-1は、図6-8-2では *alpha* ＝0.2だったものを *alpha* ＝0.6として描画したグラフです。これを見ると、シマウマの数の最大値は増加していますが、それ以上にライオンの数の最大値がシマウマのそれを上回るようになっています。そしてなにより、そのサイクルが早くなっている（**図6-8-1** では3サイクルだったものが、**図6-9-1** では6サイクルになっている）ことがわかります。元々の個体数の増分であれば、ゆっくりとした変化だったものが、被食者の個体数の急激な増加によって、そのサイクルを早めてしまうのかもしれません。

今度は、*alpha* ＝0.2に戻してから *beta* の値を大きくしてみましょう。これを大きくすることで、ライオン1匹あたりのシマウマの捕食量が増える（ライオンの存在によって、シマウマの増分がより減少する）ことになります。
　直感的にはシマウマの個体数が減少しそうにも感じられますが、実際は、その反対の減少が起こります。

$beta = 0.8$として、再びソースコードを実行してみましょう。

図6-9-2 $beta = 0.8$としたときのロトカボルテラ方程式
　　　　（捕食系）によって描画されるグラフ

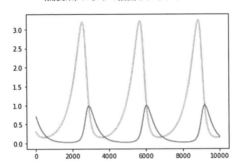

$beta = 0.8$としたときのライオンの個体数は、**図6-8-1**に比べて大きく減少し、それに比較してシマウマのそれは、むしろ増加していることがわかります。

これは、シマウマの個体数$n1$が、ライオンの個体数$n2$の影響で増加を抑えられるため、結果としてライオンの個体数$n2$自体が抑制されてしまった（回りまわって自分が抑制されてしまった）ということを意味します。

さて、$beta$を元の値（$beta = 0.4$）に戻し、今度は$gamma$の値を大きくしてみましょう。これを大きくすることで、ライオンの個体数$n2$が増えれば増えるほど、その個体数$n2$の増分は大きく減少することになります。

そうすると、ライオンの数が単純に減少しそうにも感じられますが、今回もその直感に反する結果が得られることがわかります。ソースコードを$gamma = 0.6$として実行してみましょう。

図6-9-3 $gamma = 0.6$としたときのロトカボルテラ方程式
　　　　（捕食系）によって描画されるグラフ

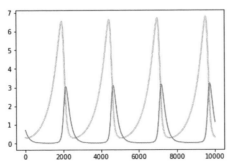

　ライオンの個体数が急激に減少することでシマウマの個体数が増加し、結果として、ラオインの個体数の最大値も大きくなるというメカニズムがはたらく結果、*gamma*を大きくすることは、シマウマとライオン双方の個体数の増加につながるのです。

　最後に、*delta*の値を大きくしてみることで、その影響について理解しましょう。今度も、元の値（*delta* = 0.3）の倍の*delta* = 0.6にして、ソースコードを実行してみましょう。

図6-9-4 *delta* = 0.6としたときのロトカボルテラ方程式
　　　　（捕食系）によって描画されるグラフ

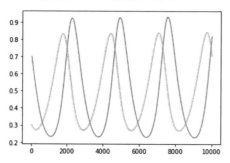

　パラメータ*delta*の値を大きくすることは、シマウマ1匹あたりの捕食によって増えるライオンの量が大きくなるということを意味します。少量のシマウマでライオンの個体数を増加できるようになれば、その分ライオンの個体数は増えます。それだけでなく、シマウマの個体数の増加により早く追従できるようになるということも意味します。

　図6-9-4は、その性質を如実に表現しています。

　以上の4つのパラメータの性質を理解できれば、ロトカボルテラ方程式（捕食系）の結果を自在に操ることができます。それによって、前述の採用活動のデータと照らし合わせてパラメータをチューニングし、データを説明することにも活用できるようにもなるのです。

　最後に、**6-1**で紹介した感染症を説明するSIRモデルを利用しながら実際のデータを活用し、パラメータをチューニングして現象を説明する一連の流れについて理解を深めていきましょう。

6-10

微分方程式を復習しながら、映画や商品のヒットを予測する方法を考えよう

　ここまでを通して微分方程式への理解を深めることができれば、映画や商品のヒットを予測する数理モデルについての理解を深めることも可能です。商品のヒットなどを微分方程式などといった物理学において扱う手法を用いて説明し、予測する学問を「社会物理学」といい、経済現象を含め、さまざまな社会現象を取り扱うことのできる学問として注目されています。

　ここでは、6章の最後として「ヒット現象の数理モデル」を紹介します。

　以下のソースコードは、映画のヒットを予測するものです。

　いくつかパラメータを設定できます。Dは口コミによる直接コミュニケーションの強さ、aはそれがやがて飽きられて減衰していく強さ、PはSNSなどによる間接的なコミュニケーションの強さ、Cは広告媒体による強さを表します。初期値として$I[0] = 10.0$、つまり10人だけが知っている状態を仮定し、さらに$A[10] = 100, A[15] = 100$とすることで、10日目と15日目に広告を配信することを仮定します。

　これを実行すると、以下のような結果が得られます。

ヒットを予測する	Chapter6.ipynb

```
1   %matplotlib inline
2   import numpy as np
3   import matplotlib.pyplot as plt
4
5   # パラメータ設定
6   dt = 1.0
7   D = 1.0
8   a = 1.2
9   P = 0.0001
10  C = 10
```

次ページへつづく

```
11  num = 100
12
13  # 初期化（初期値設定）
14  I = np.zeros(num)
15  A = np.zeros(num)
16  I[0] = 10.0
17  A[10] = 100.0
18  A[15] = 100.0
19
20  # 時間発展方程式
21  for t in range(1,num):
22      delta_I = (D-a)*I[t-1] + P*I[t-1]**2 + C*A[t-1]
23      I[t] = delta_I*dt + I[t-1]
24
25  # グラフ描画
26  plt.plot(I)
27  plt.show()
```

図6-10-1 ヒットを予測する

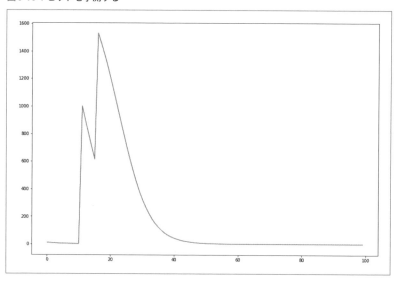

　広告を打った後は、すぐにそれを知る人が増えるものの、やがては減衰していく様子、しかしながら連続的に広告を打つことで、その効果が増加していくことが確認できます。

そして、この微分方程式の興味深いところは、Twitterによる投稿数と比較することでパラメータの値が逆算できることです。これによって、AKB選抜総選挙の結果やヒットした映画の売れ行きを推定できることが報告されています。

　興味のある方は、吉田就彦他著『大ヒットの方程式』（ディスカヴァー・トゥエンティワン）などから、理解を深めることをお勧めします。

第 7 章

人の動きをアニメーションの ようにシミュレーションしたい

前章で扱った微分方程式を使うことで数値シミュレーションを
行い、将来予測を行っていくことができるようになります。

将来予測がさらに面白くなるのは、将来の「数」だけでなく、そ
の数が「空間」上でどのように動いていくのかが可視化できる
ようになってこそです。

たとえば災害が起こったとき、人はどのように逃げ惑うのか、
噂の伝播はどのようにして起こるのか、それらの動きをアニ
メーションのようにして可視化することで、実際の動きがリア
ルに感じられるようになります。

本章では、数値シミュレーションによって「空間」の変化を行う三通りの方法について、難しい数式を用いることなく、図解とプログラミングで直感的な理解を行うことを目指します。

最初は、「粒子モデル」と呼ばれる人や物の動きを「粒子」によって表現する方法です。
次に、「格子モデル」と呼ばれる空間をブロックのように分けたうえで、あるブロックで始まった噂などがどのように伝わっていくのかについて解説します。
最後に、「ネットワークモデル」と呼ばれるSNSのような人と人とのつながりの中で口コミやニュースなどがどのように広がっていくのかを解説します。

また、章末では微分方程式を数値シミュレーションによって、より正確に行うための手法である「ルンゲ・クッタ法」について解説します。

粒子モデル

人の動きのシミュレーションを行うことになった背景

今、あなたは、設計事務所から「建物内での人の動きをシミュレーションしたい」という依頼を受けました。

人の動きをシミュレーションするソフトウェアは数多くありますが、本格的なソフトウェアを導入するほどの規模のプロジェクトではなく、また裏側でどのような数式が動いているのかも理解したいので、まずは簡単なものでよいので、Pythonを使って人の動きをシミュレートするプログラムを作っていただきたい、という依頼です。

人の動きをシミュレートする方法として、人を「粒子」と見立て、動きをシミュレートする「粒子モデル」について検討していきましょう。

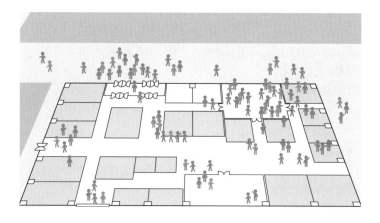

人の移動をシミュレーションして みよう

　実は「粒子モデル」については、すでに前章で何度か登場しています。

　ねずみ算の個体数が変化していく様子を示した**図6-2-3**などは、ねずみの個体をすべて粒子と見なして、空間上にそれぞれの個体を点で表現したものです。本章で扱う「粒子モデル」と前章でのそれとの違いは、前章では空間上に個体をランダムに配置して個体の総量を表現していたのに対し、本章ではそれぞれの個体の動きが加わることがポイントです。

　その際に重要となるのが、それぞれの個体について「時間発展方程式」によって動きを表現する際、その「変量」に対して「拘束条件」が加わるということです。まずは、以下のソースコードを実行し、人の動きのシミュレーションのイメージをつかんだうえで、「時間発展方程式」の中身についての理解を行っていきましょう。

人の動きのシミュレーションを行う　　　　　　　　　　　　　📄 Chapter7.ipynb

```
1   import numpy as np
2   import matplotlib.pyplot as plt
3   from matplotlib import animation, rc
4   from IPython.display import HTML
5
6   # パラメータ設定
7   dt = 1.0
8   dl = 1.0
9   num_time = 100
10  num_person = 10
11  x_size = 8.0
12  y_size = 6.0
13
14  # 初期化(初期値設定)
15  list_plot = []
16  x = np.zeros((num_time,num_person))
17  y = np.zeros((num_time,num_person))
18  for i in range(num_person):
```

次ページへつづく

第
三
部

数
値
シ
ミ
ュ
レ
ー
シ
ョ
ン
編

```
19    x[0,i] = np.random.rand()*x_size
20    y[0,i] = np.random.rand()*y_size
21
22  # 時間発展方程式
23  fig = plt.figure()
24  for t in range(1,num_time):
25      # 変数の計算
26      dx = (np.random.rand(num_person)-0.5)*dl
27      dy = (np.random.rand(num_person)-0.5)*dl
28      # 拘束条件の設定
29      for i in range(num_person):
30          if ((x[t-1,i] + dx[i]*dt)>0)and((x[t-1,i] +
    dx[i]*dt)<x_size):
31              x[t,i] = x[t-1,i] + dx[i]*dt
32          else:
33              x[t,i] = x[t-1,i]
34          if ((y[t-1,i] + dy[i]*dt)>0)and((y[t-1,i] +
    dy[i]*dt)<y_size):
35              y[t,i] = y[t-1,i] + dy[i]*dt
36          else:
37              y[t,i] = y[t-1,i]
38      # 時刻ごとのグラフの描画
39      img = plt.scatter(x[t],y[t],color="black")
40      plt.xlim([0,x_size])
41      plt.ylim([0,y_size])
42      list_plot.append([img])
43
44  # グラフ(アニメーション)描画
45  plt.grid()
    anim = animation.ArtistAnimation(fig, list_plot,
46  interval=200, repeat_delay=1000)
47  rc('animation', html='jshtml')
48  plt.close()
49  anim
```

このソースコードの実行結果は、次ページのようになります。

図7-1-1 人の動きのシミュレーション結果

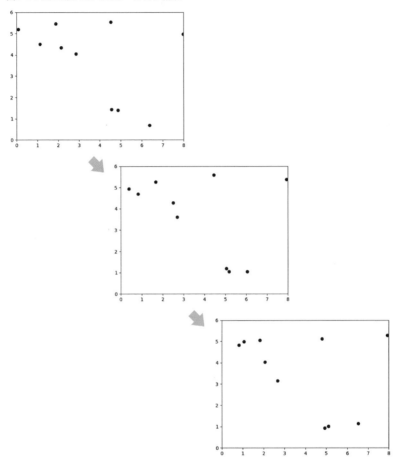

　ソースコードを実行し、アニメーションを描画してみるとわかる通り、各個体の位置は、それぞれの（アニメーションの）一コマ一コマで、ランダムに描画されているわけではなく、少しずつ動いている様子がわかります。たとえば、上の図の場合、右下に描画された三点（3つの個体）が少しずつ移動しながら、近づいたり遠ざかったりしている様子がわかります。

　ここで重要なのが、「時間発展方程式」を「変量」と「拘束条件」によって記述することです。これを理解するために、ソースコードの中身を確認していきましょう。

人の動きのシミュレーションを行うソースコードの構造

```
1   import numpy as np
2   import matplotlib.pyplot as plt
3   from matplotlib import animation, rc
4   from IPython.display import HTML
5
6   # パラメータ設定 ─────────────────────  パラメータ設定
7   dt = 1.0
8   dl = 1.0
9   num_time = 100
10  num_person = 10
11  x_size = 8.0
12  y_size = 6.0
13
14  # 初期化(初期値設定) ────────────────  初期化 (初期値設定)
15  list_plot = []
16  x = np.zeros((num_time,num_person))
17  y = np.zeros((num_time,num_person))
18  for i in range(num_person):
19      x[0,i] = np.random.rand()*x_size
20      y[0,i] = np.random.rand()*y_size
21
22  # 時間発展方程式 ──────────────────  時間発展方程式
23  fig = plt.figure()
24  for t in range(1,num_time):
25      # 変量の計算                        変量の計算
26      dx = (np.random.rand(num_person)-0.5)*dl
27      dy = (np.random.rand(num_person)-0.5)*dl
28      # 拘束条件の設定                    拘束条件の設定
29      for i in range(num_person):
30          if ((x[t-1,i] + dx[i]*dt)>0)and((x[t-1,i] +
    dx[i]*dt)<x_size):
31              x[t,i] = x[t-1,i] + dx[i]*dt
32          else:
33              x[t,i] = x[t-1,i]
34          if ((y[t-1,i] + dy[i]*dt)>0)and((y[t-1,i] +
    dy[i]*dt)<y_size):
35              y[t,i] = y[t-1,i] + dy[i]*dt
36          else:
37              y[t,i] = y[t-1,i]
```

次ページへつづく

```
38      # 時刻ごとのグラフの描画                        グラフの描画
39      img = plt.scatter(x[t],y[t],color="black")
40      plt.xlim([0,x_size])
41      plt.ylim([0,y_size])
42      list_plot.append([img])
43
44   # グラフ(アニメーション)描画 ············           アニメーション描画
45   plt.grid()
     anim = animation.ArtistAnimation(fig, list_plot,
46   interval=200, repeat_delay=1000)
47   rc('animation', html='jshtml')
48   plt.close()
49   anim
```

まず、ソースコード全体の構造が、「パラメータ設定」「初期化(初期値設定)」
「時間発展方程式」「アニメーション描画」の4つの大きなブロックで表現される点については、前章で扱ってきた微分方程式と変わりません。

唯一の構造上の違いは、「時間発展方程式」のブロックが、「変量の計算」「拘束条件」「グラフの描画」という3つのブロックによって成り立っている点です。

それぞれについて解説していきます。

今回のソースコードで利用するパラメータは以下の通りです。

dt	一コマあたりの時間
dl	一コマあたりの各個体の移動距離
num_time	シミュレーションを行うコマ数
num_person	シミュレーションを行う人の数
x_size	領域のx方向のサイズ
y_size	領域のy方向のサイズ

今回は、ある建物内での人の動きをシミュレートするので、「領域」とは建物の領域をイメージするとわかりやすいです。ここでは、横方向に8.0メートル、縦方向に6.0メートルの家具のない部屋に十人の人がいることを想定します。

　次に、初期化（初期値設定）において、list_plot（アニメーションの各コマを格納する配列）、xおよびy（各個体の初期位置）を設定します。そして、初期値として設定した各個体の位置から、時間発展方程式によって少しずつ位置を変化させていきます。

　時間発展方程式は、まず各個体がどの方向にどれだけ移動するかの「変量の計算」を行った後、その変量が正しいかどうか（領域内に収まっているかどうかなど）を評価し、誤った移動をしないための判断を行います。

　それが、「拘束条件の設定」です。

　ここでは、建物の領域の外側に飛び出してしまわないようにするため（現実には壁があって建物の外側には移動できない、といった現実世界での条件を数式で表現するため）、いくつかの拘束条件を設定します。

　ここでは、4つの拘束条件を設定しています。

$$(x[t-1, i] + dx[i]^*dt) > 0$$

$$(x[t-1, i] + dx[i]^*dt) < \text{x\_size}$$

$$(y[t-1, i] + dy[i]^*dt) > 0$$

$$(y[t-1, i] + dy[i]^*dt) < \text{y\_size}$$

　これらは、計算した変量（dx, dy）に従った移動を行った際に、建物の領域内（すなわちxは0から x_size まで、yは0から y_size まで）に留まっていることを確認します。

　「もし、計算した変量に従った移動を行った際に、建物の領域からはみだしてしまうようであれば、移動は行わない」という条件式を設定する必要があります。これを設定したうえで、拘束条件に従った移動を行い、すべての個体が移動した後の様子をグラフ（この場合は散布図）によって描画します。

　そして、全コマの描画が完了した後、アニメーションを描画します。

緊急時の避難行動を
シミュレーションしてみよう

　ここまでは、広い場所にランダムに配置された人が、ランダムに動いている結果を示すだけでした。ここからは、意図を持った動作をプログラムする方法について解説します。具体的には、緊急時に建物の中から外に人が出ていく様子をシミュレーションしていきます。7-1の建物を2つに分けて、片側（建物内側）からもう片側（建物外部）に移動する様子をシミュレーションします。

　今回のソースコード全体の構造は7-1と変わらず、「パラメータ設定」「初期化（初期値設定）」「時間発展方程式」「アニメーション描画」の4つの大きなブロックで表現されます。そして、「時間発展方程式」のブロックが、「変量の計算」、「拘束条件」、「グラフの描画」という3つのブロックによって成り立っている点も、7-1と同様です。ただ、避難行動という動きをシミュレーションするため、それぞれのブロックが若干複雑になります。

　避難行動の動きは、以下の3ステップによって描くことができます。

❶ 出入り口に近づく
❷ 出入り口に達したら、出入り口から外に出る
❸ 外に出たら、出入り口からなるべく離れる

　今回のソースコードは7-1のソースコードをベースにして、❶から❸のステップを実現するように改変します。
　次ページのソースコードを実行してみましょう。

第
三
部

数
値
シ
ミ
ュ
レ
ー
シ
ョ
ン
編

| 避難行動のシミュレーションを行う | Chapter7.ipynb |

```python
1   import numpy as np
2   import matplotlib.pyplot as plt
3   from matplotlib import animation, rc
4   from IPython.display import HTML
5
6   # パラメータ設定
7   dt = 1.0
8   dl = 0.3
9   num_time = 100
10  num_person = 30
11  x_size = 8.0
12  y_size = 6.0
13  th_nearest = 0.2
14  th_exit = 0.5
15  x_exit = (x_size)/2
16  y_exit = 1/2
17
18  # 初期化(初期値設定)
19  list_plot = []
20  x = np.zeros((num_time,num_person))
21  y = np.zeros((num_time,num_person))
22  for i in range(num_person):
23      x[0,i] = np.random.rand()*x_size/2
24      y[0,i] = np.random.rand()*y_size
25  flag_area = np.zeros(num_person)
26
27  # 壁の生成
28  ywall = list(range(1,10))
29  xwall = [int(x_size/2)]*9
30
31  # 時間発展方程式
32  fig = plt.figure()
33  for t in range(1,num_time):
34      # 変量の計算
35      dx = np.zeros(num_person)
36      dy = np.zeros(num_person)
37      for i in range(num_person):
38          if flag_area[i]==0:
39              dx[i] = np.sign(x_exit - x[t-1,i])*dl
40              dy[i] = np.sign(y_exit - y[t-1,i])*dl
```

次ページへつづく

296

```
41          elif flag_area[i]==1:
42              dx[i] = dl
43              dy[i] = 0
44          else:
45              dx[i] = np.random.rand()*dl
46              dy[i] = np.random.rand()*dl
47      # 拘束条件の設定
48      for i in range(num_person):
49          flag_iter_x = 1
50          flag_iter_y = 1
51          # 移動領域に別のオブジェクトがいないかどうかを確認
52          for j in range(num_person):
53              if not i==j:
54                  dx_to_j = x[t-1,i] + dx[i] - x[t-1,j]
55                  dy_to_j = x[t-1,i] + dx[i] - x[t-1,j]
56                  if (np.sqrt(dx_to_j**2+dy_to_j**2)<th_nearest):
57                      if (flag_area[i]==flag_area[j]):
58                          flag_iter_x = 0
59                          flag_iter_y = 0
60                          break
61          # 領域内かどうかを判定
62          if ((x[t-1,i] + dx[i]*dt)>0)and((x[t-1,i] +
   dx[i]*dt)<x_size):
63              if (flag_area[i]==0)and((x[t-1,i] + dx[i]
   *dt)>x_size/2):
64                  flag_iter_x = 0
65              elif (flag_area[i]==2)and((x[t-1,i] + dx[i]
   *dt)<x_size/2):
66                  flag_iter_x = 0
67          else:
68              flag_iter_x = 0
69          if ((y[t-1,i] + dy[i]*dt)<0)or((y[t-1,i] + dy
   [i]*dt)>y_size):
70              flag_iter_y = 0
71          # 更新
72          if flag_iter_x==1:
73              x[t,i] = x[t-1,i] + dx[i]*dt
74          else:
75              x[t,i] = x[t-1,i]
76          if flag_iter_y==1:
77              y[t,i] = y[t-1,i] + dy[i]*dt
78          else:
```

次ページへつづく

297

第
三
部

数
値
シ
ミ
ュ
レ
ー
シ
ョ
ン
編

```
79            y[t,i] = y[t-1,i]
80         # 出口に達したかどうかの確認
81         dx_to_exit = x_exit - x[t,i]
82         dy_to_exit = y_exit - y[t,i]
83         if (np.sqrt(dx_to_exit**2+dy_to_exit**2)<th_exit):
84             flag_area[i] = 1
85         if (flag_area[i]==1)and(x[t,i]>(x_size/2)):
86             flag_area[i] = 2
87     # 時刻ごとのグラフの描画
88     img = plt.scatter(x[t],y[t],color="black")
89     plt.xlim([0,x_size])
90     plt.ylim([0,y_size])
91     plt.plot(xwall, ywall, 'b')
92     list_plot.append([img])
93
94 # グラフ(アニメーション)描画
95 plt.grid()
96 anim = animation.ArtistAnimation(fig, list_plot, interval=200,
   repeat_delay=1000)
97 rc('animation', html='jshtml')
98 plt.close()
99 anim
```

このソースコードの実行結果は、次ページのようになります。

図7-2-1 避難行動のシミュレーション結果（3ステップ）

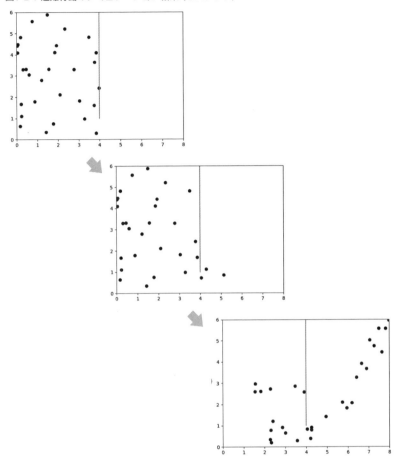

　さて、ここからは、ソースコードのそれぞれのブロックについて見ていきます。まず、パラメータ設定について、新たに追加したパラメータは以下の通りです。

th_nearest	人がぶつかることを示す距離
th_exit	出入り口に達したことを示す距離
x_exit	出入り口のx座標
y_exit	出入り口のy座標

　現在、私たちが扱っている「粒子モデル」は、人を点で表現するため、身体の大きさが表現されていません。そのため、ぶつかったかどうかを知るには、「点と点の間がある距離以内」であるということを頼りにする他に方法はありません。そこで、ぶつからない距離であることを確かめる意味で、th_nearestを設定します。同様に、出入り口に達したかどうかについても、出入り口の座標位置までの距離で確かめるために、th_exitを設定します。

　次に、初期値についてもx座標を「建物内部」（図の左側）に限定するため、0から x_size/2 までのいずれかの値を乱数で与えることになります。また、それぞれの人が、❶から❸のどのステップにいるかの状態を記述していくために、flag_areaという配列を用意します。❶のステップであれば0、❷であれば1、❸であれば2をそれぞれ格納します（初期値は0とします）。そして、壁を描画するために、xwall, ywall（壁の座標群を格納した配列）を用意します。

　その後の時間発展方程式は、3ステップそれぞれについて場合分けしたうえでの記述を行うため、やや複雑です。まず変量の計算については、flag_areaが0（ステップ❶）の場合は、出入り口に向かってx, y方向それぞれについて距離dlだけ移動します。1（ステップ❷）の場合は、横方向のみに（出入り口から出る方向のみに）距離dlだけ移動します。2（ステップ❸）の場合は、x, y方向それぞれについて距離0からdlの間の乱数分だけ移動します。

　次に拘束条件の設定については、flag_iter_x, flag_iter_yという2つの変数を用意して、変量計算した距離分、実際に移動しても問題ないかどうかを、x, yそれぞれの方向について確かめます。まず動きたい方向に別の人（オブジェクト）がいると移動できないので、それを確かめます。次に移動後の位置が領域内かどうかを確かめ、問題のない場合のみ移動します。

　以上、問題のない場合のみ移動（座標位置の更新）を行ったうえで、更新した座標位置と出入り口との距離を確かめ、その距離に応じてステップ❶から❸のうちいずれの状態にあるかを決定し、次の時刻の場合分けに利用します。最後にグラフを描画し、全体のアニメーションを描画して完了です。

　以上の流れによって、建物内から建物外に人が避難する様子を観察できます。パラメータ設定で人数（num_person）や移動速度（dl）の値を変えてみながら、シミュレーション結果が変化する様子を確かめてみましょう。

それぞれの人の移動の様子を可視化してみよう

　7-2で緊急時の避難行動のシミュレーションを行いましたが、アニメーションによって可視化するだけだと、人数や移動速度などのパラメータによって、人の移動がどのように変化するのかについて定量的な確認を行うことができません。ここでは、その結果を可視化する方法について簡単に紹介します。

　以下のソースコードを実行してみましょう（7-2のソースコードを実行した直後に実行してください）。

それぞれの人の移動の様子を可視化する　　　　　　　　　　□ Chapter7.ipynb

```
1  %matplotlib inline
2  import numpy as np
3  import matplotlib.pyplot as plt
4  for i in range(num_person):
5      plt.plot(x[:,i])
6  plt.show()
```

　このソースコードの実行結果は次の通りです。

図7-3-1 それぞれの人の移動の様子を可視化した結果

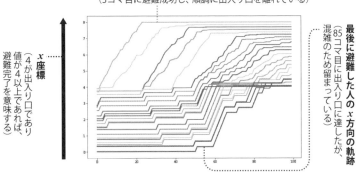

最初に避難した人のx方向の軌跡
（3コマ目に避難成功し、順調に出入り口を離れている）

x 座標
（4が出入り口であり値が4以上であれば、避難完了を意味する）

最後に避難した人の x 方向の軌跡
（85コマ目に出入り口に達したが、混雑のため留まっている）

このソースコードでは、それぞれの人の移動履歴（座標位置の履歴）を格納したxを描画します。横軸にアニメーションのコマ数を、縦軸にそれぞれのコマにおけるx座標の位置を示します。

このグラフを見ると、7-2で実行した30人の一人ひとりの移動の様子が一望できます。特に、最初に移動した人は3コマ目ですでに出入り口に達しており、その後は順調に出入り口から離れていく様子が示され、一方、最後に避難した人は、最初は出入り口から最も離れており、少しずつ出入り口に向かって85コマ目でようやく出入り口に達したものの、混雑していて100ステップ目まで非難が完了しなかった様子が確認されます（7-2のnum_timeの値を100以上にして再び実行すると、その後、いつ非難が完了したかを確認できます）。

このようなグラフを描画することで、人数や移動速度など、設定したパラメータごとにどのように非難の様子が異なるかを定量的に記録しておくことができます。

第三部 数値シミュレーション編

格子モデル

噂の広まりのシミュレーションを行うことになった背景

あなたは、調査会社から「商品などの口コミが伝わる様子をシミュレーションしたい」という依頼を受けました。口コミの伝わりは、SNSなどでのシェア数などをグラフ化することによって可視化することはできますが、どんな風に広がっていくかを臨場感高く伝えるためのソフトウェアはそれほど多くはなく、あったとしても高価な特注品に近いものであり、手軽に使ってみることのできるものはそれほど多くありません。

依頼主である調査会社は、まずは簡単なものでよいので、裏側でどのような数式が動いているのかも理解しながら、Pythonを使って動くものを作ってほしいと言っています。

今回は、噂が空間上を波紋のように広がっていく様子を見せる「格子モデル」を用いて表現する方法について、検討していきましょう。

噂の広まりはシミュレーションできるの？

　ここで扱う「格子モデル」は、都市などの空間を格子上に区切り、そのそれぞれの格子を人や家などに見立て、噂などが隣近所に広がっていく様子を示すものです。噂以外にも、火災の広がり（特に広域の森林を格子で分け、1つのエリアで落雷などによって火災が発生した際の広がりなど）や都市内での排気ガスや温室効果ガスの拡散など、何かが広がっていくという現象をシミュレートする目的で広く利用されます。

　「格子モデル」のソースコードは「粒子モデル」と同様に、「パラメータ設定」「初期化（初期値設定）」「時間発展方程式」「アニメーション描画」の4つの大きなブロックで表現されます。特徴的なのは「時間発展方程式」の中身の処理です。

　それでは、まずは以下のソースコードを実行し、「格子モデル」の動きを確認してみましょう。

噂の広まりを格子モデルによってシミュレートする　　📄 Chapter7.ipynb

```
1   %matplotlib nbagg
2
3   import numpy as np
4   import matplotlib.pyplot as plt
5   from matplotlib import animation, rc
6   from IPython.display import HTML
7   import time
8   import copy
9
10  # パラメータ設定
11  dt = 1
12  dx = 1
13  dy = 1
14  num_time = 100
15  N_x=100
16  N_y=100
17  D = 0.25
```

次ページへつづく

```
18
19   # 初期化(初期値設定)
20   list_plot = []
21   map = np.zeros((N_x,N_y))
22   for i_x in range(47,54):
23       for i_y in range(47,54):
24           map[i_x][i_y] = 1000
25   map_pre = copy.deepcopy(map)
26
27   # 時間発展方程式
28   fig = plt.figure()
29   for t in range(1,num_time):
30
31       # 各格子における処理
32       for i_x in range(N_x):
33           for i_y in range(N_y):
34               # 隣接する格子の座標を求める
35               i_xL = i_x - dx
36               if (i_xL<0):
37                   i_xL = i_x + dx
38               i_xR = i_x + dx
39               if (i_xR>=N_x):
40                   i_xR= i_x - dx
41               i_yL = i_y - dy
42               if (i_yL<0):
43                   i_yL = i_y + dy
44               i_yR = i_y + dy
45               if (i_yR>=N_y):
46                   i_yR= i_y - dy
47               # 拡散方程式を解く(隣接する格子の状態から、次の状態を決定する)
48               dm_x = (map_pre[i_xL][i_y]+map_pre[i_xR][i_
     y]-2*map_pre[i_x][i_y])/(dx**2)
49               dm_y = (map_pre[i_x][i_yL]+map_pre[i_x][i_
     yR]-2*map_pre[i_x][i_y])/(dy**2)
50               dm = D*(dm_x+dm_y)*dt
51               map[i_x][i_y] += dm
52
53       # 値の記録
54       map_pre = copy.deepcopy(map)
55
56       # 時刻ごとのグラフの描画
57       plot_map = plt.imshow(map, vmin=0, vmax=10)
```

次ページへつづく

305

```
58        list_plot.append([plot_map])
59
60   # グラフ(アニメーション)描画
61   plt.grid()
62   anim = animation.ArtistAnimation(fig, list_plot,
     interval=200, repeat_delay=1000)
63   rc('animation', html='jshtml')
64   plt.close()
65   anim
```

このソースコードの実行結果は次の通りです。

図7-4-1 噂の広まりのシミュレーション結果

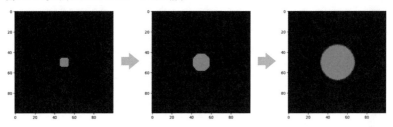

　まずは、ソースコードの「パラメータ設定」「初期化(初期値設定)」「時間発展方程式」「アニメーション描画」のそれぞれのブロックについて確認していきましょう。

　今回のソースコードで利用するパラメータは以下の通りです。

dt	一コマあたりの時間
dx	隣接する格子とのx方向の距離
dy	隣接する格子とのy方向の距離
num_time	シミュレーションを行うコマ数
N_x	x方向の格子数
N_y	y方向の格子数
D	拡散係数

拡散係数については「時間発展方程式」のところで説明を加えます。ここでは、格子の1つひとつが1メートル四方であり、縦横それぞれ100メートルの領域を想定し、中心付近に住む人々から噂が広がっていく様子を想定します。

初期化（初期値設定）において、list_plot（アニメーションの各コマを格納する配列）、map（縦N_yメートル、横N_xメートルの格子の状態）を設定します。mapの初期値として、すべての1メートル四方の格子に0を代入したうえで、中心付近を1000という値に改めます。さらに、1コマ前の格子mapの状態を保存するmap_preを設定します。次の「時間発展方程式」を解く際には、1コマ前のmap_preの状態を参照し、mapの状態を更新していくことになります。

さて、「時間発展方程式」は、「各格子における処理」、「値の記録」、「時刻ごとのグラフの描画」から成り立ちます。最初の「各格子における処理」がメインの処理であり、1コマ前のmap_preの状態を見て、次の状態を決めていくことになります。

以下に表すように、それぞれの格子の次の状態は、その隣接する格子（x, yそれぞれの方向の両隣）を見て、自分との差があればその差分に拡散係数Dをかけたものの和を次の値とします。ソースコードとしては、隣接する格子の座標（i_xL, i_xR, i_yL, i_yR）を求めた後で、以下の式を解きます。

$$
\begin{aligned}
dm\_x = &\ (map\_pre[i\_xL][i\_y] \\
&+ map\_pre[i\_xR][i\_y] \\
&- 2^*map\_pre[i\_x][i\_y]) / (dx^{**}2)
\end{aligned}
$$

$$
\begin{aligned}
dm\_y = &\ (map\_pre[i\_x][i\_yL] \\
&+ map\_pre[i\_x][i\_yR] \\
&- 2^*map\_pre[i\_x][i\_y]) / (dy^{**}2)
\end{aligned}
$$

$$
dm = D^*(dm\_x + dm\_y)^*dt
$$

　dm_xはx方向に隣接する2つの格子との値の差を足し合わせたものを距離の二乗で割ったものであり、dm_yはy方向に隣接する2つの格子との値の差を足し合わせたものを距離の二乗で割ったものです。これに、拡散係数Dと、1コマあたりの時間をかけ、現在の値からの増分dmとします。

　現在の値にdmを足し合わせることで、次の値とします。拡散係数Dは周りへの拡散の速度に相当し、これが大きければ大きいほど速く拡散します。

　ただし、プログラムの都合上（離散化の都合上）、0.25以上の場合はうまく動作しません。さて、拡散の様子を図で表すと図7-4-2のようになり、式で表すと以下のようになります（プログラムは、この式を離散化したものです）。

$$
\frac{\partial}{\partial t} m(x,t) = D \, \frac{\partial^2}{\partial x^2} m(x,t) + D \, \frac{\partial^2}{\partial y^2} m(x,t)
$$

図7-4-2 各格子における処理

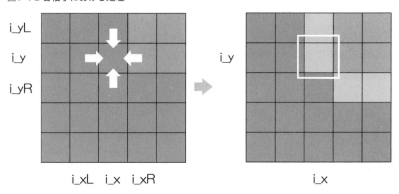

　この処理をすべての格子について行いながらmapを更新し、すべての格子の値の更新が完了した時点で、すべての値をmap_preに格納します。その後、時刻ごとのグラフ（mapの様子）を描画して保存したうえで、全コマ数の計算が完了した後、アニメーションの描画を行って終了となります。

経路によって変わる噂や口コミの様子を確認してみよう

　ここまでは、格子モデルを用いて、領域の中心から周辺に向かって波紋が広がるように噂や口コミが広がっていく様子をシミュレーションしました。領域全体ではなく、経路の中で噂や口コミがどのように広がっていくかをシミュレーションします。経路が極端に細いなどの場合、そこがボトルネックになって噂や口コミが広がりにくくなり、やがては風化してしまう場合もあります。

　集団行動（たとえばスポーツや戦争など）で、仲間に情報がうまく行きわたらない場合も、そうした経路が原因の場合があります。森林の火災などの場合も、敢えて木のない場所（すなわち火災の伝播が遮断できる場所）を設けておくことで、広がりを防げることもあります。

　こうした経路が噂や口コミなどの情報伝達や森林火災などの伝播に、どのように影響を与えるのかを見ていきましょう。

　まずは、以下のソースコードを実行してみましょう。

経路内の噂の広まりをシミュレートする①　　　　　　　　　　□ Chapter7.ipynb

```
1   %matplotlib inline
2   import pandas as pd
3   import matplotlib.pyplot as plt
4
5   # 経路データの読み込み
6   df_route = pd.read_csv("route.csv", header=None)
7   route = df_route.values
8
9   # 描画
10  plt.imshow(route)
11  plt.show()
```

経路内の噂の広まりをシミュレートする ②	📄 Chapter7.ipynb

```python
1   import numpy as np
2   import matplotlib.pyplot as plt
3   from matplotlib import animation, rc
4   from IPython.display import HTML
5   import time
6   import copy
7
8   # パラメータ設定
9   dt = 1
10  dx = 1
11  dy = 1
12  num_time = 100
13  N_x=route.shape[1]
14  N_y=route.shape[0]
15  D = 0.25
16
17  # 初期化(初期値設定)
18  list_plot = []
19  map = np.zeros((N_x,N_y))
20  for i_x in range(0,5):
21      for i_y in range(0,5):
22          map[i_x][i_y] = 1000
23  map = map*route
24  map_pre = copy.deepcopy(map)
25
26  # 時間発展方程式
27  fig = plt.figure()
28  for t in range(1,num_time):
29
30      # 各格子における処理
31      for i_x in range(N_x):
32          for i_y in range(N_y):
33              # 隣接する格子の座標を求める
34              i_xL = i_x - dx
35              if (i_xL<0):
36                  i_xL = i_x + dx
37              i_xR = i_x + dx
38              if (i_xR>=N_x):
39                  i_xR= i_x - dx
```

次ページへつづく

第三部 数値シミュレーション編

```
40              i_yL = i_y - dy
41              if (i_yL<0):
42                  i_yL = i_y + dy
43              i_yR = i_y + dy
44              if (i_yR>=N_y):
45                  i_yR= i_y - dy
46              # 拡散方程式を解く(隣接する格子の状態から、次の状態を決定する)
47              dm_x = (map_pre[i_xL][i_y]+map_pre[i_xR][i_
48   y]-2*map_pre[i_x][i_y])/(dx**2)
                dm_y = (map_pre[i_x][i_yL]+map_pre[i_x][i_
49   yR]-2*map_pre[i_x][i_y])/(dy**2)
                dm = D*(dm_x+dm_y)*dt
50              map[i_x][i_y] += dm
51
52          # 経路を考慮した値のリセット
53          map = map*route
54
55          # 値の記録
56          map_pre = copy.deepcopy(map)
57
58          # 時刻ごとのグラフの描画
59          plot_map = plt.imshow(map, vmin=0, vmax=10)
60          list_plot.append([plot_map])
61
62   # グラフ(アニメーション)描画
63
64   plt.grid()
65   anim = animation.ArtistAnimation(fig, list_plot,
     interval=200, repeat_delay=1000)
66   rc('animation', html='jshtml')
67   plt.close()
68   anim
```

　このソースコードの実行結果（経路の読み込みおよびシミュレーション）は、
それぞれ次ページのようになります。

図7-5-1 経路を可視化した結果

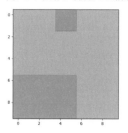

図7-5-2 噂の広まりのシミュレーション結果

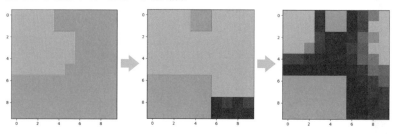

　「経路の読み込み」を実行すると、route.csvを読み込んだ後に**図7-5-1**のように経路が黄色で表示されます（route.csv内で1と記載しているマスが経路に相当します）。次に「シミュレーション」を実行すると、その経路内での情報の伝達の様子がアニメーションによって表示されます。ソースコードの**7-4**との違いは、新たに「経路の読み込み」を行うことに加えて、以下の点があります。

　「パラメータ設定」において、N_x, N_yの値は、それぞれroute.csvによって読み込まれた領域の大きさをそのまま反映します。ここでは、route.csvは縦横それぞれ10マスの領域なので、全体の領域もまた、縦横10マスとなります。次に、初期化する値としてmapの左上のいくつかのマスを1000とし、残りを0とします。残りの処理はほぼ**7-4**と同じですが、「時間発展方程式」に新たに「経路を考慮した値のリセット」という処理を加えています。

　これは、一旦、各格子における処理を領域内すべてのマスに対して行ったうえで、経路でないところを0とすることによって、疑似的に経路外に情報の伝達が行われないようにするためです。以上を実行すると、**図7-5-2**に示す通り、最初は徐々に経路に沿って情報の伝達が行われ、それが経路全体に行き渡ったかに見えるのですが、最後は徐々に風化していく様子が確認されます。

7-6

格子モデル

どれだけ噂が広がったか、その浸透度合いをグラフにしてみよう

7-4や7-5で格子上の人が噂を伝播していく様子をシミュレートしてきましたが、結果をアニメーションによって可視化するだけでは、その経路の違いや、人数や拡散係数（伝播速度）などのパラメータによって、時刻ごとに噂の伝播がどのように起こっているかについて定量的な確認を行うことができません。

ここでは、その結果を可視化する方法について簡単に紹介します。

7-5に若干の改変を加えた、以下のソースコードを実行してみましょう。

経路内の噂の広まりをシミュレートして浸透度合いをグラフ化する① 📄 Chapter7.ipynb

```python
%matplotlib inline
import pandas as pd
import matplotlib.pyplot as plt

# 経路データの読み込み
df_route = pd.read_csv("route.csv", header=None)
route = df_route.values

# 描画
plt.imshow(route)
plt.show()
```

第
三
部

数
値
シ
ミ
ュ
レ
ー
シ
ョ
ン
編

経路内の噂の広まりをシミュレートして浸透度合いをグラフ化する② 　📄 Chapter7.ipynb

```python
1   import numpy as np
2   import matplotlib.pyplot as plt
3   from matplotlib import animation, rc
4   from IPython.display import HTML
5   import time
6   import copy
7
8   # パラメータ設定
9   dt = 1
10  dx = 1
11  dy = 1
12  num_time = 100
13  N_x=route.shape[1]
14  N_y=route.shape[0]
15  D = 0.25
16
17  # 初期化（初期値設定）
18  list_plot = []
19  map = np.zeros((N_x,N_y))
20  for i_x in range(0,5):
21      for i_y in range(0,5):
22          map[i_x][i_y] = 1000
23  map = map*route
24  map_pre = copy.deepcopy(map)
25  list_percolate_rate = np.zeros(num_time)
26
27  # 時間発展方程式
28  fig = plt.figure()
29  for t in range(1,num_time):
30
31      # 各格子における処理
32      for i_x in range(N_x):
33          for i_y in range(N_y):
34              # 隣接する格子の座標を求める
35              i_xL = i_x - dx
36              if (i_xL<0):
37                  i_xL = i_x + dx
38              i_xR = i_x + dx
39              if (i_xR>=N_x):
40                  i_xR= i_x - dx
```

次ページへつづく

```
41              i_yL = i_y - dy
42              if (i_yL<0):
43                  i_yL = i_y + dy
44              i_yR = i_y + dy
45              if (i_yR>=N_y):
46                  i_yR= i_y - dy
47              # 拡散方程式を解く(隣接する格子の状態から、次の状態を決定する)
48              dm_x = (map_pre[i_xL][i_y]+map_pre[i_xR][i_
    y]-2*map_pre[i_x][i_y])/(dx**2)
49              dm_y = (map_pre[i_x][i_yL]+map_pre[i_x][i_
    yR]-2*map_pre[i_x][i_y])/(dy**2)
50              dm = D*(dm_x+dm_y)*dt
51              map[i_x][i_y] += dm
52
53          # 経路を考慮した値のリセット
54          map = map*route
55
56          # 浸透度合いの計算
57          list_percolate_rate[t] = np.sum(map>=10)/np.sum
    (route)
58
59          # 値の記録
60          map_pre = copy.deepcopy(map)
61
62          # 時刻ごとのグラフの描画
63          #plt.cla()
64          plot_map = plt.imshow(map, vmin=0, vmax=10)
65          list_plot.append([plot_map])
66          #fig.savefig(str(t)+".png")
67
68  # グラフ(アニメーション)描画
69  plt.grid()
70  anim = animation.ArtistAnimation(fig, list_plot,
    interval=200, repeat_delay=1000)
71  rc('animation', html='jshtml')
72  plt.close()
73  anim
```

経路内の噂の広まりをシミュレートして浸透度合いをグラフ化する③　📄 Chapter7.ipynb

```
1  %matplotlib inline
2  import numpy as np
3  import matplotlib.pyplot as plt
4
5  plt.plot(list_percolate_rate)
6  plt.show()
```

このソースコードの実行結果は次の通りです。

（経路の読み込みおよびシミュレーションは**7-5**と同じなので省略します）

図7-6-1 浸透度合いをグラフ化

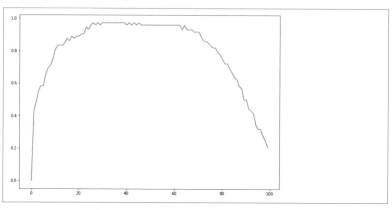

このソースコードは、**7-5**のそれとほぼ同じですが、初期化において list_percolate_rate（浸透度の時系列）を宣言し、時間発展方程式において、「浸透度合いの計算」を新たに追加した点が変更点です。浸透度合いとは、経路全体の中で、情報がうまく伝達された割合を示します。ここでは、マスの値が10以上の割合を求めています。

　その結果は**図7-6-1**に示されるように、横軸が時刻、縦軸が浸透度合いで表現されます。このグラフからわかる通り、約60日までは噂がほぼ全経路に行き渡りますが、そこから徐々に割合が下がっていく様子が確認できます。まさに「人の噂は75日」という格言に近い様子が示されています。この様子は、経路やパラメータの値によって大きく変化しますので、色々なパラメータを変化させながら、浸透度合いがどのように変化するのかを確認してみましょう。

ネットワークモデル

人間関係のネットワークのシミュレーションを行うことになった背景

今、あなたは、口コミが伝わる様子のシミュレーションを行いたいと言っていた調査会社の依頼者から、SNSなどのネットワークが成長していくシミュレーションを行いたいという依頼を受けました。ネットワークの可視化だけを行うソフトウェアであれば、フリーソフトも含めて数多く見つかりますが、将来ネットワークの形がどのように変化していくかなども含めて見せることのできるシミュレータができれば、デモンストレーションとしても重宝するといいます。依頼主である調査会社は、「まずは簡単なものでよいので、裏側でどのような数式が動いているのかも理解しながら、Pythonを使って動くものを作ってほしい」と言っています。今回はネットワークが成長していく様子を、「ネットワークモデル」によって表現する方法について、検討していきましょう。

人間関係のネットワークを可視化してみよう

　ネットワークが成長していく様子を可視化するには、**NetworkX** というライブラリを用いるのが適しています。NetworkX は、ネットワークを可視化したり、新たにノードやリンクなどの要素を追加して成長させていったりする処理に適しています（ネットワークは、個々の要素を意味する「ノード」と、それらをつなぐ「リンク」から成ります）。

　まずは、以下のソースコードを実行してみましょう。

リンクデータを読み込む　　　　　　　　　　　　　　　　　📄 Chapter7.ipynb

```
1  import pandas as pd
2  df_links = pd.read_csv("links.csv",index_col=0)
3  df_links
```

グラフを描画する　　　　　　　　　　　　　　　　　　　　📄 Chapter7.ipynb

```
1  import networkx as nx
2  import matplotlib.pyplot as plt
3
4  # グラフオブジェクトの作成
5  G = nx.Graph()
6
7  # 頂点の設定
8  NUM = len(df_links.index)
9  for i in range(0,NUM):
10     node_no = df_links.columns[i].strip("Node")
11     G.add_node(str(node_no))
12
13  # 辺の設定
14  for i in range(NUM):
15     for j in range(NUM):
16         if df_links.iloc[i][j]==1:
17             G.add_edge(str(i),str(j))
18
```

次ページへつづく

```
19  # 描画
20  plt.figure(figsize=(12, 8))
21  nx.draw_networkx(G,node_color="k", edge_color="k",
    font_color="w")
22  plt.show()
```

　このソースコードの実行結果は次ページの通りです。まず、読み込んだリンクデータ（links.csvに格納されているデータ）の中身は、**図7-7-1**のようになっています。ここには、縦横それぞれにNode0からNode19までの20のノードがあり、それぞれのつながりがあれば（リンクを持っていれば）1を、そうでなければ0をそれぞれ記載しています。

　このデータが示すネットワークを可視化したものが、**図7-7-2**です。たとえば、Node0とNode5には「1」が記載されていますが、実際に**図7-7-2**を見ると、0のノードと5のノードが接続されていることがわかります。

　さて、ソースコードの中身について少し説明していきます。

　ネットワークの可視化に関するプログラムは、「グラフオブジェクトの生成」「頂点の設定」「辺の設定」「描画」の4つのブロックによって成り立ちます。

　まず、「グラフオブジェクトの生成」では、これらかネットワークを描画することを宣言します。

　次に「頂点の設定」、すなわちノードの設定では、リンクデータとして読み込んだノード（縦横20のノードがあるという情報）を生成します。続いて、「辺の設定」すなわちリンクの設定では、リンクデータにおいて「1」と記載されているノード間をつなぐリンクを生成します。

　最後に、「描画」では、ネットワークを描画していくことになります。

　以上の方法で、リンクデータを読み込んでネットワークを可視化する（描画する）という大きな流れについて理解できました。

　ここからはいよいよ、そのネットワークを成長させていくシミュレーションを行いましょう。

図7-7-1 リンクデータを読み込んだ結果

	Node0	Node1	Node2	Node3	Node4	Node5	Node6	Node7	Node8	Node9	Node10	Node11	Node12	Node13	Node14	Node15	Node16	Node17	Node18	Node19
Node0	0.0	0.0	0.0	0.0	0.0	1.0	0.0	0.0	0.0	0.0	0.0	0.0	0.0	0.0	0.0	1.0	0.0	0.0	0.0	0.0
Node1	0.0	0.0	0.0	0.0	0.0	1.0	0.0	0.0	0.0	0.0	0.0	0.0	0.0	1.0	0.0	0.0	1.0	0.0	0.0	0.0
Node2	0.0	0.0	0.0	0.0	1.0	1.0	1.0	0.0	0.0	0.0	1.0	0.0	0.0	0.0	0.0	0.0	0.0	0.0	0.0	0.0
Node3	0.0	0.0	0.0	0.0	0.0	0.0	0.0	1.0	0.0	0.0	0.0	0.0	0.0	0.0	0.0	1.0	0.0	0.0	0.0	0.0
Node4	0.0	0.0	1.0	0.0	0.0	0.0	0.0	1.0	1.0	0.0	0.0	0.0	0.0	0.0	0.0	1.0	0.0	0.0	0.0	0.0
Node5	1.0	1.0	1.0	0.0	0.0	0.0	0.0	0.0	0.0	0.0	0.0	0.0	0.0	0.0	0.0	0.0	0.0	0.0	1.0	0.0
Node6	0.0	0.0	1.0	0.0	0.0	0.0	0.0	0.0	0.0	0.0	0.0	0.0	0.0	0.0	0.0	0.0	0.0	1.0	0.0	0.0
Node7	0.0	0.0	0.0	1.0	1.0	0.0	0.0	0.0	0.0	0.0	1.0	0.0	0.0	0.0	0.0	0.0	1.0	0.0	0.0	0.0
Node8	0.0	0.0	0.0	0.0	1.0	0.0	0.0	0.0	0.0	1.0	0.0	0.0	0.0	1.0	1.0	0.0	0.0	0.0	0.0	0.0
Node9	0.0	0.0	0.0	0.0	0.0	0.0	0.0	1.0	0.0	0.0	0.0	1.0	0.0	0.0	0.0	0.0	0.0	0.0	0.0	0.0
Node10	0.0	0.0	1.0	0.0	1.0	0.0	0.0	1.0	0.0	0.0	1.0	0.0	0.0	0.0	0.0	0.0	0.0	0.0	0.0	0.0
Node11	0.0	1.0	0.0	0.0	0.0	0.0	0.0	0.0	0.0	1.0	0.0	0.0	0.0	0.0	0.0	0.0	0.0	0.0	0.0	0.0
Node12	0.0	0.0	0.0	0.0	0.0	0.0	0.0	0.0	1.0	0.0	0.0	0.0	0.0	1.0	0.0	0.0	1.0	0.0	0.0	0.0
Node13	0.0	1.0	0.0	0.0	0.0	0.0	0.0	0.0	1.0	0.0	0.0	0.0	1.0	0.0	0.0	0.0	0.0	1.0	0.0	0.0
Node14	0.0	0.0	0.0	0.0	0.0	0.0	0.0	0.0	1.0	0.0	0.0	0.0	0.0	0.0	0.0	0.0	0.0	0.0	0.0	0.0
Node15	1.0	0.0	0.0	1.0	1.0	0.0	0.0	0.0	0.0	0.0	0.0	0.0	0.0	0.0	0.0	0.0	0.0	0.0	0.0	1.0
Node16	0.0	1.0	0.0	0.0	0.0	0.0	0.0	1.0	0.0	0.0	0.0	0.0	1.0	0.0	0.0	0.0	0.0	1.0	0.0	0.0
Node17	0.0	0.0	0.0	0.0	0.0	0.0	1.0	0.0	0.0	0.0	0.0	0.0	0.0	1.0	0.0	0.0	1.0	0.0	1.0	0.0
Node18	0.0	0.0	0.0	0.0	0.0	1.0	0.0	0.0	0.0	0.0	0.0	0.0	0.0	0.0	0.0	0.0	0.0	1.0	0.0	0.0
Node19	0.0	0.0	0.0	0.0	0.0	0.0	0.0	0.0	0.0	0.0	0.0	0.0	0.0	0.0	0.0	1.0	0.0	0.0	0.0	0.0

図7-7-2 ネットワークを可視化した結果

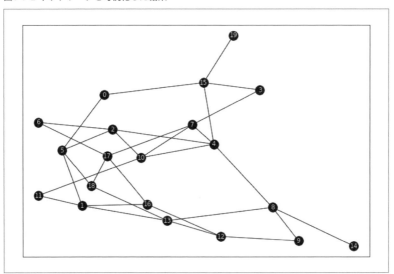

人間関係のネットワークの成長の様子を可視化してみよう

7-7で読み込んだデータはSNSであればサービス開始時のユーザーであり、ある商品の口コミのネットワークであれば商品を最初に購入したお客さんに対応します。こういった初期のユーザーやお客さんの中から「ハブ」と呼ばれる中心的な役割を担う人が現れて、SNSなどのネットワークは成長します。

このようなネットワークの成長の様子をシミュレートするために、以下のソースコードを実行してみましょう。

リンクデータを読み込む 　　　　　　　　　　📄 Chapter7.ipynb

```python
1  import pandas as pd
2  df_links = pd.read_csv("links.csv",index_col=0)
```

ノードを追加する 　　　　　　　　　　　　📄 Chapter7.ipynb

```python
1  import numpy as np
2  N_plus = 100
3  N = len(df_links.index)
4  for i in range(N,N+N_plus):
5      # 接続するノードを決定
6      j = int(np.random.rand()*(i-1))
7      node_name_i = "Node" + str(i)
8      node_name_j = "Node" + str(j)
9      # 列を追加
10     df_links[node_name_i]=0
11     # 行を追加
12     list_zero = [[0]*(len(df_links.index)+1)]
13     s = pd.DataFrame(list_zero,columns=df_links.columns.
   values.tolist(),index=[node_name_i])
14     df_links = pd.concat([df_links, s])
15     # リンクを追加
16     df_links.loc[node_name_i,node_name_j] = 1
17     df_links.loc[node_name_j,node_name_i] = 1
18 #df_links
```

第三部　数値シミュレーション編

グラフを描画する　　　　　　　　　　　　　　　□ Chapter7.ipynb

```python
1   import networkx as nx
2   import matplotlib.pyplot as plt
3
4   # グラフオブジェクトの作成
5   G = nx.Graph()
6
7   # 頂点の設定
8   NUM = len(df_links.index)
9   for i in range(0,NUM):
10      node_no = df_links.columns[i].strip("Node")
11      G.add_node(str(node_no))
12
13  # 辺の設定
14  for i in range(NUM):
15      for j in range(NUM):
16          if df_links.iloc[i][j]==1:
17              G.add_edge(str(i),str(j))
18
19  # 描画
20  plt.figure(figsize=(12, 8))
21  nx.draw_networkx(G,node_color="k", edge_color="k",
    font_color="w")
22  plt.show()
```

このソースコードの実行結果は次の通りです。

図7-8-1 成長したネットワークを可視化した結果

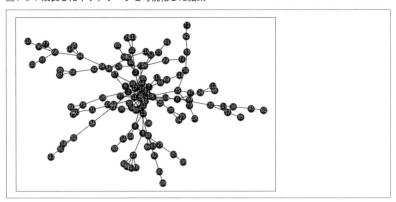

　図7-8-1を見ると、中心に近い位置に配置されている5や12や16などの
ノードに多くのノードからのリンクが集中していることがわかります。これが
まさに、SNSなどでの「ハブ」と呼ばれる中心的な人物を表しています。初期
状態にこれらの人たちが多くのノードに対して働きかけを行い、リンクを増や
していったからこそ、ネットワーク全体は成長していったのです。

　さて、そうしたネットワークの成長をシミュレートするソースコードの中身
について説明していきます。

　まず、第一段階のリンクデータの読み込みと、第三段階のグラフ描画（ネッ
トワークの可視化）については**7-7**と同じソースコードですので、説明を省略
します。ここで重要なのは「ノード追加」という第二段階です。ノード追加は、
まず、追加するノード数N_plusを設定したうえで、追加するノード数分だけ
ノード追加の処理を行います。

　ノードの追加は、まず、すでに存在するノードの中からランダムに1つを選
択し、リンクデータに対応する**df_links**の行と列それぞれに対して、新規に情
報を書き込みます（列を追加、行を追加にそれぞれ対応）。

　最後に選択した接続先であるノードに対応するところにリンクが接続されて
いるという意味の「1」を書き込んで終了です。

　こうして、N_plusの個数だけノードを新規に加えたネットワークが完成し、
「グラフ描画」でその様子を描画できます。N_plusの数はいくつにしても問題
ないので、さまざまな数の成長したネットワークを可視化して、その様子を確
かめてみましょう。

7-9

ネットワークを分析してみよう

7-8で行ったネットワーク可視化によって、実際に成長していくネットワークの様子が可視化されましたが、これだけでは生成されたネットワークがどのような統計的性質を持つものなのかがよくわかりません。

それを明らかにするために、ネットワークの各ノードの持つリンク数の分布を確認してみましょう。以下のソースコードを実行してみてください。

ノードごとのリンク数を描画する　　　　　　　　　　　　　Chapter7.ipynb

```
1  %matplotlib inline
2  import numpy as np
3  import matplotlib.pyplot as plt
4  # リンク数をカウント
5  list_nodenum = np.zeros(len(df_links.index))
6  for i in range(len(df_links.index)):
7      node_name_i = "Node" + str(i)
8      list_nodenum[i] = sum(df_links[node_name_i].values)
9  plt.bar(range(len(df_links.index)),list_nodenum)
10 plt.show()
```

ヒストグラムを描画する　　　　　　　　　　　　　　　　Chapter7.ipynb

```
1  plt.hist(list_nodenum)
2  plt.show()
```

このソースコードの実行結果は、次ページの通りです。

まず、**図7-9-1**ではソースコード「ノードごとのリンク数を描画」を実行した結果として、ノード1つひとつの持つリンク数をグラフ化して描画しています。次に、**図7-9-2**ではソースコード「ヒストグラムを描画」を実行した結果として、それぞれのノードの持つリンク数をヒストグラムとして描画した結果を示しています。

　図7-9-1を見ると、やはり初期のノードにリンク数が集中しているものの、必ずしもすべてのノードが平等にリンクを獲得しているわけではなく、そこには「偏り」が見えます。図7-9-2を見ると、その形状は1章で解説した「べき分布」に近いものであることがわかり、少ない「ハブ」となる人が多くのリンクを独占する状況がわかります。

　こうした様子が、追加するノードの数や、初期のリンクデータを書き換えるなどすることによってどのように変化するかをシミュレートしていくと、より現実に即したシミュレーションが可能になります。

図7-9-1 それぞれのノードの持つリンク数をグラフ化した結果

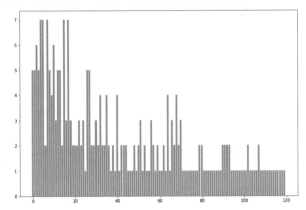

図7-9-2 それぞれのノードの持つリンク数をヒストグラムとして描画した結果

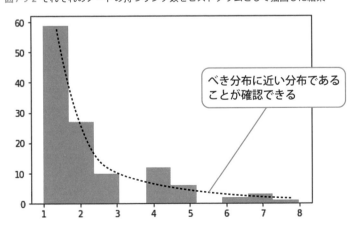

べき分布に近い分布であることが確認できる

ルンゲ・クッタ法

微分方程式の誤差について検討することになった背景

※6章、7章の数値シミュレーション編の最後に「微分方程式を差分化する際の誤差とその対策」についてまとめておきます。途中に数式が出てきますが、理解が難しい場合は、読み飛ばしても問題ありません。

（前章にて）口コミの伝播についての相談を受けたお菓子メーカーの担当者は、**6-2** のねずみ算を行う微分方程式に興味を持ち、その数式について理解を深めるためにパラメータを変更してみました。

すると、時間間隔を意味するパラメータ dt を小さくしていくと、その結果が変わってしまうことを発見しました。時間間隔の違いによって結果が変わってしまっては、微分方程式の信憑性が疑われてしまいます。

この点について質問を受けたあなたは、「微分方程式を差分化する際の誤差」についてまとめて回答することにしました。

微分方程式を差分化する際の誤差とその対策について知っておこう

　まず、**6-2**のねずみ算について見直してみましょう。特に注目したいのが、時間間隔 dt と総時間 num との関係です。以下のソースコードは、**6-2**の内容をそのまま記載したものです。時間間隔 dt は、ねずみが生まれ、次に子孫を残す（$delta$ の演算を行う）際の時間間隔で、**6-2**では「一日」としていました。

　そして、総時間 num を10（すなわち10日）とすることで、10日間のねずみの個体数の変化をシミュレートすることができました。

6-2で解説したねずみ算のパラメータ dt と num との関係   📄 Chapter7.ipynb

```python
%matplotlib inline
import numpy as np
import matplotlib.pyplot as plt

# パラメータ設定
dt = 0.1
a = 1.0
T = 10
num = int(T/dt)

# 初期化(初期値設定)
n = np.zeros(num)
t = np.zeros(num)
n[0] = 2.0
t[0] = 0.0

# 時間発展方程式
for i in range(1,num):
    t[i] = t[i-1] + dt
    delta = a*n[i-1]
    n[i] = delta*dt + n[i-1]

# グラフ描画
plt.plot(t,n,color="blue")
plt.show()
```

図7-10-1　時系列推移

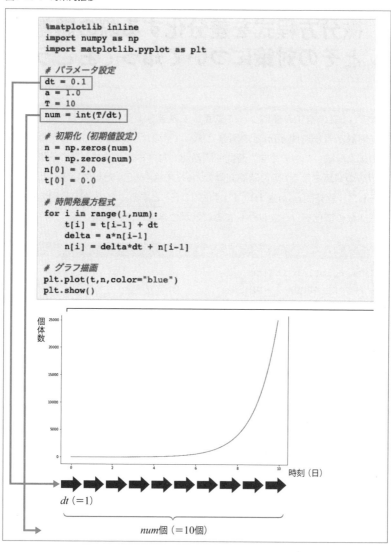

```
%matplotlib inline
import numpy as np
import matplotlib.pyplot as plt

# パラメータ設定
dt = 0.1
a = 1.0
T = 10
num = int(T/dt)

# 初期化（初期値設定）
n = np.zeros(num)
t = np.zeros(num)
n[0] = 2.0
t[0] = 0.0

# 時間発展方程式
for i in range(1,num):
    t[i] = t[i-1] + dt
    delta = a*n[i-1]
    n[i] = delta*dt + n[i-1]

# グラフ描画
plt.plot(t,n,color="blue")
plt.show()
```

個体数

時刻（日）

dt（＝1）

num個（＝10個）

　しかしながら、実際、$delta$の演算を行う時間間隔は、必ずしも「一日」というスパンではなく、それ以上に短い場合もあります。たとえば、SNSなどで口コミが伝播していくスピードは、時に、数秒間隔の場合もあります。口コミのスピードが遅く、一日あたり数人に伝わる程度であれば、dtの値を1.0にしても問題ありませんが、口コミによって投稿がバズる様子などをシミュレートする場合は、dtを小さくしていく（0.1や0.01など）必要があります。

　そこで、dtを小さくするソースコードに変更することを考えてみましょう。次ページの**図7-10-2**を参照してください。

　ここでは、dtを0.1とし、代わりにnumを100としました。時間間隔を10分の1とする代わりにnumを10倍とすることで、$dt \times num$の値（実質的な総時間）を10のままとできるようにしました。そして、各時刻を記録するため、tという配列を新たに追加し、グラフの横軸をtとしました。これを実行してみると、おかしなことが起こります。グラフの縦軸である「個体数」が、大きく増えてしまうのです。

　これは、当然と言えば当然です。**図7-10-1**ではねずみの個体数は一日単位でしか増大しなかった一方、**図7-10-2**では常に個体数が変化しています。変化する個体数に応じて次の個体数が決まるので、dtを小さくするほど、その数は増えてしまいます。では、dtを小さくすると、その数は無限に増大してしまうのでしょうか。ここからは、この問題について考えていきましょう。

図7-10-2 6-2で解説したねずみ算のパラメータ *dt* と *num* との関係

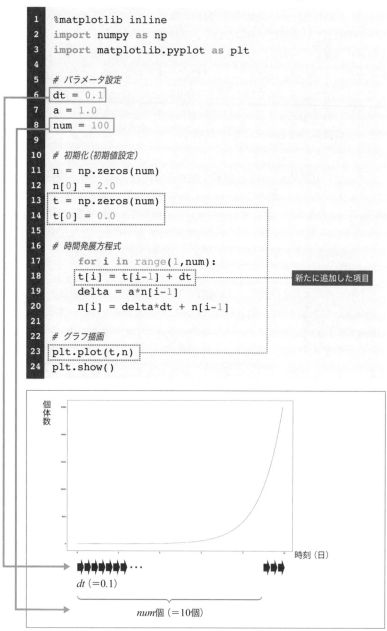

ねずみ算が解いている問題を数式で表現すると、以下のようになります。

$$\frac{dn}{dt} = an$$

ねずみの個体数 n が「増える速度」は、ねずみの個体数と、パラメータ a に比例します。「速度」は、単位時間あたりに増える個体数です。

これを数式で表現すると、時間間隔 dt あたりに増えた個体数 dn を、dt で割ったもの、すなわち $\frac{dn}{dt}$ と表現できます。

つまり、上の式は以下のようになります。

（ねずみの個体数の増加速度）＝ a ×（ねずみの個体数）

数式に戻って式変形してみましょう。
両辺に dt をかけると、以下のようになります。

$$dn = andt$$

さらに、両辺を n で割ります（本来、n で割る際は、$n \neq 0$ であることを保証する必要がありますが、ここでは、$n > 0$ のみを扱うものとします）。

$$\frac{dn}{n} = adt$$

両辺を積分します。

$$\int \frac{1}{n} dn = \int adt$$

この積分を実行すると、次ページの式が導かれます。

$$log(n) = at + C \quad (C は定数)$$

両辺を e（ネイピア数）のほうに乗せると、以下のようになります。

$$n(t) = Ae^{at} \quad (A = e^{C})$$

ここで、$t=0$ のとき $e^{at}=1$ となるので、$A = n(0)$ となります。すなわち、

$$n(t) = n(0)e^{at}$$

というものが、ねずみ算において本来解きたかった（dt を0に近づけていった極限において従うはずの）方程式ということになります。

　このように、微分方程式を数式によって解くことで、本来解きたかった（すなわち dt を0に近づけていった極限において従うはずの）方程式を導くことを「微分方程式を解析的に解く」と言います。本来は、あらゆる微分方程式を解析的に解くことができればよいのですが、実際のところ、複雑な微分方程式を解析的に解くことは難しく、数値シミュレーションによって「近似解」を導くことになります。

　しかしながら、近似解ではどれほど解析解に近づけることができているかが心許ないところです。そこで考え出された方法が、数値シミュレーションによる微分方程式の解の誤差を小さくする方法であり、「**ルンゲ・クッタ法**」と呼ばれるものです。

　6-2で紹介した微分方程式の解き方を「**オイラー法**」と呼び、微分方程式を手軽に実装するには適しているのですが、解析解との誤差が大きくなる（あるいは誤差を減らすためには dt の値を小さくしないといけない）という問題点があり、なるべく厳密に解を求めたいという場合には、「ルンゲ・クッタ法」を用いることになります。

以上を比較するために、それぞれのソースコードを実行してみましょう。

まず、**図7-10-3**は**図7-10-2**において紹介したねずみ算の時間間隔dtを小さくする方法（オイラー法）によって計算したものです。これを解析解と比較したものが**図7-10-4**です。画面上の赤線で示した解析解と青線で示した解に大きなずれが見られます。

これに対して、誤差を小さくするルンゲ・クッタ法を実行するものが**図7-10-5**で、この結果をオイラー法による解および解析解に重ねたものが**図7-10-6**です。ルンゲ・クッタ法によって求めた解が、解析解に比べてほとんど誤差がないということがわかります。

第7章 人の動きをアニメーションのようにシミュレーションしたい

ねずみ算をオイラー法によって解く　　　　　　　　　　　　📄 Chapter7.ipynb

```
1   %matplotlib inline
2   import numpy as np
3   import matplotlib.pyplot as plt
4
5   # パラメータ設定
6   dt = 0.1
7   a = 1.0
8   T = 10
9   num = int(T/dt)
10
11  # 初期化（初期値設定）
12  n = np.zeros(num)
13  t = np.zeros(num)
14  n[0] = 2.0
15  t[0] = 0.0
16
17  # 時間発展方程式
18  for i in range(1,num):
19      t[i] = t[i-1] + dt
20      delta = a*n[i-1]
21      n[i] = delta*dt + n[i-1]
22
23  # グラフ描画
24  plt.plot(t,n,color="blue")
25  plt.show()
```

図**7-10-3 オイラー法による離散化**

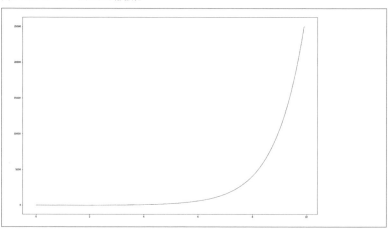

ねずみ算のオイラー法による解と解析解との比較を行う　　　　　🗋 Chapter7.ipynb

```
1  t = np.arange(0,T,dt)
2  n_cont = n[0]*np.exp(a*t)
3  print(len(n_cont),len(n))
4  plt.plot(t,n)
5  plt.plot(t,n_cont,color="red")
6  plt.show()
```

図**7-10-4 解析解との比較**

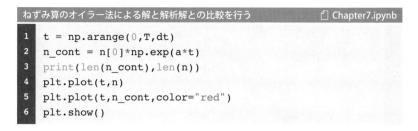

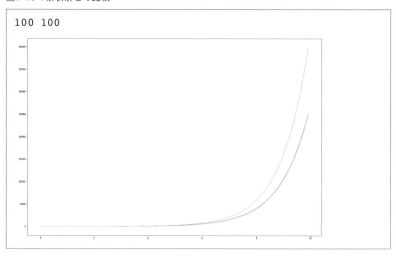

第三部　数値シミュレーション編

```
1   %matplotlib inline
2   import numpy as np
3   import matplotlib.pyplot as plt
4
5   # パラメータ設定
6   dt = 0.1
7   a = 1.0
8   T = 10
9   num = int(T/dt)
10
11  # 初期化(初期値設定)
12  n_runge_kutta = np.zeros(num)
13  t = np.zeros(num)
14  n_runge_kutta[0] = 2.0
15  t[0] = 0.0
16
17  # 時間発展方程式を定める関数
18  def f(n,t):
19      return n
20
21  # 時間発展方程式
22  for i in range(1,num):
23      t[i] = t[i-1] + dt
24      #delta = a*n[i-1]
25      #n[i] = delta*dt + n[i-1]
26      k1 = dt*f(n_runge_kutta[i-1],t[i-1])
27      k2 = dt*f(n_runge_kutta[i-1]+k1/2,t[i-1]+dt/2)
28      k3 = dt*f(n_runge_kutta[i-1]+k2/2,t[i-1]+dt/2)
29      k4 = dt*f(n_runge_kutta[i-1]+k3,t[i-1]+dt)
30      n_runge_kutta[i] = n_runge_kutta[i-1] + 1/6*(k1+2*
31  k2+2*k3+k4)
32  # グラフ描画
33  plt.plot(t,n_runge_kutta,color="green")
34  plt.show()
```

図7-10-5 ルンゲ・クッタ法による解

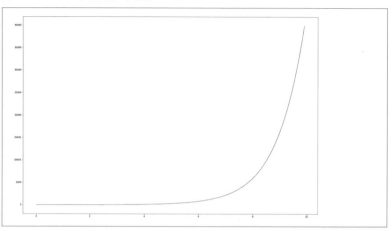

ねずみ算のオイラー法・ルンゲ・クッタ法による解と解析解を比較する

📄 Chapter7.ipynb

```
1  t = np.arange(0,T,dt)
2  n_cont = n[0]*np.exp(a*t)
3  print(len(n_cont),len(n))
4  plt.plot(t,n, linewidth=4,color="blue")
5  plt.plot(t,n_cont, linewidth=4,color="red")
6  plt.plot(t,n_runge_kutta, linewidth=4, linestyle="dashe
   d",color="green")
7  plt.show()
```

図7-10-6　オイラー法、ルンゲ・クッタ法、解析解の比較

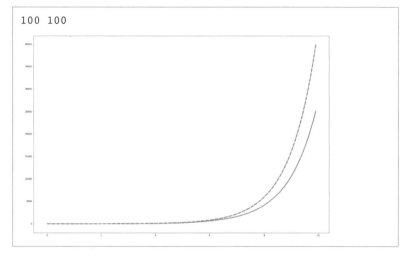

ルンゲ・クッタ法のイメージ

　最後に、ルンゲ・クッタ法がどのようにして誤差を小さくしているのかについて簡単に解説します。詳細は数式による複雑な解析が必要なので専門書に譲るとして、ここではイメージだけでもお伝えします（**図7-10-7**）。

　まず、ある時刻 $t0$ の個体数の時間変化（すなわち速度）である $\dfrac{dn}{dt}$ から、次の時刻 $t+dt$ の個体数 $n(t+dt)$ を求めることを考える場合、$\dfrac{dn}{dt}$ が一定であれば、$n(t+dt)$ を求めるには単純に $n(t)$ に $\dfrac{dn}{dt}$ の dn 倍を足し合わせればよいことになります。これが、**図7-10-7**の $k1$ に該当します。

　しかし、$\dfrac{dn}{dt}$ の値は時々刻々と変化しているので、一旦、時刻が dt の半分だけ進んだとき、すなわち時刻 $t+dt/2$ のことを考えます。仮に $\dfrac{dn}{dt}$ が一定であれば、そのときの速度 $\dfrac{dn}{dt}$ は n ではなく、$k1$ の半分だけ進んだ $n+k1/2$ だけ進むはずです。これを考慮にいれた場合の増分が、図の $k2$ になります。

　それを考慮に入れ、時刻 $t+dt/2$ において、速度 $\dfrac{dn}{dt}$ が $k2$ の半分だけ進んだ $n+k2/2$ とした場合の増分を $k3$ とします。

　最後に、時刻$t0$において、すでに速度が$(n+k3)$のそれに従うものだったことを仮定した場合の増分を$k4$とします。それぞれに$1, 2, 2, 1$という重みをかけて平均を計算したものが、時刻$t+dt$の個体数$n(t+d)$となるというのが、ルンゲ・クッタ法の基本的な考え方です。

　重みは時刻tでのnの式をテイラー展開することによって得ることができるので、興味のある方は、専門書を頼りにご自身で手を動かして確かめてみることをお勧めします（E.ハイラー（著）「常微分方程式の数値解法Ⅰ」丸善出版（2012）など）。

図7-10-7　ルンゲ・クッタ法のイメージ

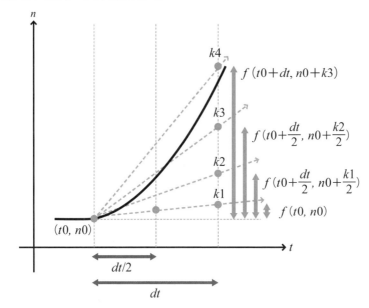

第四部

深層学習 編

　ここまで、実際のビジネス現場におけるデータを分析し（第一部）、最適解を導き出し（第二部）、数値シミュレーションによって将来の様子をアニメーションのように可視化する方法（第三部）を学びました。この一連の流れを学ぶことによって、実際のビジネスの現場のイメージと、その中での数学の役割との関係がつかめるようになったのではないでしょうか。

　ここからは、昨今、発展著しく多くのエンジニアが注目する技術である深層学習についての理解を深めます。深層学習は、専門書を見ると、「人間の脳を模したもの」など、難解な説明や、抽象的でわかりにくい説明が続くことが少なくありません。しかしながら、その原理は意外と単純であり、第一部で登場した機械学習と地続きのものとしてイメージできます。

　ここでも、これまでと同様に数式の説明は最小限にとどめ、その裏側にある「考え方」について、図解とプログラミングを通して身につけていくことを目指します。

第 **8** 章

ネットワーク構造と学習との関係
深層学習による画像認識と
その仕組みを知ろう

深層学習を一言で説明するならば、画像などのデータを高い精度で分類して認識する技術です。たとえば、カメラを設置して、「いつ人間が通過したか」「その人はどのような表情だったか」など、画像に含まれるさまざまな情報を認識できます。

それを実現する仕組みが、人間の脳を模した「ニューラルネットワーク」の中に記憶を学習させるというメカニズムなのです。ビジネスの現場でも、農家で作物の品質の分類を行ったり、パン屋のレジで商品を自動認識したり、また、オフィスでの社員の表情を取得して、社内の働きやすさの改善につなげたりなど、さまざまな用途で用いられています。

本章では、まず、深層学習のソースコードを実行してみて、どのような動作がなされるのかを体感したうえで、そのメカニズムを図解によって学び、深層学習の原理をイメージで理解したうえで、その1つひとつを体感するプログラムを動かしながら、その理解を深めていきましょう。

仕組み編

深層学習のメカニズムの理解を行うことになった背景

第三部までのさまざまな現場で実績を積み上げてきたあなたは、データサイエンティストとして信頼を得て、一緒に仕事をしてきた現場の担当者さんたちの相談役のような立場として活躍しています。そうした中、あなたは、あるスーパーマーケットの現場監督から、次のような相談を受けました。

「弊社では、店内の様子を画像データで蓄積していて、それらを分析することで、日々の売り場の管理や売れ行きの予測など、さまざまな用途に使いたいと思っている。そこで、深層学習を用いたプロジェクトを社内で提案したいと思っているのだが、経営層には『深層学習＝AI＝何でもできる』と思っている人が多く、過度の期待につながってしまうことを懸念している。そこで、深層学習についての理解を深めたうえで新規プロジェクトの提案を行えるようにしたいのだが、原理を噛み砕いて説明してもらうことはできないだろうか」

このような相談を受けたあなたは、深層学習の背景にあるメカニズムについてまとめ、システムのイメージを伝えることになりました。
それらを行う方法について、検討していきましょう。

深層学習って何ができるの？

「**深層学習**」を理解するには、実際に自分で用意した画像データを深層学習プログラムによって認識させてみて、その結果を確認することが近道です。

　そこで、まずは**VGG16**と呼ばれる深層学習ネットワーク（後ほど、改めて説明します）を用いて、自分で用意した画像データによって物体の認識を行ってみましょう。以下のソースコードを実行しましょう。

画像を読み込む　　　　　　　　　　　　　　　　　　　　🗐 Chapter8-1.ipynb

```python
1  from PIL import Image
2
3  # 画像読み込み
4  filename = "vegi.png"
5  im = Image.open(filename)
6
7  # 表示
8  im
```

深層学習によって画像認識を行う　　　　　　　　　　　　🗐 Chapter8-1.ipynb

```python
1  from tensorflow.keras.applications.vgg16 import VGG16,
   preprocess_input, decode_predictions
2  from tensorflow.keras.preprocessing import image
3  import numpy as np
4
5  # 学習済みのVGG16をロード
6  model = VGG16(weights='imagenet')
7
8  # 画像ファイル読み込み(224x224にリサイズ)
9  img = image.load_img(filename, target_size=(224, 224))
10 x = image.img_to_array(img)
11 x = np.expand_dims(x, axis=0)
12
13 # 上位5位までのクラスを予測する
14 preds = model.predict(preprocess_input(x))
15 results = decode_predictions(preds, top=5)[0]
16 for result in results:
17     print(result[1],result[2])
```

このソースコードは、まず画像データ "**vegi.jpg**" を読み込んで、読み込んだデータに対して予測される物体の候補を第五位まで、その「確率」を含めて表示するものです。読み込んだ画像は**図8-1-1**に示される通り、ある食料品店の売り場の様子です。そして、これを認識した結果が**図8-1-2**に示されています。上から画像が "orange" である確率が45.09…%、"grocery store" である確率が33.60…%、"lemon" である確率が16.10…%などです。

　実際、手前にはオレンジが配置されており、食料品店であることも間違いないので、高確率で画像の様子を捉えているといえますが、画像によっては得手不得手があるので、ソースコードの画像ファイル名 "**vegi.jpg**" を書き換えて、自分で準備した画像データを使ってみて、その結果を確認してみましょう。

図8-1-1　読み込んだ画像データ

図8-1-2　深層学習による認識結果

```
orange 0.45090696
grocery_store 0.33600047
lemon 0.1610986
pineapple 0.011608704
banana 0.008603089
```

深層学習はどうやって動くの？

8-1では、深層学習を使って行う画像認識を一旦体感しました。ここからは、その認識を可能にする「学習」をどのように行うのか、そのメカニズムについて解説していきます。ここでは、最初にソースコードを実行してみるのではなく、深層学習の原理を解説することから始めて、後から確認するソースコードを実行していくという順番で理解を深めていきましょう。

まず、深層学習の原理を理解するにあたって、**図8-2-1**をご覧ください。

この図は、「ネットワーク構造の中に記憶を学習させる」という深層学習の原理を単純化して模式的に表現したものです。たとえば、ある画像から「オレンジ色の物体がある」「マルい物体がある」という特徴を見出せたとします（**図8-2-2**）。そして、「オレンジ色」「マル」という特徴に対して反応する（発火する）要素があったとします（その要素を「細胞」と呼びます）。

すると、このネットワークを見ると、「オレンジ色」「マル」という特徴に対応する細胞と「みかん」に対応する細胞がつながっているので、「オレンジ色」「マル」という特徴を見つけると、結果として「みかん」に対応する細胞が反応（発火）し、結果として画像が「みかん」であるということが認識できます。

同様に「いちご」に関しても、**図8-2-3**にあるように、「赤色」という特徴と「三角形」という特徴から認識することができます。

このように、「みかん」や「いちご」の記憶を特徴と対応付けて学習させるネットワークがニューラルネットワークと呼ばれ、深層学習を行ううえでの基礎となります。

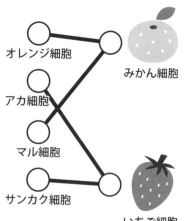

図8-2-1　みかんといちごを学習した
ニューラルネットワークのイメージ

オレンジ細胞

アカ細胞

マル細胞

サンカク細胞

みかん細胞

いちご細胞

図8-2-2　ニューラルネットワークがみかんを認識するイメージ

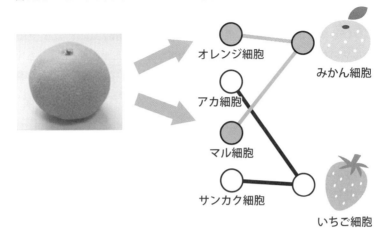

図8-2-3　ニューラルネットワークがいちごを認識するイメージ

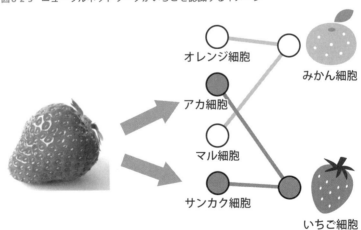

　さて、ここまでを通して、みかんやいちごの画像を見てニューラルネットワークが「みかんである」「いちごである」などと認識することができること自体はわかりました。しかし、ここまでの説明では、いくつかの疑問が残ります。

「みかんやいちごを認識するニューラルネットワークは、そもそもどのように して記憶を学習することができるのか」

「オレンジやマルなどの特徴は、どうやって認識するのか」

「みかんやいちごといっても、さまざまな角度から見た形があり、必ずしもオ レンジやマルだけで認識できるものではない。そうしたバリエーションを どうやって学習するのか」

これらの疑問を1つひとつ解消していくと、必然的に深層学習の仕組みが 理解できるようになります。まず、最初の疑問、「みかんやいちごを認識する ニューラルネットワークは、そもそもどのようにして記憶を学習することがで きるのか」について考えていきましょう。

ニューラルネットワークの学習の仕組みは、2章で解説した機械学習による 学習の仕組みと基本的には同じです。

図8-2-4をご覧ください。ここには、ニューラルネットワークが学習を行う 前の状態から、学習が完了する状態に至るまでの一連の流れを示しています。

たとえば、色や形などの情報を特徴として数値化できたと仮定すると、それ らの色や形の特徴を、座標空間上にマッピングすることができます。これが、 学習前の状態です。

ただし、座標空間上に対してマッピングを行っただけの状態なので、みかん やいちごの特徴の違いはどこにも表現されていません。これは、ニューラル ネットワークにおいて、みかんやいちごの細胞に対し、すべての特徴が平等に 結合されている状態に相当します。ここから徐々に、みかんやいちごと特徴と の対応付けを行っていきます。

学習は、座標空間上においてランダムに境界線を引くことから始めます。図 の「学習開始前」を見ると、みかんに相当するオレンジ色の●（複数のみかん画 像を用意します）と、いちごに相当する赤色の▼（同様に複数のいちご画像を用 意します）が、うまく境界線で分けられていないことがわかります。

これを、みかんといちごの間にうまく引くことで、「正しい境界線」にしてい くことができれば学習完了です。境界線を少し回転させたときに（時計回りと 反時計回り）、よりうまく分けられる方向に回転させることで、少しずつ「正し い境界線」に近づけていきます。これは、ニューラルネットワークが徐々に正

しい特徴の細胞との結合を強め、正しくない特徴との結合を弱めていくことに相当し、後に解説する「バックプロパゲーション（誤差逆伝播法）」という方法によって実現できます。

　学習が完了すると、境界は正しくみかんといちごを分離し、ネットワーク上では正確に特徴と物体（みかんやいちご）が対応付けられます。

図8-2-4　ニューラルネットワークに記憶を学習させるイメージ

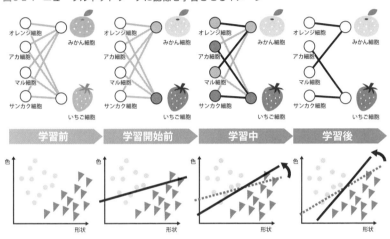

　以上が、ニューラルネットワークが記憶を学習する仕組みの大まかなイメージです。ここからは、「オレンジやマルなどの特徴は、どうやって認識するのか」「みかんやいちごといっても、さまざまな角度から見た形があり、必ずしもオレンジやマルだけで認識できるものではない。そうしたバリエーションをどうやって学習するのか」という2つの疑問に応えていきながら、ニューラルネットワークのイメージを深層学習に拡張していきます。

　深層学習の大きな特徴として、「さまざまなバリエーションを学習できる」という点があります。たとえば、「みかん」といっても、**図8-2-5**に示すように多くのバリエーションがあり、これらすべてが私たちにとっては「みかん」です。

　もちろん、これらの画像1つひとつが持つ特徴は大きく異なりますので、同じように扱うことはできません。こうしたバリエーションをどのように深層学習が扱っているのかを理解することが、深層学習の仕組みそのものを理解することに大きくつながります。

図8-2-5 みかんの形状のバリエーション

第四部 深層学習編

　深層学習の代表格として「**畳み込みニューラルネットワーク（コンボリューショナル・ニューラルネットワーク、CNN）**」というものがあります。
　これは、画像に「フィルター」をかける処理（畳み込み）を行うことで、その画像に含まれる特徴を浮き彫りに、その特徴でもって記憶を学習させるニューラルネットワークです。この「畳み込み」について理解することで、これまで答えを出さなかった疑問である「（みかんの）オレンジやマルなどの特徴は、どうやって認識するのか」への理解に近づきます。

　畳み込みのイメージは、**図8-2-6**に示しています。そもそも、画像は、数百万画素の「ピクセル」と呼ばれるブロックの集まりであり、それぞれのピクセルは、RGBそれぞれの組み合わせで表現されています。
　RGBそれぞれは、0〜255のいずれかの値で表現されています。これによって、どのピクセルがどの色で表現されているかがわかります。このそれぞれのピクセルに対して、周りとの差を強くするような処理を行うと、物体と物体の境界部分（エッジ）が強調されます。
　逆に、「周りとの平均を取る」ような処理を行うと画像はぼやけていきます。

　このように、周りとの差や平均などの関係を使って画像を書き換える処理が「**畳み込み**」であり、それを実現するためのものが「**フィルター**」と呼ばれます。
　深層学習においては、この「フィルター」が主役となります。深層学習における学習とは、「フィルター」を「みかん」や「いちご」などの物体が最も「正しく」分割できるように少しずつ書き換えていく処理なのです。

図8-2-6　フィルターを用いて画像に「畳み込み」を行うイメージ

　では、深層学習による学習を理解するために、CNNのネットワーク構造を見ていきましょう（**図8-2-7**）。深層学習のネットワークは、「**畳み込み**」と「**プーリング**」という処理を繰り返し行い、最後に「みかん」や「いちご」という物体の「クラス」への対応付けを行うという構造です。畳み込みとは、事前に用意したフィルターによる画像処理（画像の書き換え）であり、プーリングとは画像を圧縮する処理です（通常、1/2サイズに圧縮します）。畳み込みによってピクセル周辺の特徴が表現されますが、プーリング処理によって画像の圧縮が進んでいくことで、より「大まかな特徴」を表現することになります。

　このように、何階層にも渡って処理を進めていくことで、「細かい特徴」から「大まかな特徴」までを表現できるようになります。ただ、この畳み込みを行うフィルターは、最初はランダムに設定されたのです。最後のみかんといちごとの対応付けを行う階層において、さきほど解説したニューラルネットワークに記憶を学習させるイメージ（**図8-2-4**）と同様に、みかんといちごなどの「クラス」がうまく分けられていなければ、その特徴をより明確にするように直近のフィルターそのものを書き換えていきます（**図8-2-4**において境界を回転させたのと同じイメージで、フィルターを書き換えます）。

　そのフィルターの書き換えは、徐々に最初の層のフィルターに伝わっていき、結果としてすべてのフィルターの書き換えが終了します。もちろん、**図8-2-4**で境界の書き換えが徐々に行われたのと同様に、フィルターの書き換えもまた、徐々に行われていきます。

　さて、**図8-2-7**をよく見るとわかるのですが、階層が右側に行くほどに、フィルターの数が増えていきます。これが、まさに特徴のバリエーションを表します。フィルターが4つあれば、四種類のみかんなどの画像のバリエーションを表現できます。このように、フィルターの数を増やすことで、同じみかんでもさまざまなバリエーションによる特徴を表現できるのが深層学習の特徴です。

図8-2-7　深層学習のイメージ

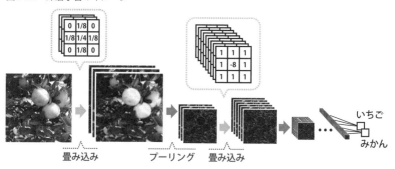

　最後に、実際の深層学習のネットワーク構造を確認することで、これまでの説明との対応付けを行っていきましょう。**図8-2-8**は、CNNの中でも広く知られている**VGG16**といわれるニューラルネットワークです。

　この画像には、最初に224×224ピクセルのRGB画像が入力されます（VGG16を用いる際は、このサイズに画像圧縮を行って入力する必要があります）。次に、それらの画像は畳み込みによって64層にまで増やされます（224×224×64と表記されています）。それらがプーリングによって圧縮され（112×112）、複数の畳み込みフィルターによって増やされます（112×112×128）。

さらに同様にプーリングがなされ（56×56）、複数の畳み込みフィルターによって増やされます（56×56×256）。同様の処理によって28×28に圧縮、512層に増やされ、14×14に圧縮（512層のまま）、7×7に圧縮（512層のまま）、それらの特徴が4096層に対応付けられ、最後に1000の物体のクラスに対応付けられます。

相当の数のフィルターがあるので、ゼロから画像の特徴を学習させていくには、相当数のバックプロパゲーションを行ったうえでフィルターを最適なものに近づけていく必要がありますが、8-1で行ったようにすでに多くのクラスを学習させた「学習済みモデル」が公開されており、これを用いることで気軽にその効果が確かめられ、その上に追加して学習させることもできるのです。

図8-2-8　VGG16のネットワーク構造

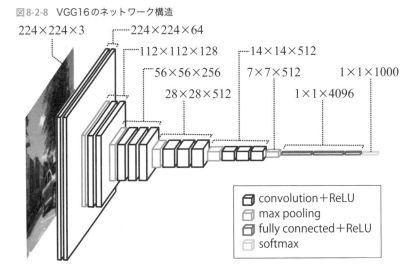

深層学習の「学習」はどうやって進むの？

　ここまでで、深層学習によるデータの分類の大まかな流れについて、（雰囲気だけでも）イメージできるようになったかと思います。しかしながら、実際にソースコードを見て実行して結果を出力してみないと、「体感」として理解できるようになったとはいえません。

　8-3〜8-5では、深層学習によってニューラルネットワークがデータを学習する様子を、ソースコードを実行しながら確認していきましょう。

　ここで特に確かめたいことは、ニューラルネットワークに記憶を学習させるイメージを模式的に示した図8-2-4の流れです。学習が進むことで、「みかん」や「いちご」のようなクラスの分類が少しずつ進んでいく様子を確認します。

　この処理は、ニューラルネットワークを用いた「最適化」と捉えることができます。ニューラルネットワークが学習した「境界線」が誤っている度合いを示す「**損失関数**」というものを定義し、その「損失関数」を小さくしていく方向に、8-2で見てきた「フィルター」の値を変えていきます。最終的には、損失関数が0、あるいは十分に小さくなったと判断した時点で学習を終了します。

　その様子を体感するために、以下のソースコードを実行してみましょう。

データを読み込むソースコード　　　　　　　　　　📄 Chapter8-1.ipynb

```
1   import numpy as np
2   import matplotlib.pyplot as plt
3   import pandas as pd
4
5   # データ読み込み
6   df_sample = pd.read_csv("sample_2d.csv")
7   sample = df_sample.values
8
9   # 読み込みデータ可視化
10  for i in range(len(sample)):
```

次ページへつづく

第四部　深層学習編

```
11      if int(sample[i][2])==0:
12          plt.scatter(sample[i][0],sample[i][1],marker=
    "o",color="k")
13      else:
14          plt.scatter(sample[i][0],sample[i][1],marker=
    "s",color="k")
15  plt.show()
16  %matplotlib inline
```

Kerasによる分類	📄 Chapter8-1.ipynb

```
1   from tensorflow.keras.models import Sequential
2   from tensorflow.keras.layers import Dense, Activation
3   import numpy as np
4   import matplotlib.pyplot as plt
5   import pandas as pd
6
7   # パラメータ設定
8   num_epochs = 1
9
10  # モデル作成
11  model = Sequential()
12  model.add(Dense(32, activation='relu', input_dim=2))
13  model.add(Dense(32, activation='relu', input_dim=2))
14  model.add(Dense(1, activation='sigmoid'))
15  model.compile(optimizer='rmsprop',
16              loss='binary_crossentropy',
17              metrics=['accuracy'])
18
19  # トレーニング(分類)
20  data = sample[:,0:2]
21  labels = sample[:,2].reshape(-1, 1)
22  model.fit(data, labels, epochs=num_epochs, batch_size=10)
23
24  # 分類結果出力
25  predicted_classes = model.predict_classes(data, batch_
    size=10)
26
27  # 分類結果可視化
28  for i in range(len(sample)):
```

次ページへつづく

```
29    # 分類結果を色で表示
30    if int(predicted_classes[i])==0:
31        target_color = "r"
32    else:
33        target_color = "b"
34    # 実際のクラスをマーカーで表示
35    if int(sample[i][2])==0:
36        target_marker = "o"
37    else:
38        target_marker = "s"
39    plt.scatter(sample[i][0],sample[i][1],marker=target_
marker,color=target_color)
40 plt.show()
41 %matplotlib inline
```

　ここでは、深層学習ライブラリの1つであるKerasを用いて、深層学習によ
る二次元データの分類を行っています。

　まず、「データの読み込み」によって、**図8-2-4**「ニューラルネットワークに記
憶を学習させるイメージ」のみかんといちごの分類をイメージした二次元デー
タsample_2d.csvを読み込みます。

　二次元データの読み込み結果は、**図8-3-1**に表示されるように〇と□で描画
される2つのクラス（0と1）に前もって分類されています。この、前もって分
類された情報を学習する（境界線を引く）様子を観察していきます。

　ソースコードの「Kerasによる分類」を実行してみると、**図8-3-2**「エポック
数1による学習結果」に表示されるように、青色と赤色の分類が行われます。

　これは、作成したニューラルネットワーク（モデル）を使って、1回のみの学
習を行った際に引かれた境界線によって分類された結果です。□は青色のクラ
ス、〇は赤色のクラスとして分類したいところですが、1回の学習では十分に
その分類が行われず、もう少し学習が必要そうだということがわかります。

　これは、**図8-2-4**「ニューラルネットワークに記憶を学習させるイメージ」に
おける「学習開始前」の境界線が正しく引けていない状況に相当します。

次に、ソースコードの中身について見ていきましょう。深層学習のソースコードは、大まかに、「パラメータ設定」「モデル作成」「トレーニング」「予測結果出力（および可視化）」の4つのステップから成ります。

ここで、パラメータ設定として設定しているnum_epochsという数値は、学習の回数（エポック数）を表します。このソースコードでは1回のみの学習なので、十分に正確な境界線が引けていません。

モデル作成においては、**図8-2-8**「VGG16のネットワーク構造」で記載したニューラルネットワークの例よりも単純な32のフィルターによる32層のネットワークを二段階用意したものを定義します。

ここで重要なのは、model.compileという関数の中で定義しているbinary_crossentropy（交差エントロピー）というものです。これは、「分類が正しく行われている場合には0、そうでなければ正の値」をすべてのサンプル点において計算した和を求めるものです。

交差エントロピーが0、あるいは十分小さくなることによって分類は完了したことになるので、この値を小さくするようにニューラルネットワークのフィルターの値を変化させていくことになります。

この処理をトレーニング（分類）におけるmodel.fitという関数の中で行います。そして、フィルターの値を変化させる回数が学習回数（エポック数）に相当します。

交差エントロピーのように、ニューラルネットワークにおいて最小化する関数を**「損失関数（ロス関数）」**と呼び、損失関数を変えることで、分類だけでなく、さまざまな目的にニューラルネットワークを利用していくことができます。

こうして損失関数である交差エントロピーを最小化して分類された結果が、「予測結果出力」で出力されます。

学習回数（エポック数）が1回の場合は、**図8-3-2**「エポック数1による学習結果」のように学習がうまくいきませんでしたが、パラメータ設定のnum_epochsの値を10にすると**図8-3-3**「エポック数10による学習結果」のように、また50にすると**図8-3-4**「エポック数50による学習結果」のように、徐々に分類が正確になされる様子が確認できます。

今回学習に用いた二次元データでは、**図8-3-4**「エポック数50による学習結果」であっても完全には分類できません。境界領域において、〇と□が1つずつ誤っている様子が確認できます。

これは、そもそもの機械学習による分類の限界であり、境界領域を無理に精度よく分類しても、未だ学習していないデータに対する認識がうまくいかない「過学習」という状況に陥ります。「ある程度正確に分類できる」ことがわかった時点で学習をストップさせることが重要です。

以上が、深層学習による分類を行う一連の流れです。

ここからは、深層学習のもう1つの利用方法である時系列データの近似を紹介します。

図8-3-1 読み込みを行った二次元データ

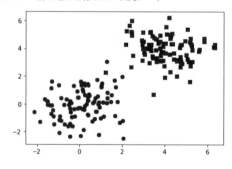

図8-3-2　エポック数1による学習結果

Epoch 1/1
200/200 [==============================] - 0s 2ms/step - loss: 0.4788 - accuracy: 0.7950

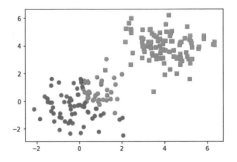

図8-3-3　エポック数10による学習結果

Epoch 10/10
200/200 [==============================] - 0s 140us/step - loss: 0.0920 - accuracy: 0.9800

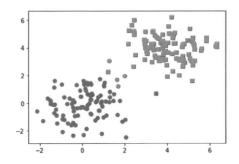

図8-3-4　エポック数50による学習結果

Epoch 50/50
200/200 [==============================] - 0s 150us/step - loss: 0.0205 - accuracy: 0.9950

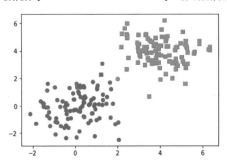

深層学習ライブラリを使って
直線グラフを予測してみよう

8-3で見てきた深層学習の大まかな流れである4つのステップ「パラメータ設定」「モデル作成」「トレーニング」「予測結果出力（および可視化）」を利用することで、分類以外の利用方法があります。それが、時系列データの予測です。以下のソースコードを実行してみましょう。

直線グラフの予測を行うソースコード①　　　　　　　　Chapter8-1.ipynb

```
1   import numpy as np
2   import matplotlib.pyplot as plt
3   import pandas as pd
4
5   # データ読み込み
6   df_sample = pd.read_csv("sample_linear.csv")
7   sample = df_sample.values
8
9   # 読み込みデータ可視化
10  x = sample[:,0]
11  y = sample[:,1]
12  plt.scatter(x,y,marker=".",color="k")
13  plt.show()
14  %matplotlib inline
```

直線グラフの予測を行うソースコード②　　　　　　　　Chapter8-1.ipynb

```
1   import numpy as np
2   import matplotlib.pyplot as plt
3   from tensorflow.keras.models import Sequential
4   from tensorflow.keras.layers import Dense
5
6   # パラメータ設定
7   num_epochs = 1
8
```

次ページへつづく

```
 9   # モデル作成
10   model = Sequential()
11   model.add(Dense(20, activation="tanh", input_dim=1))
12   model.add(Dense(20, activation="tanh"))
13   model.add(Dense(1))
14   model.add(Dense(1, input_dim=1))
15
16   # 最適化計算
17   model.compile(optimizer='sgd',
18                 loss='mean_squared_error')
19
20   # トレーニング(曲線近似)
21   model.fit(x, y,batch_size=100,epochs=num_epochs)
22
23   # 予測結果出力
24   pred = model.predict(x)
25
26   # 予測結果可視化
27   plt.plot(x, y, color="k")
28   plt.plot(x, pred, color="r")
29   plt.show()
```

　ソースコードにおいて「データの読み込み」を実行した結果が、**図8-4-1**「読み込みを行ったデータ」であり、全体として右肩上がりの傾向を持つ時系列データです。これに対し、深層学習を用いることで、回帰分析、すなわち近似曲線を求めることができるようになります。

　ソースコードの「モデル作成」の直下にある「最適化計算」と記載したところを見ると、今回は、損失関数として mean_squared_error、すなわち平均二乗誤差を与えています。近似曲線を引いて、その曲線がサンプルデータに対して平均二乗誤差を最小化するように、フィルターの値を変化させていきます。
　学習回数が1回の場合は、**図8-4-2**のようにうまく近似曲線を引くことができませんが、学習回数を50回にすることで、**図8-4-3**のように極めて精度の高い曲線を引く（予測する）ことができます。もちろん、直線的な傾向だけでなく、変化の大きな曲線であっても予測できます。

　8-5では、変化の激しい曲線への近似の様子を見ていきましょう。

図8-4-1 読み込みを行ったデータ

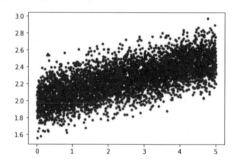

図8-4-2 エポック数1による学習結果

```
Epoch 1/1
5000/5000 [==============================] - 0s 49us/step - loss: 0.2910
```

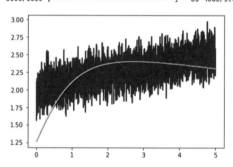

図8-4-3 エポック数50による学習結果

```
Epoch 50/50
5000/5000 [==============================] - 0s 10us/step - loss: 0.0240
```

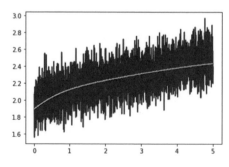

深層学習ライブラリを使って
曲線グラフを予測してみよう

　8-4で扱った時系列データは、比較的変化の少ない直線的な傾向を持つデータでした。ここでは、サインカーブのような変化の激しい曲線的傾向を持つデータを、深層学習によって近似することを考えます。ここでは、**8-4**のソースコードと同じものを用います。以下のソースコードを実行してみましょう。

曲線グラフの予測を行うソースコード ①　　　　　　　　　　📄 Chapter8-1.ipynb

```
1   import numpy as np
2   import matplotlib.pyplot as plt
3   import pandas as pd
4
5   # データ読み込み
6   df_sample = pd.read_csv("sample_sin.csv")
7   sample = df_sample.values
8
9   # 読み込みデータ可視化
10  x = sample[:,0]
11  y = sample[:,1]
12
13  plt.scatter(x,y,marker=".",color="k")
14  plt.show()
15  %matplotlib inline
```

曲線グラフの予測を行うソースコード ②　　　　　　　　　　📄 Chapter8-1.ipynb

```
1   import numpy as np
2   import matplotlib.pyplot as plt
3   from tensorflow.keras.models import Sequential
4   from tensorflow.keras.layers import Dense
5
6   # パラメータ設定
7   num_epochs = 1
8
```

次ページへつづく

```
 9  # モデル作成
10  model = Sequential()
11  model.add(Dense(20, activation="tanh", input_dim=1))
12  model.add(Dense(20, activation="tanh"))
13  model.add(Dense(1))
14  model.add(Dense(1, input_dim=1))
15
16  # 最適化計算
17  model.compile(optimizer='sgd',
18                loss='mean_squared_error')
19
20  # トレーニング(曲線近似)
21  model.fit(x, y,batch_size=100,epochs=num_epochs)
22
23  # 予測結果出力
24  pred = model.predict(x)
25
26  # 予測結果可視化
27  plt.plot(x, y, color="k")
28  plt.plot(x, pred, color="r")
29  plt.show()
```

第四部 深層学習編

　8-4と同様に、「データの読み込み」を実行した結果が**図8-5-1**「読み込みを行ったデータ」で、今回はサインカーブのような傾向を持つ時系列データです。深層学習を用いることで、回帰分析、すなわち近似曲線を求めた結果が**図8-5-2**（学習回数1回）と、**図8-5-3**（学習回数50回）です。

　変化の激しい曲線であっても、ある程度の学習回数でその傾向を予測することができていることがわかります。

図8-5-1 読み込みを行ったデータ

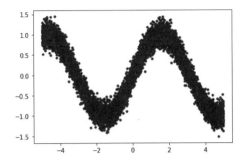

図8-5-2 エポック数1による学習結果

```
Epoch 1/1
10000/10000 [==============================] - 0s 35us/step - loss: 0.2588
```

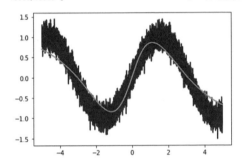

図8-5-3 エポック数50による学習結果

```
Epoch 50/50
10000/10000 [==============================] - 0s 11us/step - loss: 0.0289
```

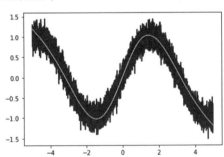

実践基礎編

深層学習プロジェクトを実行することになった背景

本章前半の内容を解説することによって、あなたがデータサイエンティストとして活躍する現場の担当者さんの理解を得て、「実際に深層学習のプロジェクトを進めてみたい」という要望をいただきました。次の担当者さんの要望は、「深層学習の仕組みについては理解できたので、実際にプロジェクトを進めるための流れについて理解したい」ということです。実際のプロジェクトの流れがわかれば、その作業量について見積もることができ、プロジェクトを設計していくことができます。ここからは、深層学習プロジェクトの一連の流れについて見ていきましょう。

学習データとしての画像の構造を理解しよう

ここでは画像の分類問題を解いていきます。まずはデータがどのような形をしているのかということを把握しなければなりません。以下のコードを実行して画像のデータセットを読み込んでみましょう。

画像のデータセットを読み込む　　　　　　　　　　　📄 Chapter8-2.ipynb

```python
from tensorflow.keras.datasets import cifar10
import matplotlib.pyplot as plt
import numpy as np

# cifar10と言うデータセットを使う。
(x_train, y_train), (x_test, y_test) = cifar10.load_data()
print("x_train.shape: ",x_train.shape)
print("y_train.shape: ",y_train.shape)
print("x_test.shape: ",x_test.shape)
print("y_test.shape: ",y_test.shape)
```

図8-6-1　画像データの読み込み

```
x_train.shape:  (50000, 32, 32, 3)
y_train.shape:  (50000, 1)
x_test.shape:  (10000, 32, 32, 3)
y_test.shape:  (10000, 1)
```

ここで読み込んだ画像のデータセットはCIFAR10と呼ばれるもので、60,000枚の画像がラベル付けされて格納されており、AlexNetと呼ばれるニューラルネットワークの発明者であるAlex Krizhevskyらが作成したものです。

さて、このソースコードによって読み込んだデータの形（shape）を表示してみると、学習に使うデータx_trainには50,000個の32×32×3の配列が入っており、y_trainには50,000個の要素が1つの配列が入っていることがわかります。同様に検証に使うx_testとy_testにも10,000個ずつ入っています。

はじめにも述べたように、ここでは画像データを分類していくので、x_train, x_testには画像データが入っており、y_train, y_testにはそれぞれの画像に対応する分類ラベルがついているはずです。

まず、1枚目の画像のデータの中身を表示してみましょう。

画像のデータの中身を表示する　　　　　　　　　　　　📄 Chapter8-2.ipynb

```
1  print("shape: ",x_train[0].shape)
2  print(x_train[0])
```

図8-6-2　画像データの構造①

```
shape:  (32, 32, 3)
[[[ 59  62  63]
  [ 43  46  45]
  [ 50  48  43]
  ...
  [158 132 108]
  [152 125 102]
  [148 124 103]]

 [[ 16  20  20]
  [  0   0   0]
  [ 18   8   0]
  ...
  [123  88  55]
  [118  83  50]
```
```
  [173 123  42]
  [186 144  30]
  ...
  [184 148  94]
  [ 97  62  34]
  [ 83  53  34]]

 [[177 144 116]
  [168 129  94]
  [179 142  87]
  ...
  [216 184 140]
  [151 118  84]
  [123  92  72]]]
```

中身はただの数値が入った配列です。実は、このように画像のデータも数値の配列で表すことができます。縦に32ピクセル、横に32ピクセル、そして各ピクセルは3種類の値（R,G,B）を持っているのでこのような配列になります。

図8-6-3　画像データの構造②

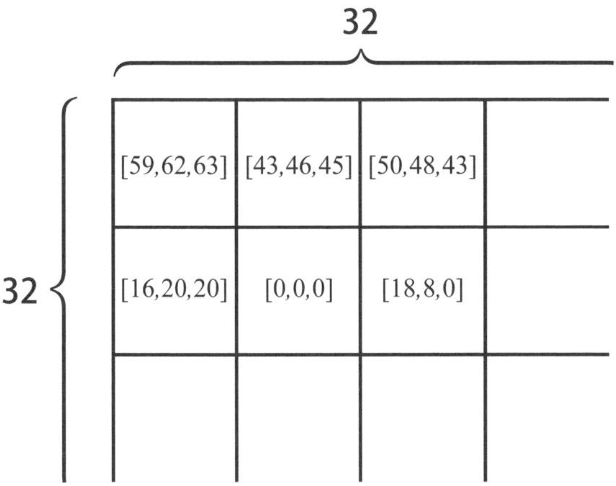

32

[59,62,63]	[43,46,45]	[50,48,43]
[16,20,20]	[0,0,0]	[18,8,0]

32

では、この画像を数値ではなく画像の形で表示してみましょう。

画像の形で表示する　　　　　　　　　　　　　　　　　Chapter8-2.ipynb

```
1  #学習データの最初の画像を表示
2  plt.imshow(x_train[0])
3  plt.show()
```

図8-6-4　画像の表示

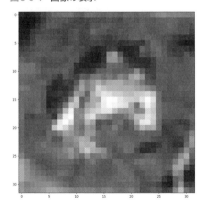

　画像を表示してみると、32ピクセル×32ピクセルの粗いカエルの画像であることがわかります。これでx_train, x_testにはそれぞれ50,000枚、10,000枚の画像が入っていることが確かめられました。次にy_train, y_testの分類ラベルを見ていきます。以下のソースコードを実行してみてください。

```
分類ラベルを表示する                                    Chapter8-2.ipynb
1  #学習データの一番最初の画像のラベルを表示
2  print(y_train[0])
3
4  #学習データ、テストデータのラベルが取りうる値を列挙
5  print(np.unique(y_train))
6  print(np.unique(y_test))
```

図8-6-5　分類ラベルの構造

```
[6]
[0 1 2 3 4 5 6 7 8 9]
[0 1 2 3 4 5 6 7 8 9]
```

　まず、y_trainの最初の値は[6]なので、カエルの画像は"6"で表現されていることがわかります。他にはどのような値があるのか確かめるために、y_train, y_testに入っているユニークな値をすべて表示してみましょう。すると0〜9までの10個の値がプリントされます。つまり、このデータセットは10種類の分類の画像が入っているということです。このCIFAR10というデータセットでは、それぞれの分類の数値は以下のように対応しています。

　ここでは、CIFAR10のデータセットをそのまま用いて学習を行いますが、実際にビジネスの現場において必要な画像の学習を行う際には、同様のデータセットを用意することで、**8-7**以降の処理を行うことができます。

```
0: airplane (飛行機)
1: automobile (自動車)
2: bird (鳥)
3: cat (猫)
4: deer (鹿)
5: dog (犬)
6: frog (カエル)
7: horse (馬)
8: ship (船)
9: truck (トラック)
```

第四部 深層学習編

他の画像も表示して、確かめてみましょう。

ラベルの番号と名前を対応付ける   📄 Chapter8-2.ipynb

```python
#ラベルの番号と名前を対応付ける。たとえばラベルが6ならlabel_names[6]でfrogになる
label_names = ['airplane','automobile','bird','cat',
'deer','dog','frog','horse','ship','truck']

plt.figure(figsize=(10,5))

for index in range(10):
    img = x_train[index]
    label = label_names[y_train[index][0]]
    plt.subplot(2,5,index+1)
    plt.title(label)
    plt.axis("off")
    plt.imshow(img)
```

図8-6-6　画像の表示

深層学習ライブラリを使ってゼロ
から画像データを学習してみよう

　読み込んだ画像データセットであるCIFAR10の構造が把握できたところで、ここからいよいよ分類問題を解いていきます。まずデータの前処理を行い、その後にモデルを作成して学習を行います。

　8-6で見たように現在の画像データでは1つのピクセルはRGBの3種類の値を持っており、それぞれ0から255までの値を取っています。このままでは扱いにくいので、各RGBの値を正規化することで0～1の値しか取らないようにします。また、分類ラベルも現在は"6"や"2"となっているものを [0,0,0,0,0,0,1,0,0,0] や [0,0,1,0,0,0,1,0,0,0] といった形に変更します（これをOnehot encodingと呼びます）。

データの前処理　　　　　　　　　　　　　　　　　🗂 Chapter8-2.ipynb

```
1   from tensorflow.keras.utils import to_categorical
2
3   #画像の各ピクセルの値が0~1の間の値を取るようにする
4   x_train = x_train.astype('float32')/255
5   x_test = x_test.astype('float32')/255
6
7   #ラベルのOnehot encodingを行う
8   y_train = to_categorical(y_train, 10)
9   y_test = to_categorical(y_test, 10)
```

　前処理が終わったところで、いよいよモデルを作成して学習していきます。

　本章の前半で触れたように、CNNは畳み込み層とプーリング層が交互に配置されています。kerasでは畳み込み層はConv2D、プーリング層はMaxPooling2DやAveragePooling2Dなどを用いることで配置できます。

　これらの層をSequentialオブジェクトに追加していくことで、ネットワークが定義できます。今回は、「畳み込み層」→「プーリング層」→「畳み込み層」→「プーリング層」という形で大きく2層のCNNを構成しています。

出力層では10個の値が出力されるようになっています。これは、それぞれの値が各分類になる確率を表しています。つまり、0番目の値が0.6であれば、入力の画像が"airplane"になる確率は60%であるということです。

では、次のソースコードを実行してみましょう。学習には少し時間がかかります。

モデルの構築と学習	🗀 Chapter8-2.ipynb

```python
1  from tensorflow.keras.models import Sequential
2  from tensorflow.keras import optimizers
3  from tensorflow.keras.layers import Dense, Activation,
4  Flatten, Conv2D, MaxPooling2D

5  #モデルの構築
6  model = Sequential()
7
8  model.add(Conv2D(filters=32, kernel_size=(3, 3),
   padding='same', input_shape=x_train.shape[1:],
   activation='relu', name="conv2d_1"))
9  model.add(MaxPooling2D(pool_size=(2, 2),
   padding='valid'))
10
11 model.add(Conv2D(filters=64, kernel_size=(3, 3),
   padding='same', input_shape=x_train.shape[1:],
   activation='relu', name="conv2d_2"))
12 model.add(MaxPooling2D(pool_size=(2, 2),
   padding='valid'))
13
14 model.add(Flatten())
15 model.add(Dense(512, activation='relu'))
16 model.add(Dense(len(label_names), activation='softmax'))
17
18 #モデルの概要を表示
19 print(model.summary())
20
21 model.compile(optimizer = optimizers.Adam(lr=0.001),
   loss='categorical_crossentropy', metrics=['accuracy'])
```

　学習が終わったところで、検証用データ（x_test）を予測して精度を出して
みましょう。今回のモデルでは大体70%程度の精度であることがわかります。
8-8でより詳しく結果を評価していきましょう。

モデルの精度評価	🗐 Chapter8-2.ipynb

```
1  #正答率を計算
2  y_pred = model.predict(x_test)
3  y_pred_classes = np.argmax(y_pred,axis = 1)
4  test_loss, test_acc = model.evaluate(x_test, y_test)
5
6  print(test_acc)
```

学習した結果を評価しよう

8-7で作ったニューラルネットワークを動作させてみると、70%程度の精度という結果でした。ここからは、70%という数値を出すだけではなく、もう一歩踏み込んで今回作ったモデルの性能を評価していきます。

今回の学習では、学習用データ（x_train）の10%を検証データとして使っています。つまり毎回のエポック（学習）の最後に、この10%分がデータの損失関数や精度の評価で使われています。この毎回のエポックの最後の損失関数と精度をグラフにしてみましょう。横軸がエポック数になっています。

損失関数と精度を可視化する　　　　　　　　　　　　　Chapter8-2.ipynb

```
1  #評価関数と精度のグラフ表示
2  fig, ax = plt.subplots(2,1)
3  ax[0].plot(history.history['loss'], color='b', label=
   "Training Loss")
4  ax[0].plot(history.history['val_loss'], color='g',
   label="Validation Loss")
5  legend = ax[0].legend()
6
7  ax[1].plot(history.history['accuracy'], color='b',
8  label="Training Accuracy")
   ax[1].plot(history.history['val_accuracy'], color='g',
9  label="Validation Accuracy")
   legend = ax[1].legend()
```

図8-8-1　損失関数と精度のグラフ

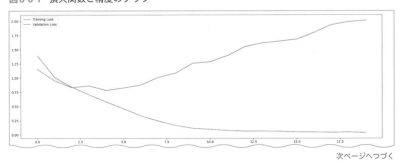

次ページへつづく

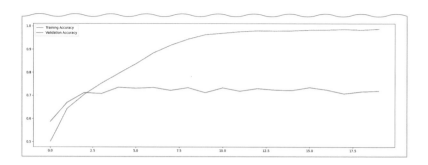

精度を見ると学習データはエポックが進むごとに順調に上がっており、検証データでは途中から向上が見られなくなっています。しかし、損失関数を見ると学習データでは順調に減少していますが、検証データは途中から増加してしまっています。

損失関数が増加するということは、認識を誤っているときにより大きく誤っている（もしくは正解であったとしても確率は低く出ている）ということです。精度だけ見ていても気付きにくいのですが、これは過学習が起こっている（すなわち、学習データに対してチューニングしすぎたせいで検証データへの精度が落ち始めている）ことを示しています。過学習が起こっているということがわかれば、モデルをどう改善していくべきかを考える糸口になります。

ここから、さらに混同行列を用いて性能を評価していきましょう。混同行列を使うと、予測した分類がどう間違っているかを知ることができます。混同行列とは、2章で機械学習の精度を評価する際に紹介したものであり、今回のようなクラス分類に拡張すると、下図のように定義して用いることができます。

図8-8-2 2クラス分類時の混同行列

		予測	
		class1	class2
実際	class1	正しい	class1のものをclass2で認識
	class2	class2のものをclass1で認識	正しい

縦軸が実際の値であり、横軸が予測した値です。

　左上のマスには、実際はclass1で予測もclass1に分類された数、右上は実際はclass1だが予測ではclass2に分類された数、左下は実際はclass2だが予測ではclass1に分類された数、右下は実際はclass2で予測もclass2だった数となります。これらを踏まえたうえで、今回予測したテストデータの混同行列を表示していきます。

　混同行列は、対角線上である「正しい」ものを示す要素の値のみが大きく、そうでない要素の値が0に近いほど、精度が高いということを表しています。

混同行列の表示 ①　　　　　　　　　　　　　　　　　　　　　📄 Chapter8-2.ipynb

```
1  from sklearn.metrics import confusion_matrix, precision_
   score, recall_score, f1_score
2  import seaborn as sns
3
4  y_pred = model.predict(x_test)
5  #y_predは各クラスになる確率が入っているので、それぞれで最大値だけを取る
6  y_pred_classes = np.argmax(y_pred,axis = 1)
7  y_true = np.argmax(y_test,axis = 1)
8  cf_matrix = confusion_matrix(y_true, y_pred_classes)
```

混同行列の表示 ②　　　　　　　　　　　　　　　　　　　　　📄 Chapter8-2.ipynb

```
1  plt.figure(figsize=(13,13))
2
3  c = sns.heatmap(cf_matrix, annot=True,fmt="d")
4  c.set(xticklabels=label_names, yticklabels=label_names)
5  plt.plot()
```

図8-8-3 混同行列

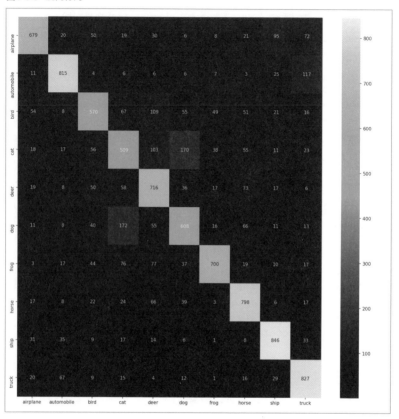

　混同行列を表示してみると、実際は猫なのに犬と分類されていたり、犬なのに猫と分類されている誤りが多く見られます。

　これらを解決するためには、ネットワークの構造を工夫したり犬猫の画像を増やしたり等の工夫を行うことが必要です。

学習したネットワークが見ている「特徴」を可視化してみよう

8-8で今回作ったモデルの性能評価ができて、ある程度改善すべき点が見えてきました。ここからは、モデルがなぜ画像のデータをあるカテゴリーに分類したかを説明する方法を見ていきましょう。

深層学習ではあるカテゴリーに分類された理由がわからず、ブラックボックスになっていると言われています。しかし、画像の中のどこに注目して判断しているかをある程度可視化する方法もいくつか提案されており、その中の1つであるGrad-CAMという手法を使ってみましょう。

以下のソースコードを実行して、grad_cam_image関数を作りましょう。

grad_cam_image関数を定義する　　　　　　　　　　　　　　📄 Chapter8-2.ipynb

```python
from tensorflow.keras import backend as K
import tensorflow as tf
from tensorflow.keras.models import Model
from matplotlib import colors
from PIL import Image

def grad_cam_image(model, layer_name, image):

  with tf.GradientTape() as tape:
    layer = model.get_layer(layer_name)

    #出力を普通の出力（10個に分類する出力）とlayer_nameで指定した層の出力の2つにする
    tmpModel = Model([model.inputs], [model.output, layer.output])
    #model_outは入力した画像の分類結果
    #layer_outはlayer_nameで指定した層の出力
    model_out, layer_out = tmpModel(np.array([image]))

    #モデルの分類結果で一番高い確率をclass_outに格納
    class_out = model_out[:, np.argmax(model_out[0])]
```

次ページへつづく

```
20    #出力から、指定した層までの勾配を計算
21    grads = tape.gradient(class_out, layer_out)
22    #勾配の平均を取る. Global Average Poolingと同じこと。
23    pooled_grads = K.mean(grads, axis=(0, 1, 2))
24
25
26    #計算した勾配の平均を指定した層の出力にかける
27    heatmap = tf.multiply(pooled_grads, layer_out)
28    #チャンネルごとに足し合わせる
29    heatmap = tf.reduce_sum(heatmap, axis=-1)
30    #マイナスの値を取らないようにする。ReLuと同じ処理
31    heatmap = np.maximum(heatmap, 0)
32    #0~1の値に収める
33    heatmap = heatmap/heatmap.max()
34
35    #見やすい画像にする
36    return_image = np.asarray(Image.fromarray(heatmap[0]).
      resize(image.shape[:2])) * 255
37    colormap = plt.get_cmap('jet')
38    return_image = return_image.reshape(-1)
39    return_image = np.array([colormap(int(np.round
      (pixel)))[:3] for pixel in return_image]).reshape(image.
      shape)
40    return_image = image * 0.5 + return_image * 0.5
41
42    return return_image
```

　grad_cam_image関数は、1つ目の引数にモデル、2つ目の引数に注目している場所を見たい層の名前、3つ目の引数に画像を取ります。

　戻り値は、指定した層が注目している場所が入っている画像になります。

　各層の名前は、以下のソースコードを実行して取得できます。

各層の名前を取得する　　　　　　　　　　　　　　🗂 Chapter8-2.ipynb

```
1    [layer.name for layer in model.layers]
```

図8-9-1　層の名前の出力

```
['conv2d_1',
 'max_pooling2d',
 'conv2d_2',
 'max_pooling2d_1',
 'flatten',
 'dense',
 'dense_1']
```

　ここでは、見た学習データの最初の画像であるカエルの画像を使ってみましょう。以下のソースコードを実行すると、1つ目の畳み込み層が注目している場所を可視化できます。

畳み込み層が注目している場所を可視化する　　　　　　　📄 Chapter8-2.ipynb

```
1  grad_cam = grad_cam_image(model, "conv2d_2", x_train[0])
2
3  plt.figure(figsize=(10,5))
4  plt.subplot(1,2,1)
5  plt.imshow(grad_cam)
6
7  plt.subplot(1,2,2)
8  plt.imshow(x_train[0])
9  plt.show()
```

図8-9-2　1つ目の畳み込み層

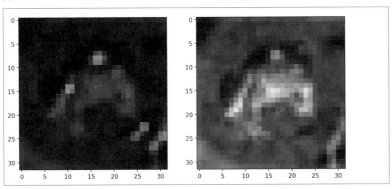

　実際の画面上では赤に近いほうが注目しているということですが、1つ目の畳み込み層からカエル自体に注目できていることがわかります。

　他の層や他の画像でも試して、どこに注目しているかを見てみるとよいでしょう。

学習したネットワークの中身を可視化してみよう

8-9ではネットワークが注目しているところを可視化できました。

最後に、畳み込み層のフィルターをそれぞれ可視化する方法について解説します。これによって、どのようなネットワーク構造が作られ、画像のどのような特徴に着目しているかが見えてきます。

ここで定義したshow_filters関数は、モデルと可視化したい畳み込み層の名前を取り、その層のフィルタを可視化します。ここでは1つ目の畳み込み層を可視化しています。このソースコードを実行してみましょう。

1つ目の畳み込み層を可視化する　　　　　　　　　　　　　　📄 Chapter8-2.ipynb

```python
def show_filters(model, layer_name):
    target_layer = model.get_layer(layer_name).get_weights()[0]
    filter_num = target_layer.shape[3]

    plt.figure(figsize=(15,10))
    for i in range(filter_num):
        plt.subplot(int(filter_num/6) + 1, 6, i+1)
        plt.title('filter %d' % i)
        plt.axis('off')
        plt.imshow(target_layer[ :, :, 0, i], cmap="gray")
    plt.show()

show_filters(model, "conv2d_1")
```

図8-10-1 1つ目の畳み込み層のフィルター

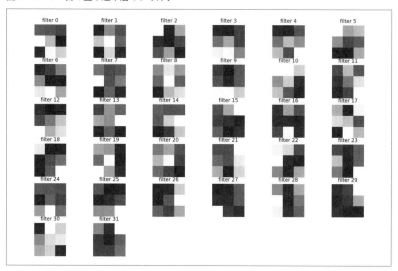

　show_filters関数によってフィルターの可視化を行ってみましたが、それだけでは各フィルターが何を意味しているのかがわかりにくいので、これらのフィルターに画像を処理させてみましょう。

　ここで定義したlayer_outputs関数は、モデルと画像を受け取り、画像がモデルの畳み込み層のフィルターを通してどのように変化していくかを表示します。

1つ目の畳み込み層を通した画像を表示する　　　　🗋 Chapter8-2.ipynb

```
1   from tensorflow.keras.models import Model
2
3   #モデルと画像を渡すと、各畳み込み層での出力を画像として表示する。
4   def layer_outputs(model, image):
5       #畳み込み層のみ抽出
6       _model = Model(inputs=model.inputs, outputs=[layer.
    output for layer in model.layers if type(layer) is
    Conv2D])
7
8       #渡された画像の分類を実行
9       conv_outputs = _model.predict(np.array([image]))
```

次ページへつづく

```
10
11      def show_images(output, title):
12          output = output[0]
13          filter_num = output.shape[2]
14
15          fig = plt.figure(figsize=(20,15))
16          fig.suptitle(title, size=15)
17          for i in range(filter_num):
18              plt.subplot(int(filter_num/8) + 1, 8, i+1)
19              plt.title('filter %d' % i)
20              plt.axis('off')
21              plt.imshow(output[:,:,i])
22
23      #畳み込み層ごとに画像を出力
24      for i, output in enumerate(conv_outputs):
25          title = "Conv layer number %d" % (i + 1)
26          show_images(output, title)
27
28  layer_outputs(model, x_train[0])
```

出力は以下のようになっているはずです。

図8-10-2 フィルタを通した画像（1層目のみ）

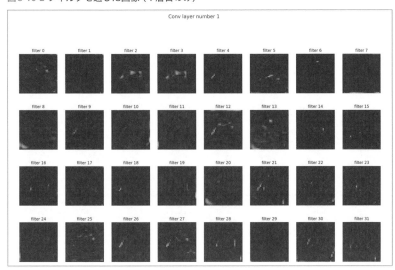

図8-10-3 2つ目の畳み込み層

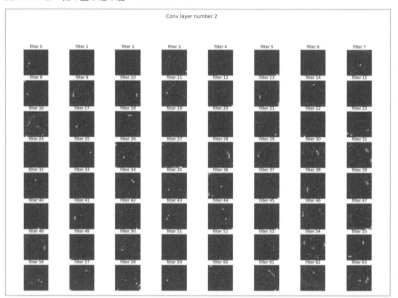

　このように、フィルターによる処理を画像に加えることで、元の画像のうち特徴として処理されている箇所が浮き彫りになります。たとえば、ある画像はカエルの体、またある画像は周辺を際立たせています。それぞれのフィルターが、これらの特徴を捉えているということがわかります。

　他の画像を処理してみることで、ネットワークがどのような特徴を捉えているのかを確認してみてください。

第 9 章

深層学習によって
時系列を扱う仕組みを知ろう

8章では、コンボリューショナルニューラルネットワーク
（CNN）をベースにして、深層学習を解説するとともに、具体的
にどのように使われているかを紹介しました。
具体的には、画像データを中心にデータを学習する流れを理解
しました。その中で、直線や曲線の予測についても扱いました。

本章では、そうした直線や曲線など、時系列データに関する予
測を扱う深層学習について、より理解を深めていきます。前
章で扱ったCNNによる予測に加えて、リカレントニューラル
ネットワーク（RNN）を扱います。
時系列データによる予測を行う目的にはさまざまなものがあり
ます。たとえば、音声データです。
音声データを利用すると、建物の中で音がどのように反響する
のか、壁を通り抜ける音の音源は何なのか、また音の反響から
内部構造を理解する土壌の非破壊検査など、建設・建築の分野
をはじめ、多くの分野に利用することが可能です。また、文章
を順番に並べたデータを用いることで、言語で書かれた文書の
分析に用いることも可能です。時系列データには大きな可能性
があります。本章を通して、深層学習によって時系列データを
扱う流れについて、理解を深めていきましょう。

音響データを扱うことになった背景

深層学習を扱うデータサイエンティストとして信頼を得たあなたは、建築事務所からの相談を受けました。依頼元の建築事務所は、現在いくつかの小規模のコンサートホールの音響に関する調査を行っていますが、小規模の依頼のため一件当たり多くの人手をかけることはできず、ある程度自動化した調査を行いたいとのことです。

具体的には、さまざまな場所で録音したデータを比較しながら、ホール全体の音響に問題がないかどうかの調査です。すでにさまざまな楽器のソロコンサートを録音したデータはあるのですが、何がどの楽器に相当するのかを1つひとつ聴いて確認するのはかなりの労力です。そこで、深層学習を使って楽器の分類だけでも行うことができれば、その手間は大きく減り、短時間で音響の調査が済むとのことです。

あなたは、CNNとRNNによる時系列データの分類を行うことで、どの程度うまくいくのかを試してみることにしました。

RNNの基礎を理解しよう

　時系列データを扱うニューラルネットワークの1つである「リカレントニューラルネットワーク（RNN）」は、「**リカレント（再帰）**」という処理を行うことが特徴です。

　リカレント（再帰）とは、「自分自身を参照すること」などと説明されることが多い概念ですが、時系列データという観点から、「過去の自分のデータから未来の自分のデータを予測する」と考えるとわかりやすいかもしれません。その仕組みを理解するには、8章で解説したCNNと比較するのが近道です。

　ここでは、ソースコードによる理解を行う前に、CNNと比較してRNNによる「未来の自分のデータを予測する」仕組みについて理解を深めましょう。

　まず、8章で解説したCNNによって分類を行う概念から復習します。**図9-1-1**は、8章で解説したみかんクラスといちごクラスの分類のイメージ図です。

図9-1-1 CNNによって分類を行うイメージ

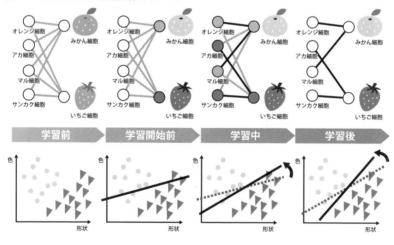

第四部　深層学習編

「学習開始前」には、座標空間上においてランダムに境界線を引かれます。ここではまだ、みかんに相当するオレンジ色の●と、いちごに相当する赤色の▼の境界線がうまく引かれていません。そこで、ネットワーク構造を「分類がうまくいく」方向に変化させていきます。これで、バックプロパゲーション（誤差逆伝播法）が実現でき、徐々に境界線が正しく引かれていきます。正しい分類がなされた状態（あるいは分類の精度限界に達した状態）で学習は終了します。

このCNNを用いて時系列データを学習するイメージを、**図9-1-2**に示しています。

まず、「学習前」においてはランダムに時系列パターンの予測が行われるため、直線（あるいは曲線）はでたらめな引かれ方をされます。これは、時刻 t のベクトルにネットワークに対応する行列 W をかけると、出力として縦軸の x が計算されるということに相当します。

「学習前」において直線（あるいは曲線）がでたらめに引かれるということは、行列 W の値がでたらめであるということです。そこで、得られた計算値としての x と正解値である x を比較し、W をその誤差が小さくなる方向に変化させていきます。

少しずつ変化させると、やがては誤差が小さくなり、直線（あるいは曲線）の予測の精度が高い状態になります。ここで計算を終了します。

図9-1-2 CNNによって時系列データを予測するイメージ

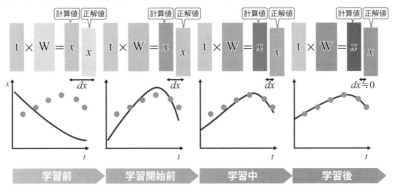

　一方、RNNは「過去の自分のデータから、未来の自分のデータを予測する」方法です。概念的には、**図9-1-3**のように描画されます。出力値が再び自分に返ってきて、次の予測値に利用されるというイメージです。

　このRNNをベクトルの入力値に対して利用すると、（大雑把に表現すると）**図9-1-4**のようなイメージです。CNNとRNNの処理を気温を予測する例を用いて比較すると、CNNは「昨日、今日、明日」などを意味する時刻tに処理Wをかけると、昨日と今日と明日の気温が出力されるのに対し、RNNは「昨日の気温、今日の気温」を意味するxに処理Wをかけると、明日の気温が出力されるといった違いがあります。

　具体的には、RNNは、以下の処理を行います。

図9-1-3 RNNの概念図

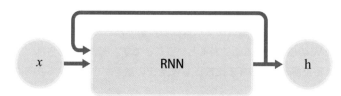

　時刻tでの値を予測する際、時刻t-1までのn個のデータ［$x(t-1)$, $x(t-2)$, …, $x(t-n)$］を入力値として用います。そして、これをRNNによって構成されるネットワーク（**図9-1-3**のユニットを複数並べるネットワーク）を介して計算することで、$x(t)$が計算値として出力されます。

　このRNNによって構成されるネットワークを通して計算された$x(t)$と、その正解値を比較することで誤差を計算し、誤差を小さくする方向にRNNのネットワーク構造を変化させていきます。これを時系列データ全体において繰り返し行い、誤差が十分に小さくなったところで学習を終了することで、将来予測のできるネットワークができあがります。

　9-2以降では、RNNの動作を理解するために、RNNを発展させたLSTMというネットワークも用います。この動作について確認しながら、時系列データをRNN、CNNによって扱う方法について、理解を深め、具体的に音声データを取り扱っていきましょう。

図9-1-4 RNNによって時系列データを予測するイメージ

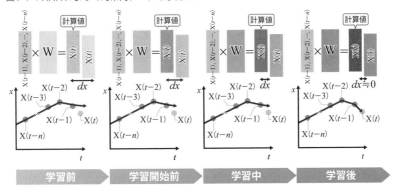

9-2

仕組み編

RNNを使ってsin波を予測して みよう

9-1では、RNNの基本的な仕組みを学んできました。本節では、実際に簡単なRNNのネットワークを作り、予測をしていきます。

まず、以下のソースコードを実行して、実行結果のばらつきを無くすためにシード値を固定したうえで、sin波にノイズを加えたデータである**run_sin_40_80.csv**を読み込んでみましょう。

csvファイルを読み込む　　　　　　　　　　　　　　　　　　　📄 Chapter9-1.ipynb

```
1   import matplotlib.pyplot as plt
2   import tensorflow as tf
3   import numpy as np
4   import random
5   import os
6
7   #シード値の固定
8   seed = 1
9   tf.random.set_seed(seed)
10  np.random.seed(seed)
11  random.seed(seed)
12  os.environ["PYTHONHASHSEED"] = str(seed)
13
14  %matplotlib inline
15  data = np.loadtxt("./rnn_sin_40_80.csv")
16  plt.plot(data[:500])
17  plt.show()
```

第四部　深層学習編

392

図9-2-1 sin 波にノイズを加えたデータ

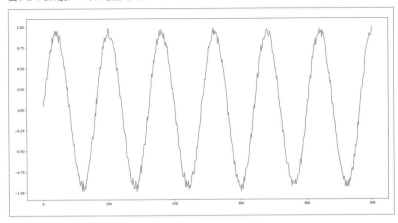

このソースコードでは、2つのステップでデータを表示しています。1つ目のステップでは、numpyのloadtxt関数を使って、csvファイルから波形のデータを読み込んでいます。2つ目のステップでは、読み込んだデータの500番目までをmatplotlibのplot関数で表示しています。

先述した通り、RNNは過去のいくつかのデータから未来のいくつかのデータを予測します。そのため学習と検証に使うデータをそれぞれ加工していかなければなりません。

以下のソースコードを実行して、学習用と検証用にデータを分けたうえで加工します。

学習用と検証用にデータを分ける　　　　　　　　　　　　　📄 Chapter9-1.ipynb

```
1  #history_stepsステップ数を入力に使い、future_stepsステップ数を予測するよう
   にデータを加工する
2  def create_dataset(data, history_steps, future_steps):
3      input_data = []
4      output_data= []
5
6      for i in range(len(data)-history_steps-future_steps):
7          input_data.append([[val] for val in data[i:i+
   history_steps]])
8          output_data.append(data[i+history_steps:i+
   history_steps+future_steps])
```

次ページへつづく

```
9
10        return np.array(input_data), np.array(output_data)
11
12  train_data = data[:int(len(data) * 0.75)]
13  test_data = data[int(len(data) * 0.75):]
14
15  #10ステップ分のデータから5ステップ未来までを予測するようなデータを作成する
16  history_steps = 10
17  future_steps = 5
18  x_train, y_train = create_dataset(train_data, history_
    steps, future_steps)
19  x_test, y_test  = create_dataset(test_data, history_
    steps, future_steps)
20
21  print(x_train.shape)
22  print(y_train.shape)
23  print(x_test.shape)
24  print(y_test.shape)
```

今回は、データの75%を学習用に25%を検証用に分割した後、create_datasetという関数によって、それぞれのデータをニューラルネットワークによって処理できる形に加工します。

history_stepsとfuture_stepsの2つの変数は、それぞれ学習を行うステップ数（時間間隔）と予測を行うステップ数を意味します。ここでは、history_stepsを10、future_stepsを5と指定します。

create_dataset関数の戻り値は2つあり、1つ目がソースコード中ではx_train／x_test変数に格納されるデータ、もう1つがy_train／y_test変数に格納されるデータです。Xのi番目の要素とYのi番目の要素は対応しており、**図9-2-2**のようにxの値を利用して未来の5ステップ分の値を予測し、yの値で答え合わせをするという形になっています。

また、i番目の要素と$i+1$番目の要素は、**図9-2-3**のように1ステップずらしたデータになっています。

図9-2-2 xの値を利用して未来を予測し、yの値で答え合わせをする

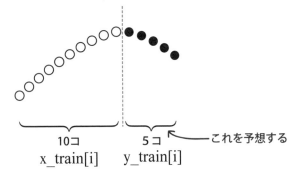

図9-2-3 i番目の要素とi+1番目の要素

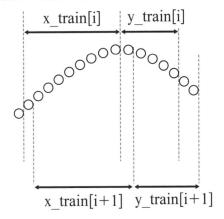

それでは、いよいよ次ページのソースコードでモデルを作成し、学習を実行してみましょう。

RNNを用いた予測を実行する　　　　　　　　　　　🗅 Chapter9-1.ipynb

```python
1  from tensorflow.keras.models import Sequential
2  from tensorflow.keras.layers import Dense, SimpleRNN,
   LSTM
3  from tensorflow.keras.optimizers import Adam
4
5  #モデルの構築
6  model_rnn = Sequential()
7  model_rnn.add(SimpleRNN(units=future_steps, input_
   shape=(history_steps,1),return_sequences=False))
8  model_rnn.add(Dense(future_steps,activation="linear"))
9  model_rnn.compile(optimizer = Adam(lr=0.001), loss=
   "mean_squared_error",)
10
11 #モデルの構造を表示する
12 print(model_rnn.summary())
13
14 #学習開始
15 history = model_rnn.fit(x_train, y_train, batch_size=32,
   epochs=500, verbose=1)
```

　ここではシンプルなRNNのネットワークを構成しています。1層目のRNN からの出力は全結合層（Dense層）に渡され、そこで最終的に予測したい数の ステップ数（future_steps）の出力となります。ここでは分類問題ではなく回 帰問題を解いているので、損失関数は"mean_squared_error"になります。

　9-3では、実行結果の評価を行っていきましょう。

予測した結果を評価してみよう

9-2では、sin波にノイズを加えたデータを読み込み、RNNを用いた予測を実行しました。本節では、RNNを用いた予測データを実際に確認し、その評価を行っていきます。

予測結果と実際のデータを同じグラフに表示する	Chapter9-1.ipynb

```
1   #学習したモデルで予測をする
2   y_pred = model_rnn.predict(x_test)
3
4   #青色で予測値、オレンジ色で実際の値を表示
5   plt.plot([p[0] for p in y_pred],color="blue",label="pred")
6   plt.plot([p[0] for p in y_test],color="orange",label="actual")
7   plt.legend()
8   plt.show()
```

図9-3-1 実際の値と予測値はかなり近い

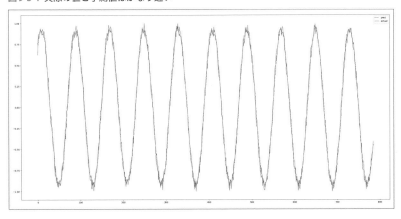

このソースコードでは学習したモデルによって予測を行い、予測結果と実際のデータを同じグラフ上で表示し、比較しています。この結果は、history_stepsを10、future_stepsを5に設定したうえで、create_datasetを実行したものであり、10ステップの過去の実際の値から5ステップの未来を予測し、

表示には予測した最初のステップのデータのみを利用しています。

図9-3-2 表示には最初のステップのデータだけ利用する

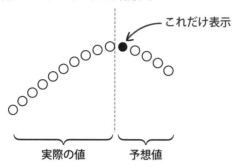

実際の値と予測値はかなり近いことがわかります。

次に、初期の10ステップ以降実際の値は一切使わずにどこまで予測できるか見てみましょう。この処理は後でも使うため、predict_all という関数を定義します。**図9-3-1** とは違い、初期の10ステップから予測した次の1ステップを次の予測にも使っています。

処理は大きく3ステップに分かれています。1ステップ目では for 文の中で予測に使うデータから predict メソッドを使い、次のステップを予測しています。2ステップ目では予測した次のステップを次の予測に使うために x_tmp という配列の末尾に追加して、逆に x_tmp 変数の最初の値を削除しています。3ステップ目では今回予測した値を pred_result という配列に追加しています。

この3ステップを繰り返し、すべての予測が完了したら4ステップ目で予測した値と実際の値をグラフで表示しています。

| 4ステップ目で予測した値と実際の値を同じグラフで表示する | ⎙ Chapter9-1.ipynb |

```
1   #学習済みモデルと予測に用いる値、実際の値の3つを引数に取る
2   def predict_all(model, x_test, y_test):
3
4       #最初のhistory_steps分だけ利用する
5       x_tmp = x_test[0]
6       pred_result = []
7       for index in range(len(y_test)):
8           #x_tmpに入っているデータで予測をする
```

次ページへつづく

```
9        pred = model.predict(np.array([x_tmp]))
10
11       #x_tmpの最初のデータを削除して、末尾に今回予測したデータの最初の1つを追加する
12       x_tmp = np.append(x_tmp[1:,], pred[0][0].reshape(1,1),
  axis=0)
13       pred_result.append(pred[0][0])
14
15    plt.figure(figsize=(30,15))
16    #予測した値をと実際の値を表示する
17    plt.plot(pred_result,color="blue", label="pred")
18    plt.plot([p[0] for p in y_test],color="orange",
  label="actual")
19    plt.legend()
20    plt.show()
21
22 #予測開始
23 predict_all(model_rnn, x_test, y_test)
```

図9-3-3 予測精度があまり高くない

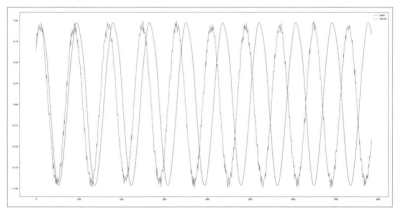

図9-3-1とは違い、初期の10ステップから予測した次の1ステップを次の予測にも使っています。実際の値と予測値を比較すると、予測精度があまり高くないということがわかります（はじめに固定したシード値の値によって実行結果は異なります）。

9-4以降では、この精度を改善する目的でCNNを用いたり、パラメータを変更するなどの工夫を行っていきます。

CNNを用いてsin波を予測してみよう

　ここまで時系列データであるsin波の予測をRNNで行ってきましたが、8章で扱ったCNNでも同じように時系列データを予測することができます。本節では9-2、9-3で扱ったものと同じデータを用いて、CNNでの予測をしていきましょう。

　RNNのときと同様に、シンプルなネットワークを作っていきます。以下のソースコードを実行して、モデルの構築と学習をしましょう。

モデルの構築と学習	🗋 Chapter9-1.ipynb

```
1   from tensorflow.keras.layers import Dense, Activation,
    Flatten, Conv1D, MaxPooling1D, GlobalMaxPooling1D
2
3   #モデルの構築
4   model_conv = Sequential()
5   model_conv.add(Conv1D(filters=64, kernel_size=4,
    strides=1, padding='same', input_shape=x_train.shape[1:],
    activation='relu'))
6   model_conv.add(Conv1D(filters=128, kernel_size=4,
    strides=1, padding='same', activation='relu'))
7   model_conv.add(GlobalMaxPooling1D())
8   model_conv.add(Dense(future_steps, activation='tanh'))
9   model_conv.compile(optimizer = Adam(lr=0.001), loss=
    'mean_squared_error')
10
11  #モデルの構造を表示する
12  print(model_conv.summary())
13
14  #予測開始
15  history = model_conv.fit(x_train, y_train, batch_
    size=32, epochs=50, verbose=1)
```

8章では2次元（縦と横）のデータである画像を扱っていたので2次元の畳み込み層を使用していましたが、ここでは1次元の時系列データなのでConv1D、MaxPooling1Dを使います。

学習が終わったら、RNNのときと同様に毎ステップごとに正解の10個のデータから1つ先のデータを予測してみましょう。

1つ先のデータを予測する　　　　　　　　　　　　　　　　　　　　📄 Chapter9-1.ipynb

```
1  #予測開始
2  y_pred = model_conv.predict(x_test)
3
4  plt.plot([p[0] for p in y_pred],color="blue",label="pred")
5  plt.plot([p[0] for p in y_test],color="orange",label=
   "actual")
6  plt.legend()
7  plt.show()
```

図9-4-1 かなり正確に予測できている

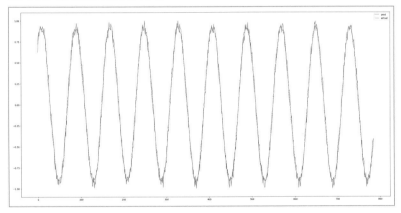

これはRNNのときと同様に、かなり正確に予測できていることがわかります。では、次に10個の初期値からその先のすべてを予測させてみましょう。

10個の初期値からすべてを予測する	Chapter9-1.ipynb

```
1  predict_all(model_conv, x_test, y_test)
```

図9-4-2 すべてを予測する

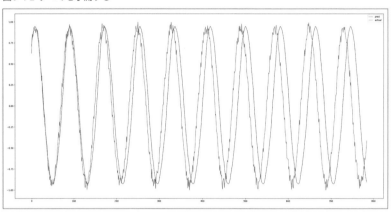

RNNのときと同様に、横方向のズレが次第に大きくなってしまっていることがわかります。

第四部 深層学習編

sin波の予測精度を高めよう

　ここまでの検討では、RNN/CNNの両方であまり精度の高いsin波の予測ができませんでした。本節では、RNN/CNNの予測精度を高める一連の流れを理解するため、予測のために用いる期間（過去のデータの数）を変更することによって精度の向上を図ります。

　RNN/CNNの予測精度を高めるためには、今回扱う期間など、さまざまなパラメータの値を変更していき、結果を確認しながらベストの値を検討することになります。

未来を予測するデータを作成する　　　　　　　　　　　　　　　　Chapter9-1.ipynb

```
1   history_steps_v2 = 40
2   future_steps_v2 = 10
3
4   #40ステップ分のデータから10ステップ未来までを予測するようなデータを作成する
5   x_train_v2, y_train_v2 = create_dataset(train_data,
    history_steps_v2, future_steps_v2)
6   x_test_v2, y_test_v2   = create_dataset(test_data,
    history_steps_v2, future_steps_v2)
7
8   print(x_train_v2.shape)
9   print(y_train_v2.shape)
```

　ここでは、シンプルに学習に使うステップ数を増やしています。9章の前半では、10個の過去の値から未来の5個を予測していました。ここでは、過去の40個の値から未来の10個の値を予測してみましょう。

　RNNのネットワークは、9-2で作ったものと同じ構造です。

過去の40個の値から未来の10個の値を予測する　　　　　　　　🗋 Chapter9-1.ipynb

```
1   #RNNのモデル構築
2   model_rnn_v2 = Sequential()
    model_rnn_v2.add(SimpleRNN(units=future_steps_v2,
3   input_shape=(history_steps_v2,1),return_
    sequences=False))
4   model_rnn_v2.add(Dense(future_steps_v2,activation=
    "linear"))
5   model_rnn_v2.compile(optimizer = Adam(lr=0.001),
    loss="mean_squared_error",)
6
7   #モデルの構造を表示する
8   print(model_rnn_v2.summary())
9
10  #学習開始
11  history = model_rnn_v2.fit(x_train_v2, y_train_v2,
    batch_size=32, epochs=50, verbose=1)
```

最初の40個の値からその先を予測してみると、以下のようになります。

最初の40個の値から予測する　　　　　　　　　　　　　　　🗋 Chapter9-1.ipynb

```
1   predict_all(model_rnn_v2, x_test_v2, y_test_v2)
```

図9-5-1 実際と予測の波形のずれが減り、予測精度が高まる

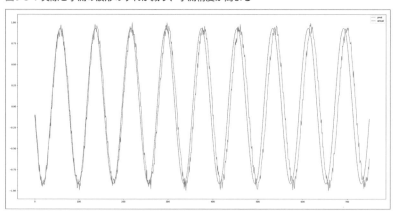

期間を変えたうえで予測を実行した結果、実際のsin波と予測したsin波の波形のずれが減り、予測精度が高まっていることがわかります。

CNNでも同様に予測してみましょう。

CNNのモデルを構築する　　　　　　　　　　　　　　Chapter9-1.ipynb

```
1   #CNNのモデルを構築
2   model_conv_v2 = Sequential()
3   model_conv_v2.add(Conv1D(filters=64, kernel_size=4,
    strides=1, padding='same', input_shape=x_train_v2.
    shape[1:], activation='relu'))
4   model_conv_v2.add(Conv1D(filters=128, kernel_size=4,
    strides=1, padding='same', activation='relu'))
5   model_conv_v2.add(GlobalMaxPooling1D())
6   model_conv_v2.add(Dense(future_steps_v2, activation=
    'tanh'))
7   model_conv_v2.compile(optimizer = Adam(lr=0.001), loss=
    'mean_squared_error')
8
9   #モデルの構造を表示
10  print(model_conv_v2.summary())
11
12  #学習開始
13  history = model_conv_v2.fit(x_train_v2, y_train_v2,
    batch_size=32, epochs=30, verbose=1)
```

RNNと同様に、最初の40個の値からその先を予測してみます。

最初の40個の値から予測する　　　　　　　　　　　　Chapter9.ipynb

```
1   predict_all(model_conv_v2, x_test_v2, y_test_v2)
```

図9-5-2 最初の40個の値から予測する

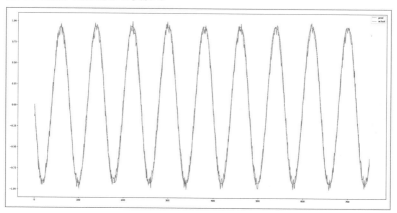

　ここでは精度を向上させるために、予測のために用いる期間を変更しました。実際には、ネットワークの構造の変更や学習するエポック数の変更など、さまざまな工夫が考えられます。

　そして、さらに重要なのは、今回固定して用いたシード値を別のものに変更すると、結果が変わり得るということです。精度の高いモデルを追求していくためには、今回の試みで終えるのではなく、シード値を変更して予測精度が下がれば、より精度が上がるような工夫を行う、という作業が必要です。

音の分類のために必要なデータの前処理をしてみよう

9章の前半では、時系列データ予測の例としてsin波の予測をしてきました。ここからは、実世界の時系列データである、音の分類問題を解いていきます。

まずはデータを読み込みましょう。ここでは音のデータそのものではなく、音のデータのファイル名と何の音であるかというラベル付けをしているcsvファイルを読み込みます。

csvファイルを読み込む 　　　　　　　　　　　　　🗅 Chapter9-2.ipynb

```python
import librosa
import pandas as pd
import numpy as np
import IPython.display as ipd

#学習データの読み込み
train_data_dir ="./audio_dataset_3class/train/"
train_df = pd.read_csv("audio_dataset_3class/train.csv", index_col=0)

#テストデータの読み込み
test_data_dir ="./audio_dataset_3class/test/"
test_df = pd.read_csv("audio_dataset_3class/test.csv", index_col=0)
```

読み込んだデータのうち、学習に使うデータの一部を表示してみましょう。音声ファイルの名前とラベルが対応付けられて入っていることがわかります。

```
1  #学習に使うデータの音声ファイル名とラベルの1部を表示する
2  train_df.head()
```

図9-6-1 学習に使うデータの音声ファイル名とラベルの1部を表示する

	label
fname	
969b4f60.wav	Cello
3e2bddda.wav	Cello
54bb57af.wav	Cello
9d59a719.wav	Applause
05f2c2a6.wav	Clarinet

以下のソースコードでラベルに使われている値と、それぞれ何個ずつ入っているかを表示できます。

```
1  #ラベルに使われている値とその数の一覧を表示
2  train_df["label"].value_counts()
```

図9-6-2 ラベルに使われている値とその数の一覧を表示する

```
Clarinet    130
Cello       125
Applause     61
Name: label, dtype: int64
```

クラリネットのデータが130個、チェロのデータが125個、拍手のデータが61個入っていることがわかります。

以下を実行すると、ファイル名から実際の音声データのファイルを読み込んで、さらにそれを再生することができます。ここではチェロの音を読み込んでいます。実際に再生して確認してみましょう。

チェロの音を読み込んで再生する   Chapter9-2.ipynb

```
1  #チェロの音声データのうちの1つを読み込む
2  data, rate = librosa.load(train_data_dir+ train_
   df[train_df["label"] == "Cello"].index[0])
3
4  #読み込んだデータを再生する
5  ipd.Audio(data = data, rate = rate)
```

図9-6-3 音声データを再生する

また、ここで読み込んだ音のデータが入っているdata変数の中身を覗いてみると、ただの1次元の配列であることもわかります。

チェロの音声データの形を確認する   Chapter9-2.ipynb

```
1  #読み込んだチェロの音声データの形を確認
2  print(data.shape)
3  data
```

図9-6-4 チェロの音声データの形を表示する

```
(113337,)
array([ 5.4880138e-04,  8.1683305e-04,  1.0076496e-03, ...,
       -3.0148271e-05, -2.3802688e-05, -1.2755327e-05], dtype=float32)
```

チェロのような複雑に聞こえる音でも、9章の前半で扱ったsin波と同じように扱えるのです。

では、クラリネット、チェロ、拍手の3つの音の分類をしていくために、まずデータの前処理をしましょう。少し長いですが、次ページのソースコードを実行してみましょう。

第
四
部

深
層
学
習
編

| データの前処理を実行する | 📄 Chapter9-2.ipynb |

```python
1   from sklearn.preprocessing import StandardScaler
2   from tensorflow.keras.utils import to_categorical
3   from tensorflow.keras.preprocessing.sequence import
    pad_sequences
4
5
6   sampling_rate = 8000
7   #音の長さを3秒に切り取る
8   audio_duration = 3
9   audio_length = sampling_rate * audio_duration
10
11  #ファイル名から音声データを読み込む
12  def _load_files(data_dir, filenames):
13    result = []
14    for i, filename in enumerate(filenames):
15        file_path = data_dir + filename
16        data, _ = librosa.core.load(file_path,
    sr=sampling_rate, res_type='kaiser_fast')
17        result.append(data)
18
19    return result
20
21
22  def create_audio_dataset(train_df, test_df, train_data_
    dir, test_data_dir, label_dict):
23
24      dim = (audio_length, 1)
25      train_filenames = train_df.index
26      test_filenames = test_df.index
27
28      #学習用データとテスト用データの音声ファイルをファイル名から読み込む
29      _X_train = _load_files(train_data_dir, train_
    filenames)
30      _X_test = _load_files(test_data_dir, test_filenames)
31
32      #audio_length(ここでは3秒)に音の長さを揃える
33      _X_train = pad_sequences(_X_train, dtype='float32',
    maxlen=audio_length, padding='pre', truncating='pre',
    value=0.0).tolist()
34      _X_test = pad_sequences(_X_test, dtype='float32',
    maxlen=audio_length, padding='pre', truncating='pre',
    value=0.0).tolist()
```

410

次ページへつづく

```
35
36      #音のデータをStandardScalerで平均値を0、分散を1に補正する
37      scaler = StandardScaler()
38      scaler = scaler.fit(_X_train + _X_test)
39      _X_train = scaler.transform(_X_train)
40      _X_test = scaler.transform(_X_test)
41
42      X_train = np.empty((len(train_filenames), *dim))
43      for index, data in enumerate(_X_train):
44        X_train[index,] = [[d] for d in data]
45
46      X_test = np.empty((len(test_filenames), *dim))
47      for index, data in enumerate(_X_test):
48        X_test[index,] = [[d] for d in data]
49
50
51      #以下からはlabelの作成
52      labels_train = train_df["label"]
53      labels_test = test_df["label"]
54
55      y_train = np.empty(len(labels_train), dtype=int)
56      for i, label in enumerate(labels_train):
57          y_train[i] = label_dict[label]
58
59      y_test = np.empty(len(labels_test), dtype=int)
60      for i, label in enumerate(labels_test):
61          y_test[i] = label_dict[label]
62
63      #one-hot encodingする
64      Y_train = to_categorical(y_train, num_classes
    =len(label_dict))
65      Y_test = to_categorical(y_test, num_classes
    =len(label_dict))
66
67      return X_train, Y_train, X_test, Y_test
68
69
70  audio_label_dict = {"Cello": 0,"Clarinet":1,
    "Applause":2}
71  X_train, Y_train, X_test, Y_test = create_audio_
    dataset(train_df, test_df, train_data_dir, test_data_
    dir, audio_label_dict)
```

　ここでは、最初にすべての音のデータを読み込んでから、_ pad_sequences 関数で音の長さを揃えています。audio_duration 変数で指定した長さ（ここでは3秒）よりも長い音は3秒に収まるように切り取り、3秒よりも短い音は0（無音）で足りない分を埋めています。

　さらにStandardScalerを適用することで、train、test合わせた音のデータの平均値を0、分散を1にしています。
　また、分類ラベルはチェロを0、クラリネットを1、拍手を2としたうえでone-hot encoding しています。

LSTMを使って音の分類をしてみよう

　では、ここからLSTMを使ったネットワークを作っていきます。**9-1**でも説明したように、LSTMはRNNに改良を加えたものであり、RNNでは難しい問題でも解けることがあります。LSTMを利用するためには、一旦、ざっくりとRNNと同じものであると理解して、さら詳細を知りたい場合は、専門書を参考にしてみましょう。

　以下を実行してモデルを作成して、学習を進めましょう。なお、GPUが無いパソコンでは、このコードの実行にはかなり時間を必要とします。もし学習がいつまでも終わらないという場合には、Goolge Colaboratoryの使用をお勧めします。

モデルを作成する	🗋 Chapter9-2.ipynb

```python
from tensorflow.keras.layers import Dense, LSTM, Dropout,Bidirectional
from tensorflow.keras.models import Sequential
from tensorflow.keras.optimizers import Adam

def create_lstm_model():
    input_shape = (audio_length, 1)

    #モデルの構築
    model_lstm = Sequential()
    model_lstm.add(LSTM(64, return_sequences=True, dropout=0.3 ,input_shape=input_shape))
    model_lstm.add(LSTM(64, return_sequences=False, dropout=0.3))
    model_lstm.add(Dense(units=len(audio_label_dict), activation="softmax"))
    model_lstm.compile(loss="categorical_crossentropy", optimizer=Adam(0.001), metrics=["acc"])
    return model_lstm
```

次ページへつづく

```
15
16   model_lstm = create_lstm_model()
17   #モデルの構造を表示する
18   model_lstm.summary()
```

図9-7-1 モデルの構造を表示する

```
Model: "sequential_2"

Layer (type)                 Output Shape              Param #
=================================================================
lstm_2 (LSTM)                (None, 24000, 64)         16896

lstm_3 (LSTM)                (None, 64)                33024

dense_2 (Dense)              (None, 3)                 195
=================================================================
Total params: 50,115
Trainable params: 50,115
Non-trainable params: 0
```

学習を開始する　　　　　　　　　　　　　　　　　　　　　　　　　　　🗋 Chapter9-2.ipynb

```
1   #学習開始
2   history = model_lstm.fit(X_train, Y_train, batch_
    size=16, epochs=40, validation_split=0.1, verbose=1)
```

図9-7-2 学習を開始する

```
Epoch 1/40
18/18 [==============================] - 27s 1s/step - loss: 1.0962 - acc: 0.3911 - val_loss: 1.0285 - val_acc: 0.4062
Epoch 2/40
18/18 [==============================] - 22s 1s/step - loss: 1.0329 - acc: 0.4066 - val_loss: 1.0109 - val_acc: 0.5000
Epoch 3/40
18/18 [==============================] - 22s 1s/step - loss: 1.0322 - acc: 0.4226 - val_loss: 1.0084 - val_acc: 0.4375
Epoch 4/40
18/18 [==============================] - 22s 1s/step - loss: 1.0274 - acc: 0.3919 - val_loss: 0.9879 - val_acc: 0.4375
Epoch 5/40
18/18 [==============================] - 22s 1s/step - loss: 1.0475 - acc: 0.3969 - val_loss: 1.0621 - val_acc: 0.4062
Epoch 6/40
18/18 [==============================] - 22s 1s/step - loss: 1.0189 - acc: 0.4488 - val_loss: 0.9661 - val_acc: 0.4688
Epoch 7/40
18/18 [==============================] - 22s 1s/step - loss: 0.9962 - acc: 0.4658 - val_loss: 1.0848 - val_acc: 0.4688
Epoch 8/40
18/18 [==============================] - 22s 1s/step - loss: 0.9850 - acc: 0.4941 - val_loss: 0.9830 - val_acc: 0.4375
Epoch 9/40
18/18 [==============================] - 22s 1s/step - loss: 0.9903 - acc: 0.4747 - val_loss: 0.9918 - val_acc: 0.5312
Epoch 10/40
18/18 [==============================] - 22s 1s/step - loss: 0.9815 - acc: 0.5219 - val_loss: 1.0202 - val_acc: 0.5312
Epoch 11/40
18/18 [==============================] - 22s 1s/step - loss: 0.9579 - acc: 0.5057 - val_loss: 1.0130 - val_acc: 0.5000
Epoch 12/40
18/18 [==============================] - 22s 1s/step - loss: 0.9314 - acc: 0.5247 - val_loss: 1.0422 - val_acc: 0.5000
Epoch 13/40
```

```
                                                                  18/18 [==============================] - 22s 1s/step - loss: 0.9761 - acc: 0.5211 - val_loss: 1.0038 - val_acc: 0.4688
Epoch 14/40
18/18 [==============================] - 22s 1s/step - loss: 0.9679 - acc: 0.4929 - val_loss: 1.0135 - val_acc: 0.4688
Epoch 15/40
18/18 [==============================] - 22s 1s/step - loss: 0.9450 - acc: 0.4119 - val_loss: 1.0367 - val_acc: 0.4688
Epoch 16/40
18/18 [==============================] - 22s 1s/step - loss: 0.9583 - acc: 0.4896 - val_loss: 1.0022 - val_acc: 0.5000
Epoch 17/40
18/18 [==============================] - 22s 1s/step - loss: 0.9582 - acc: 0.4894 - val_loss: 1.0304 - val_acc: 0.5312
Epoch 18/40
18/18 [==============================] - 22s 1s/step - loss: 0.8783 - acc: 0.5580 - val_loss: 1.0633 - val_acc: 0.5312
Epoch 19/40
18/18 [==============================] - 22s 1s/step - loss: 0.9263 - acc: 0.5039 - val_loss: 1.0250 - val_acc: 0.5000
Epoch 20/40
18/18 [==============================] - 22s 1s/step - loss: 0.9524 - acc: 0.4732 - val_loss: 1.1131 - val_acc: 0.4375
Epoch 21/40
18/18 [==============================] - 22s 1s/step - loss: 0.9430 - acc: 0.4680 - val_loss: 1.0952 - val_acc: 0.5312
Epoch 22/40
18/18 [==============================] - 22s 1s/step - loss: 0.9143 - acc: 0.4894 - val_loss: 1.0941 - val_acc: 0.5000
Epoch 23/40
18/18 [==============================] - 22s 1s/step - loss: 0.9662 - acc: 0.4635 - val_loss: 1.0482 - val_acc: 0.5312
Epoch 24/40
18/18 [==============================] - 22s 1s/step - loss: 0.9078 - acc: 0.5489 - val_loss: 1.0367 - val_acc: 0.5312
Epoch 25/40
18/18 [==============================] - 22s 1s/step - loss: 0.9207 - acc: 0.5180 - val_loss: 1.0076 - val_acc: 0.5000
Epoch 26/40
18/18 [==============================] - 22s 1s/step - loss: 0.9525 - acc: 0.3941 - val_loss: 0.9882 - val_acc: 0.5000
Epoch 27/40
18/18 [==============================] - 22s 1s/step - loss: 0.9275 - acc: 0.5209 - val_loss: 1.0407 - val_acc: 0.5000
Epoch 28/40
18/18 [==============================] - 22s 1s/step - loss: 0.9087 - acc: 0.5360 - val_loss: 1.1510 - val_acc: 0.5000
Epoch 29/40
18/18 [==============================] - 22s 1s/step - loss: 0.8818 - acc: 0.5585 - val_loss: 1.0537 - val_acc: 0.5000
Epoch 30/40
18/18 [==============================] - 22s 1s/step - loss: 0.9170 - acc: 0.5176 - val_loss: 1.0111 - val_acc: 0.4688
Epoch 31/40
18/18 [==============================] - 22s 1s/step - loss: 0.9015 - acc: 0.4856 - val_loss: 1.0897 - val_acc: 0.5000
Epoch 32/40
18/18 [==============================] - 22s 1s/step - loss: 0.8484 - acc: 0.5997 - val_loss: 1.1558 - val_acc: 0.5000
Epoch 33/40
18/18 [==============================] - 22s 1s/step - loss: 0.9366 - acc: 0.4998 - val_loss: 1.0984 - val_acc: 0.5000
Epoch 34/40
18/18 [==============================] - 22s 1s/step - loss: 0.9038 - acc: 0.5304 - val_loss: 1.0742 - val_acc: 0.4375
Epoch 35/40
18/18 [==============================] - 22s 1s/step - loss: 0.9254 - acc: 0.5123 - val_loss: 1.0669 - val_acc: 0.5000
Epoch 36/40
18/18 [==============================] - 22s 1s/step - loss: 0.8677 - acc: 0.5382 - val_loss: 1.0725 - val_acc: 0.5000
Epoch 37/40
18/18 [==============================] - 22s 1s/step - loss: 0.8686 - acc: 0.5350 - val_loss: 0.8634 - val_acc: 0.5312
Epoch 38/40
18/18 [==============================] - 23s 1s/step - loss: 0.8632 - acc: 0.5842 - val_loss: 1.1409 - val_acc: 0.5000
Epoch 39/40
18/18 [==============================] - 22s 1s/step - loss: 0.8901 - acc: 0.5005 - val_loss: 1.1163 - val_acc: 0.5312
Epoch 40/40
18/18 [==============================] - 22s 1s/step - loss: 0.8525 - acc: 0.5330 - val_loss: 0.8981 - val_acc: 0.5938
```

　ここでは分類問題を解いているので、ネットワークの最後のDense層は活性化関数にSoftmax関数を使い出力をラベルの数（3つ）にしています。

　これで、それぞれのラベルになる確率が何％であるかということが、今回構築したネットワークの出力になります。

LSTMを使って分類した結果を評価してみよう

無事実行が終わったら、テストデータで評価してみましょう。

テストデータで評価する	Chapter9-2.ipynb

```python
1   #予測開始
2   predictions = model_lstm.predict(X_test, verbose=1)
3   pred_labels = np.array([np.argmax(pred) for pred in
    predictions])
4   actual_labels = np.array([audio_label_dict[lab] for lab
    in test_df["label"]])
5
6   #正答率の算出
7   tmp = actual_labels == pred_labels
8   tmp.sum()/len(tmp)
```

図9-8-1 あまり精度が出ていないことがわかる

```
5/5 [==============================] - 4s 629ms/step
0.4859154929577465
```

結果を確認したところ、50%前後程度でランダム（33%）よりは良いものの、あまり精度が出ていません。

より詳しく結果を見ていきましょう。
まず学習中に計算される評価関数と精度のグラフを表示します。

評価関数と精度のグラフを表示する	Chapter9-2.ipynb

```python
1   import matplotlib.pyplot as plt
2
3   #評価関数と精度のグラフ表示
    fig, ax = plt.subplots(2,1)
4   ax[0].plot(history.history["loss"], color="b",
    label="Training Loss")
```

次ページへつづく

```
5  ax[0].plot(history.history["val_loss"], color="g",
   label="Validation Loss")
6  ax[0].legend()
7
8  ax[1].plot(history.history["acc"], color="b",
   label="Training Accuracy")
9  ax[1].plot(history.history["val_acc"], color="g",
   label="Validation Accuracy")
10 ax[1].legend()
11
12 plt.show()
```

図9-8-2 過学習してしまっていることが推測される

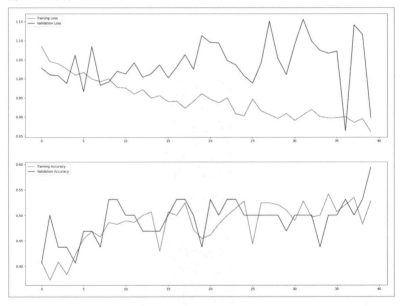

検証用データの損失関数がかなりばらつきが多くなっているのが見て取れ、過学習してしまっていることが推測されます。

また、混同行列を用いて結果の評価をしてみましょう。

混同行列を用いて結果を評価する	📄 Chapter9-2.ipynb

```python
from sklearn.metrics import confusion_matrix
import seaborn as sns

#混同行列の作成
cf_matrix = confusion_matrix(actual_labels, pred_labels)
plt.figure(figsize=(13,13))

c = sns.heatmap(cf_matrix, annot=True, fmt="d")

#audio_label_dict = {"Cello": 0,"Clarinet":1, "Applause":2}
audio_label_list = ["Cello", "Clarinet", "Applause"]
c.set(xticklabels=audio_label_list, yticklabels=audio_label_list)
plt.plot()
```

図9-8-3 混同行列を用いて結果を評価する

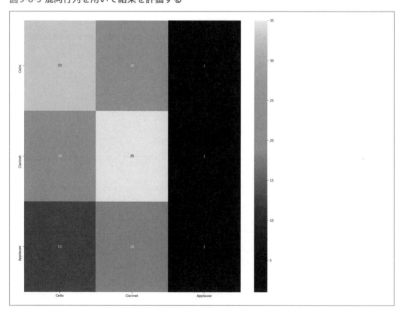

この混同行列は縦軸が実際の値、横軸が予測した値になっています。

Applause（拍手）がほとんど上手く分類できておらず、チェロかクラリネットだと予測されてしまっていることがわかります。

CNNで音の分類をしてみよう

次はCNNを使い同様の分類をしてみましょう。

これまでと同様にモデルを構築し、学習をしていきます。

モデルを作成する	📄 Chapter9-2.ipynb

```python
1  from tensorflow.keras.layers import Activation, Conv1D,
   MaxPooling1D, GlobalMaxPool1D,Dropout
2
3  def create_cnn_model():
4    #モデルの構築
5    input_shape = (audio_length, 1)
6    model_cnn = Sequential()
7    model_cnn.add(Conv1D(filters=128, kernel_size=9,
   padding='valid', input_shape=input_shape, activation=
   'relu'))
8    model_cnn.add(MaxPooling1D(pool_size=16))
9    model_cnn.add(Dropout(rate=0.2))
10   model_cnn.add(Conv1D(filters=64, kernel_size=3,
   padding='valid', activation='relu'))
11   model_cnn.add(GlobalMaxPool1D())
12   model_cnn.add(Dropout(rate=0.2))
13   model_cnn.add(Dense(len(audio_label_dict), activation=
   "softmax"))
14   model_cnn.compile(optimizer=Adam(0.0001), loss=
   "categorical_crossentropy", metrics=['acc'])
15   return model_cnn
16
17 model_cnn = create_cnn_model()
18 #モデルの構造を表示する
19 model_cnn.summary()
```

図9-9-1 モデルの構造を表示する

```
Model: "sequential_1"
_____
Layer (type)                 Output Shape              Param #
=================================================================
conv1d (Conv1D)              (None, 23992, 128)        1280
_____
max_pooling1d (MaxPooling1D) (None, 1499, 128)         0
_____
dropout (Dropout)            (None, 1499, 128)         0
_____
conv1d_1 (Conv1D)            (None, 1497, 64)          24640
_____
global_max_pooling1d (Global (None, 64)               0
_____
dropout_1 (Dropout)          (None, 64)                0
_____
dense_1 (Dense)              (None, 3)                 195
=================================================================
Total params: 26,115
Trainable params: 26,115
Non-trainable params: 0
_____
```

学習を開始する　　　　　　　　　　　　　　　　📄 Chapter9-2.ipynb

```
1  history = model_cnn.fit(X_train, Y_train, batch_size=16,
   epochs=50, validation_split=0.1, verbose=1)
```

図9-9-2 学習を開始する

```
Epoch 1/50
18/18 [==============================] - 2s 59ms/step - loss: 1.1816 - acc: 0.3112 - val_loss: 1.0965 - val_acc: 0.5000
Epoch 2/50
18/18 [==============================] - 1s 36ms/step - loss: 1.0974 - acc: 0.4167 - val_loss: 1.0149 - val_acc: 0.6250
Epoch 3/50
18/18 [==============================] - 1s 36ms/step - loss: 1.0865 - acc: 0.4762 - val_loss: 0.9347 - val_acc: 0.6250
Epoch 4/50
18/18 [==============================] - 1s 35ms/step - loss: 1.0921 - acc: 0.5309 - val_loss: 0.8959 - val_acc: 0.6250
Epoch 5/50
18/18 [==============================] - 1s 36ms/step - loss: 0.9966 - acc: 0.5493 - val_loss: 0.8645 - val_acc: 0.6875
Epoch 6/50
18/18 [==============================] - 1s 36ms/step - loss: 0.9345 - acc: 0.5931 - val_loss: 0.8294 - val_acc: 0.7188
Epoch 7/50
18/18 [==============================] - 1s 36ms/step - loss: 0.9182 - acc: 0.6026 - val_loss: 0.8034 - val_acc: 0.7812
Epoch 8/50
18/18 [==============================] - 1s 36ms/step - loss: 0.8965 - acc: 0.6104 - val_loss: 0.7903 - val_acc: 0.7812
Epoch 9/50
18/18 [==============================] - 1s 36ms/step - loss: 0.8161 - acc: 0.6524 - val_loss: 0.7768 - val_acc: 0.7812
Epoch 10/50
18/18 [==============================] - 1s 36ms/step - loss: 0.7865 - acc: 0.7307 - val_loss: 0.7546 - val_acc: 0.7812
Epoch 11/50
18/18 [==============================] - 1s 35ms/step - loss: 0.8472 - acc: 0.6367 - val_loss: 0.7429 - val_acc: 0.7188
Epoch 12/50
18/18 [==============================] - 1s 36ms/step - loss: 0.7914 - acc: 0.6830 - val_loss: 0.7277 - val_acc: 0.7812
Epoch 13/50
```

次ページへつづく

```
18/18 [==============================] - 1s 36ms/step - loss: 0.7464 - acc: 0.7311 - val_loss: 0.7141 - val_acc: 0.7812
Epoch 14/50
18/18 [==============================] - 1s 36ms/step - loss: 0.7631 - acc: 0.7214 - val_loss: 0.7122 - val_acc: 0.7812
Epoch 15/50
18/18 [==============================] - 1s 35ms/step - loss: 0.7389 - acc: 0.7535 - val_loss: 0.6990 - val_acc: 0.7500
Epoch 16/50
18/18 [==============================] - 1s 36ms/step - loss: 0.7272 - acc: 0.7379 - val_loss: 0.6875 - val_acc: 0.8125
Epoch 17/50
18/18 [==============================] - 1s 35ms/step - loss: 0.6912 - acc: 0.7237 - val_loss: 0.6736 - val_acc: 0.7812
Epoch 18/50
18/18 [==============================] - 1s 36ms/step - loss: 0.6806 - acc: 0.7579 - val_loss: 0.6692 - val_acc: 0.8125
Epoch 19/50
18/18 [==============================] - 1s 36ms/step - loss: 0.6680 - acc: 0.7716 - val_loss: 0.6659 - val_acc: 0.8125
Epoch 20/50
18/18 [==============================] - 1s 36ms/step - loss: 0.6476 - acc: 0.7755 - val_loss: 0.6659 - val_acc: 0.7812
Epoch 21/50
18/18 [==============================] - 1s 35ms/step - loss: 0.6521 - acc: 0.7803 - val_loss: 0.6496 - val_acc: 0.8125
Epoch 22/50
18/18 [==============================] - 1s 36ms/step - loss: 0.6628 - acc: 0.7437 - val_loss: 0.6506 - val_acc: 0.7812
Epoch 23/50
18/18 [==============================] - 1s 35ms/step - loss: 0.6580 - acc: 0.7215 - val_loss: 0.6427 - val_acc: 0.8125
Epoch 24/50
18/18 [==============================] - 1s 36ms/step - loss: 0.6185 - acc: 0.7568 - val_loss: 0.6418 - val_acc: 0.7812
Epoch 25/50
18/18 [==============================] - 1s 36ms/step - loss: 0.6132 - acc: 0.7739 - val_loss: 0.6399 - val_acc: 0.7812
Epoch 26/50
18/18 [==============================] - 1s 35ms/step - loss: 0.6166 - acc: 0.7689 - val_loss: 0.6428 - val_acc: 0.7500
Epoch 27/50
18/18 [==============================] - 1s 36ms/step - loss: 0.6280 - acc: 0.7572 - val_loss: 0.6275 - val_acc: 0.8125
Epoch 28/50
18/18 [==============================] - 1s 36ms/step - loss: 0.5958 - acc: 0.7592 - val_loss: 0.6259 - val_acc: 0.7812
Epoch 29/50
18/18 [==============================] - 1s 35ms/step - loss: 0.5885 - acc: 0.8164 - val_loss: 0.6140 - val_acc: 0.7812
Epoch 30/50
18/18 [==============================] - 1s 35ms/step - loss: 0.6112 - acc: 0.7817 - val_loss: 0.6032 - val_acc: 0.7812
Epoch 31/50
18/18 [==============================] - 1s 35ms/step - loss: 0.5460 - acc: 0.8481 - val_loss: 0.6002 - val_acc: 0.7812
Epoch 32/50
18/18 [==============================] - 1s 35ms/step - loss: 0.5494 - acc: 0.8236 - val_loss: 0.5994 - val_acc: 0.7812
Epoch 33/50
18/18 [==============================] - 1s 36ms/step - loss: 0.5927 - acc: 0.7733 - val_loss: 0.6083 - val_acc: 0.7812
Epoch 34/50
18/18 [==============================] - 1s 35ms/step - loss: 0.5946 - acc: 0.7643 - val_loss: 0.5938 - val_acc: 0.7812
Epoch 35/50
18/18 [==============================] - 1s 44ms/step - loss: 0.5550 - acc: 0.7991 - val_loss: 0.5849 - val_acc: 0.7812
Epoch 36/50
18/18 [==============================] - 1s 36ms/step - loss: 0.6113 - acc: 0.7415 - val_loss: 0.5789 - val_acc: 0.7812
Epoch 37/50
18/18 [==============================] - 1s 36ms/step - loss: 0.5811 - acc: 0.7392 - val_loss: 0.5805 - val_acc: 0.7812
Epoch 38/50
18/18 [==============================] - 1s 35ms/step - loss: 0.5256 - acc: 0.8309 - val_loss: 0.5719 - val_acc: 0.7812
Epoch 39/50
18/18 [==============================] - 1s 35ms/step - loss: 0.5351 - acc: 0.7968 - val_loss: 0.5604 - val_acc: 0.7812
Epoch 40/50
18/18 [==============================] - 1s 35ms/step - loss: 0.6133 - acc: 0.7653 - val_loss: 0.5689 - val_acc: 0.7812
Epoch 41/50
18/18 [==============================] - 1s 36ms/step - loss: 0.4863 - acc: 0.8202 - val_loss: 0.5545 - val_acc: 0.7812
Epoch 42/50
18/18 [==============================] - 1s 36ms/step - loss: 0.5597 - acc: 0.8169 - val_loss: 0.5568 - val_acc: 0.7812
Epoch 43/50
18/18 [==============================] - 1s 36ms/step - loss: 0.5124 - acc: 0.8096 - val_loss: 0.5544 - val_acc: 0.7812
Epoch 44/50
18/18 [==============================] - 1s 35ms/step - loss: 0.5184 - acc: 0.8194 - val_loss: 0.5506 - val_acc: 0.7812
Epoch 45/50
18/18 [==============================] - 1s 36ms/step - loss: 0.4951 - acc: 0.8167 - val_loss: 0.5396 - val_acc: 0.7812
Epoch 46/50
18/18 [==============================] - 1s 35ms/step - loss: 0.4828 - acc: 0.8507 - val_loss: 0.5421 - val_acc: 0.7812
Epoch 47/50
18/18 [==============================] - 1s 35ms/step - loss: 0.5221 - acc: 0.8181 - val_loss: 0.5457 - val_acc: 0.7812
Epoch 48/50
18/18 [==============================] - 1s 35ms/step - loss: 0.4821 - acc: 0.8084 - val_loss: 0.5360 - val_acc: 0.7812
Epoch 49/50
18/18 [==============================] - 1s 35ms/step - loss: 0.4886 - acc: 0.8301 - val_loss: 0.5328 - val_acc: 0.7812
Epoch 50/50
18/18 [==============================] - 1s 35ms/step - loss: 0.4545 - acc: 0.8372 - val_loss: 0.5295 - val_acc: 0.7812
```

CNNで分類した結果を
評価してみよう

LSTMのときと同様に、テストデータを用いて評価していきます。

テストデータによる評価　　　　　　　　　　　　　Chapter9-2.ipynb

```
1  #予測開始
2  predictions = model_cnn.predict(X_test, verbose=1)
3  pred_labels = np.array([np.argmax(pred) for pred in
   predictions])
4  actual_labels = np.array([audio_label_dict[lab] for lab
   in test_df["label"]])
5
6  #正答率の算出
7  tmp = actual_labels == pred_labels
8  tmp.sum()/len(tmp)
```

図9-10-1 CNNがLSTMよりも精度が高い

```
5/5 [==============================] - 0s 31ms/step
0.7464788732394366----
```

今回は、CNNがLSTMよりも高い精度を出すことができています。

LSTMと同様に、より詳しく結果を見ていきましょう。
まず、学習中に計算される評価関数と精度のグラフを表示します。

評価関数と精度のグラフを表示する　　　　　　　　Chapter9-2.ipynb

```
1  #評価関数と精度のグラフ表示
2  fig, ax = plt.subplots(2,1)
3  ax[0].plot(history.history["loss"], color="b", label=
   "Training Loss")
4  ax[0].plot(history.history["val_loss"], color="g",
5  label="Validation Loss")
6  ax[0].legend()
```

次ページへつづく

第
四
部

深
層
学
習
編

```
7    ax[1].plot(history.history["acc"], color="b", label=
8    "Training Accuracy")
9    ax[1].plot(history.history["val_acc"], color="g",
     label="Validation Accuracy")
10   ax[1].legend()

11   plt.show()
```

図9-10-2 損失関数が学習と評価ともに右肩下がりになる

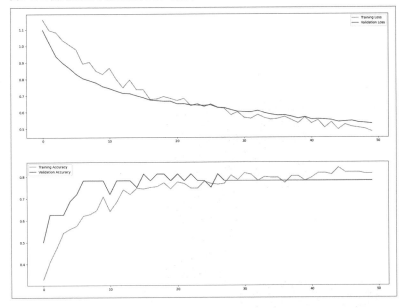

　学習が進むにつれて、損失関数が学習と評価ともに右肩下がりになっている
ことがわかるので、過学習に陥っていないことがわかります。

また、混同行列も見ていきましょう。

混同行列を作成する　　　　　　　　　　　　　📄 Chapter9-2.ipynb

```
1  #混同行列の作成
2  cf_matrix = confusion_matrix(actual_labels, pred_labels)
3
4  plt.figure(figsize=(13,13))
5  c = sns.heatmap(cf_matrix, annot=True, fmt="d")
6
7  #audio_label_dict = {"Cello": 0,"Clarinet":1, "Applause":2}
8  audio_label_list = ["Cello", "Clarinet", "Applause"]
9  c.set(xticklabels=audio_label_list, yticklabels=audio_
   label_list)
10 plt.plot()
```

図9-10-3 Applause (拍手) は高い精度で分類できる

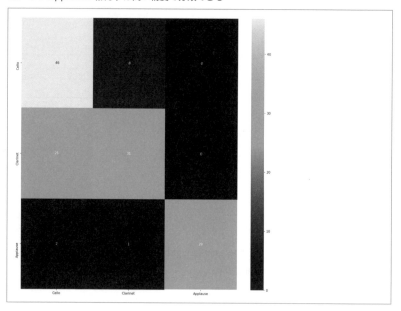

　Applause (拍手) に関しては、かなり高い精度で分類できていることがわか
ります。

今回は、LSTMを利用するよりもCNNを利用したほうが精度が高いという結果になりましたが、LSTMもモデルを工夫することでより高い精度を実現できる可能性があります。

　また、ここではネットワークに投入するデータにはほとんど手を加えませんでしたが、より精度を上げようとするとさまざまな前処理をする必要があります。音声データを扱う際には、メル周波数ケプストラム係数（MFCC）などを使うこともあるようです。より精度を上げるため、ネットワーク構造やデータの前処理を色々工夫してみましょう。

　今回使ったデータは、FSDKaggle2018（https://zenodo.org/record/2552860#.X6fh-5MzbUl）というデータセットを一部抜粋したものです。41クラス分のデータが入っているので、是非挑戦してみてください。

第 10 章

画像・言語処理を中心とした深層学習の全体像

深層学習によって実現できる
画像処理・言語処理を知ろう

第四部の深層学習編では、8章で深層学習の先駆けといえる
CNNと、それを用いた画像認識や時系列データ処理について
紹介しました。また、9章では時系列データを用いた将来予測を
得意とするRNNについて紹介しました。現在、これらのニュー
ラルネットワークは多くの応用がなされています。

本章では、CNNやRNNから広がった深層学習がどのように応
用されているのか、その全体像について紹介するとともに、特
に重要な、物体検出、画像セグメンテーション、自然言語処理
について、実際のプログラムと共に紹介していきます。本章を
通して、深層学習がどのように広がってきたのか、その全体像
を、プログラムを動かしながら体感しましょう。

深層学習によって実現できることを
整理することになった背景

8章で依頼を受けたスーパーマーケットの現場監督の方から、引き続いての依頼として、このような相談を受けました。

「先日いただいた講義のおかげで、経営層から現場の担当に至るまで、深層学習についての正しい理解が深まるとともに、データ分析プロジェクトを本格的に立ち上げようという機運が高まってきた。
そこで、ここからは実際に深層学習を使ってできることを把握したうえで、現在我々が保有している画像などのデータを使って何ができるかを整理したいのだが、深層学習の全体像についてまとめて講義いただくことはできないだろうか」

実際に現場を見て、スーパーマーケットにどのようなデータがあるか、また、どのようなデータが取得可能かをある程度把握していたあなたは、その知識を念頭に置きつつ、深層学習の全体像を整理して伝えることになりました。それでは、深層学習の全体像について理解を深めていきましょう。

10-1

深層学習によって実現できる処理の全体像を知ろう

　深層学習は、**図10-1-1**に示すように8章で紹介した画像処理や9章で紹介した時系列データ処理の他にも、音声処理や自然言語、4、5章で紹介した最適経路探索など、さまざまな用途に利用することができます。

　そのバリエーションとしては、画像処理だけでも、単に画像を「りんごの画像」などのように分類するだけでなく、画像の中のどこにどのような物体があるかを検出する「**物体検出**」、画像をさまざまな形に変換する画像変換・画風変換や荒い画像（低解像度画像）を精細にする「**超解像**」、過去に学習した画像パターンから新たな画像を生成する「**画像生成**」など多岐に渡ります。

　これらは、CNNのネットワーク構造を発展させることで達成できるのですが、それを理解するには「生成」という概念について説明する必要があります。

図10-1-1　深層学習によって実現できることの全体像

> **画像処理**
> 画像分類 / 物体検出 / 画像変換・画風変換 / 超解像 / 画像生成
>
> **音声処理**
> 音声認識 / 音声合成・音楽生成 / 声質変換
>
> **自然言語処理**
> 文書分類 / 機械翻訳 / 文書要約 / 対話システム（チャットボット）
>
> **時系列データ処理**
> 回帰（予測）/ 分類 / 異常検知
>
> **最適経路探索**
> 迷路やゲームの正解の探索（深層強化学習）/ ロボット制御

8章で紹介したCNNのネットワーク構造を**図10-1-2**に再掲します。

ここでは、元の画像を画像そのものを変換する「**畳み込み**」と、その解像度を縦横それぞれ1/2に圧縮する「**プーリング**」によって徐々に圧縮していき、最後は「みかん」や「いちご」に対応するピクセルのみが発火するように、畳み込みフィルタの形状を「**バックプロパゲーション**」によって学習していく、というものでした。

図10-1-2　CNNのネットワーク構造

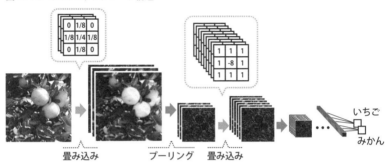

このネットワーク構造を逆にたどっていくとすると、「みかん」や「いちご」などのクラスによってのみ構成されるベクトル列というデータから、画像そのものが生成されるということになります。この原理を利用して、CNNのネットワーク構造の右側に、画像を生成するネットワーク構造を延長させたものが「**オートエンコーダ**」と呼ばれるネットワークです（**図10-1-3**）。

図10-1-3　データを出力する「オートエンコーダ」のネットワーク構造

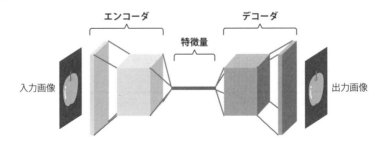

このネットワークにさまざまな画像を通し、入力画像と出力画像が同じになるように、バックプロパゲーションを用いて畳み込みフィルタを学習させていくことで、入力画像を「みかん」や「いちご」などにのみ反応するベクトル（特徴量）に変換したうえで、元の画像に戻す処理が実現します。このような処理を行う理由は、こうして構成した「デコーダ」によってベクトル（特徴量）から画像を「生成」することです。

ノイズのない画像を学習したオートエンコーダは、ノイズの含む画像を入力した場合、ノイズを除去した画像に変換することができます。また、画像の曖昧な部分を含めて生成することができるため、超解像にも利用できます。たとえば、ゴッホの絵を学習させたオートエンコーダに写真を入力すると、ゴッホ風に変換して出力（画風変換）します。さらに、デコーダ部分だけを利用することで画像を生成できます。デコーダだけで実在しない画像を生成すると荒い画像になってしまうのですが、実際の画像と比較して差異が小さくなるように調整するネットワークを新たに付加したGAN（敵対的生成ネットワーク）によって、本物と見間違うほど「本物らしい」偽の画像を生成することができます。

同様の処理を音声データに用いることによって、音声認識や音声合成、音楽の生成、さらには声質の変換などが可能になります。自然言語においても同様なのですが、言語は一文字の違いがすぐに「違和感」につながってしまうため、その適用は文書の分類などの「分析」に主に用いられており、言語を生成するチャットボットなどでは、事前に作成した文や文章を利用することが主です。時系列データ処理については、8章のCNNや9章のRNNなどを主に用いることで回帰や分類を行うことができ、異常なデータを発見することも可能です。

最後に、最適経路探索については、主に「**深層強化学習**」と呼ばれるアルゴリズムとして、ゲームなどの正解を探索する目的で用いられます。たとえば、囲碁や将棋の「勝ち筋」を見つけることは迷路のゴールまでの道筋を求める問題に近く、最適経路探索問題として解かれます。深層学習の入力値がネットワークを通して「みかん」や「いちご」に最適に分類させるように、バックプロパゲーションによって学習していく仕組みを利用し、最適解に近づける方法です。これら1つひとつの具体的手法については、それぞれの専門書を参照し、さらに学びを深めてください。ここからは、深層学習の応用の中で特に重要な「**物体検出**」「**画像セグメンテーション**」「**自然言語処理**」の3つを紹介します。

物体検出編

物体検出を行うことになった背景

さきほどのスーパーマーケットにおいて深層学習の全体像をプレゼンテーションしたところ、早速、カメラを用いて画像から物体を検出する仕組みを試してみたい、という依頼をいただきました。そこで、あなたは本格的なシステムを構築する前に、深層学習を用いた物体検出アルゴリズムを実装し、その性能を評価することになりました。

物体検出アルゴリズムYOLOについて知ろう

　物体検出アルゴリズムは、深層学習の基本形である画像分類を行うCNNを応用することによって考案され、数々の改良が加えられてきました。ここでは、画像全体の中から複数の物体をCNNを用いて、検出する最も原始的なアルゴリズムの1つである**R-CNN**について解説した後に、その仕組みを改良して物体検出を高速に実現するアルゴリズム**YOLO**について解説します。

　まず、CNNを物体検出に応用することを考えます。最も原始的な方法は、「画像をいくつかの領域に分け、分けたすべての領域に対してCNNによって分類を行うことにより、「人」や「動物」などの物体が存在するかどうかを評価する」という流れです。しかしながら、この方法ではありとあらゆる大きさと位置の領域についてCNNによる分類を行う必要があり、（原理的には）無限の計算時間が必要となります。そこで、あらゆる大きさと位置の領域についての分類を行うのではなく、物体が存在する可能性が高い領域に対してのみCNNによる分類を行う、という方法が考えられます。

　この物体が存在する可能性が高い領域を絞り込む方法として考案されたものが"selective search"というアルゴリズム（論文：Selective Search for Object Recognition）であり、"selective search"によって絞り込まれた領域のみCNNによる分類を行う方法がR-CNN（Region CNN）（論文：Rich feature hierarchies for accurate object detection and semantic segmentation）です。

　図10-2-1がselective searchによって領域を絞り込むイメージです。色などの情報を用いて似た特徴を持つ領域をセグメントとしてまとめたうえで、まとまったセグメントを囲む矩形を物体が存在する可能性が高い領域として抽出します。R-CNNは、この方法によって絞り込まれた2000の領域に対して、CNNをかけることによって物体を検出します。

図10-2-1　selective searchによって領域を絞り込むイメージ

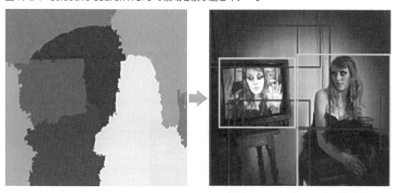

R-CNNは、画像分類の手法を物体検出に拡張した意味では歴史的な方法といえる一方で、領域の1つひとつに対してCNNの処理を実行する必要があり、かなりの計算時間を必要とするという課題がありました。

そこで、R-CNNを改良したさまざまなアルゴリズムが考案されました。その方法の1つが、YOLO（You Only Look Once）と名付けられたアルゴリズム（論文：You only look once Unified, real-time object detection）です。

この方法の特徴は、物体検出をCNNを用いた分類ではなく回帰問題とすることで、わずか一回のCNN処理で画像内の複数の物体を検出できるようにしたことです。これによって、R-CNNに比較すると圧倒的な高速化が実現されました。

YOLOが回帰問題として物体を検出する仕組みを**図10-2-2**を用いて説明します。まず、画像を$S \times S$（たとえば7×7）の領域に分割します。そして、YOLOのニューラルネットワークを通った画像は、分割されたそれぞれの領域（glid cell）に対し、その周辺に含まれる物体の矩形（bounding box）の中心点(x, y)と矩形の幅と高さ、物体が含まれる確信度（confidence）、そして、その領域が属する物体のクラスのそれぞれを導出します。

つまり、YOLOのニューラルネットワークは、学習時にこれらの情報すべてを教師データとして、バックプロパゲーションによってそれらの情報が導出できるように、ニューラルネットワークのプーリング層を構築していきます。

　こうして構築された YOLO のニューラルネットワークを通った画像は、**図10-2-2** の右図のように、「どこ」に「何の」物体があるか（**図10-2-2** の場合、「水色領域に犬、黄色領域に自転車、赤色領域に車がある」。ここでの色は、パソコンのモニターでの表示色）を発見することができるのです。

図10-2-2　YOLOによる物体検出イメージ
　　　　　（You only look once Unified, real-time object detection より引用）

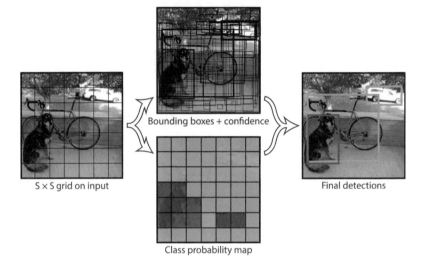

YOLOを用いて物体検出を行ってみよう

それでは、**YOLOv3**（実際には、学習時間を短縮するために YOLOv3-tiny）を使って、物体検出をしていきましょう。ここでは、Google Colaboratory の利用を前提にしています。

YOLO のモデルを keras を使ってゼロから構築するのはかなり大変なので、yolov3-tf2（https://github.com/zzh8829/yolov3-tf2）というオープンソースのプロジェクトを利用していきます。

また、データセットには Pascal VOC2007 というものを使います。

以下を実行して、データセットと yolov3-tf2 をダウンロードします。

データセットをダウンロードする	🗋 Chapter10-1.ipynb

```
1  #データセットのダウンロード及び解凍を行います。
2  #ダウンロード済みでない場合以下を実行して下さい。
3  !wget http://pjreddie.com/media/files/VOCtrainval_06-
   Nov-2007.tar
4  !tar -xvf ./VOCtrainval_06-Nov-2007.tar
```

yolov3-tf2をダウンロードする	🗋 Chapter10-1.ipynb

```
1  #yolov3-tf2のダウンロード
2  !git clone https://github.com/zzh8829/yolov3-tf2.git ./
   yolov3_tf2
3  %cd ./yolov3_tf2
4  !git checkout c43df87d8582699aea8e9768b4ebe8d7fe1c6b4c
5  %cd ../
```

次に、ゼロから YOLO のモデルを学習するのには時間がかかるため、すでに学習済みのモデルをダウンロードし、keras で利用できる形に変換します。

この学習済みのモデルを利用し、さらに学習させることで、学習時間が短くてもある程度の精度が出るようになります。

第10章 深層学習によって実現できる画像処理・言語処理を知ろう

435

YOLOの学習済みモデルをダウンロードする　　　　　　📄 Chapter10-1.ipynb

```
1  #YOLOの学習済みモデルのダウンロード
2  !wget https://pjreddie.com/media/files/yolov3-tiny.
   weights
```

Kerasから利用できる形に変換する　　　　　　　　　📄 Chapter10-1.ipynb

```
1  #ダウンロードしたYOLOの学習済みモデルをKerasから利用できる形に変換
2  !python ./yolov3_tf2/convert.py --weights ./yolov3-
   tiny.weights --output  ./yolov3_tf2/checkpoints/yolov3-
   tiny.tf --tiny
```

さて、前準備ができたところで今回使うデータセットを見ていきましょう。
以下を実行して、データセットの中の写真を1枚見てみましょう。

データセットから画像を表示する　　　　　　　　　　📄 Chapter10-1.ipynb

```
1  from PIL import Image
2
3  #ダウンロードしたデータセットの画像から1枚を表示
4  Image.open("./VOCdevkit/VOC2007/JPEGImages/006626.jpg")
```

図10-3-1 写真を表示する

さらに、この画像に付けられているアノテーションデータも見てみましょう。

```
1  #表示した画像のアノテーションデータの表示
2  annotation = open("./VOCdevkit/VOC2007/Annotations/
   006626.xml").read()
3  print(annotation)
```

図 10-3-2 アノテーションデータを表示する

```
<annotation>
        <folder>VOC2007</folder>
        <filename>006626.jpg</filename>
        <source>
                <database>The VOC2007 Database</database>
                <annotation>PASCAL VOC2007</annotation>
                <image>flickr</image>
                <flickrid>315496020</flickrid>
        </source>
        <owner>
                <flickrid>Dan Mall</flickrid>
                <name>Dan Mall</name>
        </owner>
        <size>
                <width>500</width>
                <height>332</height>
                <depth>3</depth>
        </size>
        <segmented>0</segmented>
        <object>
                <name>diningtable</name>
                <pose>Unspecified</pose>
                <truncated>1</truncated>
                <difficult>1</difficult>
                <bndbox>
                        <xmin>213</xmin>
                        <ymin>228</ymin>
                        <xmax>500</xmax>
                        <ymax>332</ymax>
                </bndbox>
        </object>
        <object>
                <name>person</name>
                <pose>Frontal</pose>
                <truncated>1</truncated>
                <difficult>0</difficult>
                <bndbox>
                        <xmin>443</xmin>
                        <ymin>106</ymin>
                        <xmax>500</xmax>
                        <ymax>213</ymax>
                </bndbox>
        </object>
        <object>
                <name>person</name>
                <pose>Unspecified</pose>
                <truncated>1</truncated>
                <difficult>0</difficult>
```

次ページへつづく

第10章 深層学習によって実現できる画像処理・言語処理を知ろう

437

```
                <bndbox>
                        <xmin>277</xmin>
                        <ymin>113</ymin>
                        <xmax>372</xmax>
                        <ymax>285</ymax>
                </bndbox>
        </object>
        <object>
                <name>person</name>
                <pose>Unspecified</pose>
                <truncated>1</truncated>
                <difficult>0</difficult>
                <bndbox>
                        <xmin>185</xmin>
                        <ymin>101</ymin>
                        <xmax>355</xmax>
                        <ymax>303</ymax>
                </bndbox>
        </object>
        <object>
                <name>person</name>
                <pose>Unspecified</pose>
                <truncated>1</truncated>
                <difficult>0</difficult>
                <bndbox>
                        <xmin>2</xmin>
                        <ymin>77</ymin>
                        <xmax>258</xmax>
                        <ymax>332</ymax>
                </bndbox>
        </object>
        <object>
                <name>bottle</name>
                <pose>Unspecified</pose>
                <truncated>0</truncated>
                <difficult>0</difficult>
                <bndbox>
                        <xmin>408</xmin>
                        <ymin>207</ymin>
                        <xmax>426</xmax>
                        <ymax>268</ymax>
                </bndbox>
        </object>
        <object>
                <name>bottle</name>
                <pose>Unspecified</pose>
                <truncated>1</truncated>
                <difficult>0</difficult>
                <bndbox>
                        <xmin>442</xmin>
                        <ymin>188</ymin>
                        <xmax>464</xmax>
                        <ymax>239</ymax>
                </bndbox>
        </object>
</annotation>
```

アノテーションデータはXML形式になっており、<object>〜</object>の間に画像内に存在する物体の名前とその座標が入っています。

座標には、左上と右下に当たる値が入っており、その点を通る長方形内に物体が入っていることを示しています。

　たとえば、**図10-3-2**では"dinningtable"や"person"といった名前のオブジェクトが、その座標と共に入っていることがわかります。ただし、このデータセットで扱うオブジェクトは、

"person", "bird", "cat", "cow", "dog", "horse", "sheep", "aeroplane", "bicycle", "boat", "bus", "car", "motorbike", "train", "bottle", "chair", "diningtable", "pottedplant", "sofa", "tvmonitor"

の20種類のみになっています。

　データセットが把握できたところで、学習の準備をしていきましょう。

　以下の関数でアノテーションデータのXMLファイルを、今回使うモデルが扱える形に変換します。

　この関数は、xmlで表現されているアノテーションデータと、分類クラス名とそれに対応するID（たとえばpersonなら1）が入っている辞書を引数に取ります。そして、各objectに含まれる座標の値とそのオブジェクトの名前(personやbird)を1つの配列にまとめています。

モデルが扱える形に変換する　　　　　　　　　　　　　　📄 Chapter10-1.ipynb

```
1  import xmltodict
2  import numpy as np
3  from tensorflow.keras.utils import Sequence
4  import math
5  import yolov3_tf2.yolov3_tf2.dataset as dataset
6
7  yolo_max_boxes = 100
8
9  #アノテーションデータの変換
10 def parse_annotation(annotation, class_map):
11     label = []
12     width = int(annotation['size']['width'])
13     height = int(annotation['size']['height'])
14
15     if 'object' in annotation:
```

次ページへつづく

```
16        if type(annotation['object']) != list:
17            tmp = [annotation['object']]
18        else:
19            tmp = annotation['object']
20
21        for obj in tmp:
22            _tmp = []
23            _tmp.append(float(obj['bndbox']['xmin']) / width)
24            _tmp.append(float(obj['bndbox']['ymin']) / height)
25            _tmp.append(float(obj['bndbox']['xmax']) / width)
26            _tmp.append(float(obj['bndbox']['ymax']) / height)
27            _tmp.append(class_map[obj['name']])
28            label.append(_tmp)
29
30    for _ in range(yolo_max_boxes - len(label)):
31      label.append([0,0,0,0,0])
32    return label
```

　また、すべての画像を一度に読み込むとメモリ不足になってしまうので、１バッチごとに必要な分だけ画像を読み込むため、次ページのようなtensorflow.keras.utils.Sequenceを継承したクラスを作成します。

　細かい説明は省略しますが、__getitem__関数で１バッチに必要な分のデータだけ読み込んで返すことで、すべてのデータを事前に読み込まないで済むようになっています。

　読み込んだ画像データは、yolov3_tf2で提供されているtransfrom_images関数で加工しています。

```python
1   from yolov3_tf2.yolov3_tf2.dataset import transform_images
2
3   #学習時に画像データを必要な分だけ読み込むためのクラス
4   class ImageDataSequence(Sequence):
5       def __init__(self, file_name_list, batch_size, anchors, anchor_masks,
    class_names, data_shape=(256,256,3)):
6
7           #クラス名とそれに対応する数値、という形の辞書を作る
8           self.class_map = {name: idx for idx, name in enumerate(class_names)}
9           self.file_name_list = file_name_list
10
11          self.image_file_name_list = ["./VOCdevkit/VOC2007/
    JPEGImages/"+image_path + ".jpg" for image_path in self.file_name_list]
12          self.annotation_file_name_list = ['./VOCdevkit/VOC2007/Annotations/'
    + image_path+ ".xml" for image_path in self.file_name_list]
13
14          self.length = len(self.file_name_list)
15          self.data_shape = data_shape
16          self.batch_size = batch_size
17          self.anchors = anchors
18          self.anchor_masks = anchor_masks
19
20          self.labels_cache = [None for i in range(self.__len__())]
21
22      # 1バッチごとに自動的に呼ばれる。画像データとそのラベルを必要な分だけ読み込んで返す
23      def __getitem__(self, idx):
24          images = []
25          labels = []
26
27          #現在のバッチが何回目かがidx変数に入っているため、それに対応するデータを読み込む
28          for index in range(idx*self.batch_size, (idx+1)*
    self.batch_size):
29
30              #アノテーションデータをラベルとして使える形に変換する
31              annotation = xmltodict.parse((open(self.annotation_file_name_
    list[index]).read()))
32              label = parse_annotation(annotation["annotation"], self.class_map)
33              labels.append(label)
34
```

次ページへつづく

```
35        #画像データの読み込みと加工
          img_raw = tf.image.decode_jpeg(open(self.image_file_name_
36 list[index], 'rb').read(), channels=3)
37        img = transform_images(img_raw, self.data_shape[0])
38        images.append(img)
39
40        #ラベルに対しても前処理をするが時間がかかるため、1度読み込んだらキャッシュとして保存する
41      if self.labels_cache[idx] is None:
42        labels = tf.convert_to_tensor(labels, tf.float32)
43        labels = dataset.transform_targets(labels, self.anchors, self.
anchor_masks, self.data_shape[0])
44        self.labels_cache[idx] = labels
45      else:
46        labels = self.labels_cache[idx]
47
48        images = np.array(images)
49        return images, labels
50
51    def __len__(self):
52        return math.floor(len(self.file_name_list) / self.batch_size)
```

次に、YOLOのモデルを作成します。

ここでは9章まで実行したように1層ずつ追加していくのではなく、yolov3_tf2ですでに作ってあるモデルをYoloV3Tiny関数を呼ぶことで取得し、さらに学習済みの重みを読み込ませます。

ただし、学習済みのモデルでは出力が80クラスになっており、そのままでは使えないので、出力層の部分を除いた重みだけを取り出し、今回使うモデルに適用しています。

YOLOのモデルを作成する   📄 Chapter10-1.ipynb

```python
from yolov3_tf2.yolov3_tf2.models import YoloV3Tiny, YoloLoss
from yolov3_tf2.yolov3_tf2.utils import freeze_all
import tensorflow as tf

batch_size=16
data_shape=(416,416,3)
class_names = ["person", "bird", "cat","cow","dog",
"horse","sheep", "aeroplane", "bicycle", "boat", "bus", "car",
"motorbike", "train", "bottle", "chair", "diningtable",
"pottedplant", "sofa", "tvmonitor"]

anchors = np.array([(10, 14), (23, 27), (37, 58),
                    (81, 82), (135, 169), (344, 319)],
                   np.float32) / data_shape[0]
anchor_masks = np.array([[3, 4, 5], [0, 1, 2]])

# yolov3_tf2で定義されているtiny YOLOのモデルを読み込む
model_pretrained = YoloV3Tiny(data_shape[0], training=True,
classes=80)
model_pretrained.load_weights("./yolov3_tf2/checkpoints/yolov3-
tiny.tf").expect_partial()

model = YoloV3Tiny(data_shape[0], training=True,
classes=len(class_names))
#ここで、学習済みモデルの出力層以外の重みだけを取り出す
model.get_layer('yolo_darknet').set_weights(model_pretrained.
get_layer('yolo_darknet').get_weights())
#出力層以外を学習しないようにする
freeze_all(model.get_layer('yolo_darknet'))
```

モデルの構造を出力する   📄 Chapter10.ipynb

```python
loss = [YoloLoss(anchors[mask], classes=len(class_
names)) for mask in anchor_masks]
model.compile(optimizer=tf.keras.optimizers.
Adam(lr=0.001), loss=loss, run_eagerly=False)

#モデルの構造を出力
model.summary()
```

　前ページのソースコード16行目にあるmodel_pretrained.load_weightsで model_pretrained変数に80クラスの分類ができる学習済みの重さを読み込み、その後model変数にYOLOのメインの層であるyolo_darknet層の重みを20行目でmodel_pretrainedから読み込んでいます。

　こうすることで出力層に近い層以外の重みは受け継ぎ、今回必要な20種類のクラス分類をするために必要な出力層の学習だけで済むようになります。

　モデルができたところで、以下を実行して学習していきましょう。

学習を開始する①　　　　　　　　　　　　　　　　　　📄 Chapter10-1.ipynb

```
1  train_file_name_list = open("./VOCdevkit/VOC2007/
   ImageSets/Main/train.txt").read().splitlines()
2  validation_file_name_list = open("./VOCdevkit/VOC2007/
   ImageSets/Main/val.txt").read().splitlines()
3
4  train_dataset = ImageDataSequence(train_file_name_list,
   batch_size, anchors, anchor_masks, class_names, data_
   shape=data_shape)
5  validation_dataset = ImageDataSequence(validation_file_
   name_list, batch_size, anchors, anchor_masks, class_
   names, data_shape=data_shape)
```

学習を開始する②　　　　　　　　　　　　　　　　　　📄 Chapter10-1.ipynb

```
1  history = model.fit(train_dataset, validation_
   data=validation_dataset, epochs=30)
```

学習した重みの保存する　　　　　　　　　　　　　　　📄 Chapter10-1.ipynb

```
1  #学習した重みの保存
2  model.save_weights('./saved_models/model_yolo_weights')
```

　最後に、学習した重みをsave_weightsメソッドを呼ぶことで保存しています。こうすることで毎回学習をしなくて済むようになります。

物体検出を行った結果を
評価してみよう

　ここからは、**10-3**で物体のデータを学習した結果としての精度の評価を行っていきましょう。以下のソースコードに使って、今回学習した重みを読み込んだモデルを作ります。

重みを読み込んだモデルを作成する	🗋 Chapter10-1.ipynb

```
1  from absl import app, logging, flags
2  from absl.flags import FLAGS
3  app._run_init(['yolov3'], app.parse_flags_with_usage)
```

保存した重みを読み込む	🗋 Chapter10-1.ipynb

```
1  import cv2
2  import numpy as np
3  import matplotlib.pyplot as plt
4  from yolov3_tf2.yolov3_tf2.utils import draw_outputs
5
6  yolo_trained = YoloV3Tiny(classes=len(class_names))
7  #保存した重みの読み込み
8  yolo_trained.load_weights('./saved_models/model_yolo_
   weights').expect_partial()
```

　続いて、以下のソースコードで読み込んだモデルを使って、物体検出をしてみます。

物体を検出する	🗋 Chapter10-1.ipynb

```
1  img_file_name = "./VOCdevkit/VOC2007/JPEGImages/
   "+"006626" + ".jpg"
2
3  #画像の読み込み
4  img_raw = tf.image.decode_jpeg(open(img_file_name,
   'rb').read(), channels=3)
```

次ページへつづく

```
5   img = transform_images(img_raw, data_shape[0])
6   img = np.expand_dims(img, 0)
7
8   #予測開始
9   boxes, scores, classes, nums = yolo_trained.predict(img)
```

予測結果を書き込んだ画像を表示する　　　　　　　　　　　　Chapter10-1.ipynb

```
1   img = img_raw.numpy()
2
3   #予測結果を画像に書き込み
4   img = draw_outputs(img, (boxes, scores, classes, nums),
    class_names)
5
6   #予測結果を書き込んだ画像の表示
7   plt.imshow(img)
8   plt.show()
```

図10-4-1 人やテーブルが検出される

　物体検出の結果が画像に表示され、人やテーブルが検出されていることがわかります。

第四部　深層学習編

ここまで、独自のデータセットを使いYOLOで学習して物体検出をしてきましたが、最初にダウンロードした学習済みの重みをそのまま利用できます。

今回ダウンロードした学習済みの重みはCoco（https://cocodataset.org）というデータセットに対して学習をしており、80クラスの分類を行えます。

もし、自分が今回物体検出を行いたい対象がこの中に含まれていれば、新しく学習し直す必要は（ほとんどの場合）ありません。もし含まれていない場合や、どうしても謝認識が多い場合などに、ここで扱った方法で学習をするとよいでしょう。

以下のソースコードを使って、学習済みの重みをそのまま利用してみましょう。

重みを読み込む　　　　　　　　　　　　　　📄 Chapter10-1.ipynb

```
1  #学習済みの重みをそのまま利用する場合
2
3  FLAGS.yolo_iou_threshold = 0.5
4  FLAGS.yolo_score_threshold = 0.5
5
6  yolo_class_names = [c.strip() for c in open("./yolov3_
   tf2/data/coco.names").readlines()]
7
8  yolo = YoloV3Tiny(classes=80)
9  #重みの読み込み
10 yolo.load_weights("./yolov3_tf2/checkpoints/yolov3-
   tiny.tf").expect_partial()
```

予測を開始する　　　　　　　　　　　　　　📄 Chapter10-1.ipynb

```
1  img_file_name = "./VOCdevkit/VOC2007/JPEGImages/
   "+"006626" + ".jpg"
2
3  img_raw = tf.image.decode_jpeg(open(img_file_name,
   'rb').read(), channels=3)
4  img = transform_images(img_raw, data_shape[0])
5  img = np.expand_dims(img, 0)
6  #予測開始
7  boxes, scores, classes, nums = yolo.predict(img)
```

予測結果を書き込んだ画像を表示する　　　　　　　　　　　　　　　　　🖺 Chapter10-1.ipynb

```
1  img = img_raw.numpy()
2  img = draw_outputs(img, (boxes, scores, classes, nums),
   yolo_class_names)
3
4  plt.imshow(img)
5  plt.show()
```

図10-4-2 モデルとは違う結果が表示される

　さきほどの自分で学習したモデルとは少し違う結果になっていることがわかります。自分で学習したデータには含まれていない"cup"が検出され、代わりに"diningtable"は検出されていません。

　今回はKerasからYOLOを利用するために、少し複雑なことをしています。学習済みのモデルでYOLOを利用するだけであればより簡単にできるので、実際に利用する場合は他の方法も検討してみてください。

画像セグメンテーション編

画像セグメンテーションを行うことになった背景

スーパーマーケットにおいては、どんな人が、いつどのような商品を手にし、どのように行動した結果、購買に結びついたのかを分析することは重要であり、それらを分析して商品の配置を少し変えるだけでも売り上げに大きな影響を与えます。先述した物体検出を用いることで、人の位置や滞留時間については、それを四角形（バウンディングボックス）で示すことによってわかりますが、それがどのような人であるか、どのような挙動をしていたのかなど、より詳細な分析を行うことはできません。

そこで、より詳細な分析を行うために、画像セグメンテーションを試してみることになりました。画像セグメンテーションは、画像内のピクセルがどのような物体クラスに属するのかを分類できるため、たとえば、スカートを履いた人、ズボンを履いた人など、より詳細な分析を行うことができるようになります。その可能性を示すために、まずは画像セグメンテーションを行うCNNであるSegnetを利用してみましょう。

画像セグメンテーション Segnetについて知ろう

画像セグメンテーションを行うネットワークであるSegnetは、**10-1**で解説したオートエンコーダの一種であり、**図10-5-1**に示すように出力画像が「道路」や「木」を示すピクセルが同じ値になるように、バックプロパゲーションによって畳み込みフィルタを学習したものです。

Segnetをゼロから構築することも行われないわけではありませんが、教師データを用意するのが大変なので（ピクセルレベルで「塗り分け」を行ったデータを用意する必要があります）、学習済みモデルを用いるか、公開されている教師データをいくつか組み合わせて学習することが一般的です。

Segnetの解説は一旦はここまでとし、**10-6**では実際にSegnetを使ってみることで、その動作を体感してみましょう。

図10-5-1　画像セグメンテーション Segnetのネットワーク構造

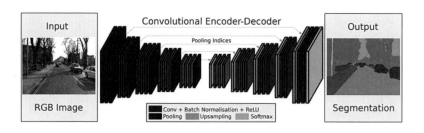

Segnetを用いてセグメンテーションを行ってみよう

　Segnetの概要を把握したところで、ここからは実際にSegnetを使ってセグメンテーション問題を解いていきましょう。

　SegNetでは学習に時間がかかりすぎるため、ここではSegNet Basicという軽量化したモデルを構築します。以下のコードを実行してみましょう。

モデルを構築する	📄 Chapter10-2.ipynb

```python
from tensorflow.keras.models import Model, Sequential
from tensorflow.keras.layers import Activation, Conv2D,
MaxPooling2D, UpSampling2D,ZeroPadding2D, Input,
BatchNormalization, Dense, Reshape

#SegNet Basicモデルの構築
def segnet(n_classes, input_shape=(224,224,3)):

    kernel = 3
    pad = 1
    pool_size = 2

    model = Sequential()
    model.add(Input(shape=input_shape))

    model.add(ZeroPadding2D((pad, pad)))
    model.add(Conv2D(64, (kernel, kernel), padding='valid'))
    model.add(BatchNormalization())
    model.add(Activation('relu'))

    model.add(MaxPooling2D(pool_size=(pool_size, pool_size)))

    model.add(ZeroPadding2D((pad, pad)))
    model.add(Conv2D(128, (kernel, kernel), padding='valid'))
    model.add(BatchNormalization())
    model.add(Activation('relu'))

```

次ページへつづく

第四部

深層学習編

```
26      model.add(MaxPooling2D(pool_size=(pool_size, pool_size)))
27
28      model.add(ZeroPadding2D((pad, pad)))
29      model.add(Conv2D(256, (kernel, kernel), padding='valid'))
30      model.add(BatchNormalization())
31      model.add(Activation('relu'))
32      model.add(MaxPooling2D(pool_size=(pool_size, pool_size)))
33
34      model.add(ZeroPadding2D((1, 1)))
35      model.add(Conv2D(512, (3, 3), padding='valid'))
36      model.add(BatchNormalization())
37      model.add(Activation('relu'))
38
39      model.add(ZeroPadding2D((1, 1)))
40      model.add(Conv2D(512, (3, 3), padding='valid'))
41      model.add(BatchNormalization())
42
43      model.add(UpSampling2D((2, 2)))
44
45      model.add(ZeroPadding2D((1, 1)))
46      model.add(Conv2D(256, (3, 3), padding='valid'))
47      model.add(BatchNormalization())
48
49      model.add(UpSampling2D((2, 2)))
50
51      model.add(ZeroPadding2D((1, 1)))
52      model.add(Conv2D(128, (3, 3), padding='valid'))
53      model.add(BatchNormalization())
54
55      model.add(UpSampling2D((2, 2)))
56
57      model.add(ZeroPadding2D((1, 1)))
58      model.add(Conv2D(64, (3, 3), padding='valid'))
59      model.add(BatchNormalization())
60
61      model.add(Conv2D(n_classes, (1, 1), padding='valid'))
62      model.add(Reshape((input_shape[0] * input_shape[1],
    n_classes)))
63
64      model.add(Activation("softmax"))
65      model.compile(optimizer="adadelta", loss="categorical_
    crossentropy", metrics=['acc'])
66
67      return model
```

図10-5-1のように、前半ではMaxPooling層でサイズをどんどん小さくしていき、後半ではUpSampling層でどんどん大きくしていくことで元の画像と同じサイズにしています。ただし、最後は画像の形である2次元＋ラベルの1次元＝3次元ではなく、1つの要素にラベルの配列を持っている長い2次元の配列が出力になっています。

　また、注意として、画像のサイズを半分に半分にと小さくしていっているので、3回連続で2で割り切れないサイズを input_shape で渡してしまうと端数が出てしまい、入力と出力でサイズが合わずにエラーを出してしまいます。

　モデルが作成できたところで、次にデータの準備をしていきましょう。

　ここでは、**10-3** でダウンロードして物体検出でも用いた Pascal VOC2007 のデータを利用します。もしダウンロードをまだしていない場合は、**10-3** のソースコードを実行しダウンロードと解凍を行ってください。

　10-3 でも行ったように、まず利用するデータを実際に表示してみましょう。

利用するデータを表示する	🗍 Chapter10-2.ipynb

```
1  from PIL import Image
2
3  Image.open("./VOCdevkit/VOC2007/JPEGImages/000793.jpg")
```

図10-6-1 データを表示する

この画像をピクセルごとにセグメンテーションした、ラベルになる画像が以下のファイルです。物体検出で利用したラベルデータと異なり、セグメンテーションで利用するデータは、**図10-6-2**のように部分ごとに塗り分けられた画像がラベルになります。

画像をピクセルごとにセグメンテーションする	📄 Chapter10-2.ipynb

```
1  label_image = Image.open("./VOCdevkit/VOC2007/
   SegmentationClass/000793.png")
2  label_image
```

図10-6-2 部分ごとに塗り分けられる

このラベルの画像をより細かく見るために、numpyの配列に変化して画像の90行目を例として出力してみましょう。

画像の90行目を表示する	📄 Chapter10-2.ipynb

```
1  import numpy as np
2  label_image = np.array(label_image)
3
4  #ラベルデータの90行目を表示
5  label_image[90]
```

図10-6-3 画像の90行目を出力する

```
array([255, 255, 255, 255, 255,   6,   6,   6,   6,   6,   6,   6,   6,
         6,   6,   6,   6,   6,   6,   6,   6,   6,   6,   6,   6,   6,
         6,   6,   6,   6,   6,   6,   6,   6,   6,   6,   6,   6,   6,
         6,   6,   6,   6,   6,   6,   6,   6,   6,   6,   6, 255, 255,
       255, 255,   0,   0,   0,   0,   0,   0,   0,   0,   0,   0,   0,
         0,   0,   0,   0,   0,   0,   0,   0,   0,   0,   0,   0,   0,
         0,   0,   0,   0,   0,   0,   0,   0,   0,   0,   0,   0,   0,
         0,   0,   0,   0,   0,   0,   0,   0,   0,   0,   0,   0,   0,
         0,   0,   0,   0,   0,   0,   0,   0,   0,   0,   0,   0,   0,
         0,   0,   0,   0,   0,   0,   0,   0,   0,   0,   0,   0, 255,
       255, 255, 255, 255, 255, 255, 255, 255,  15,  15,  15,  15,  15,
        15,  15,  15,  15,  15,  15,  15,  15,  15,  15,  15,  15,  15,
        15, 255, 255, 255, 255, 255, 255,   0,   0,   0,   0,   0,   0,
         0,   0,   0,   0,   0,   0,   0,   0,   0,   0,   0,   0,   0,
         0,   0,   0,   0,   0,   0,   0,   0,   0,   0,   0,   0,   0,
         0,   0,   0,   0,   0,   0,   0,   0,   0,   0,   0,   0,   0,
         0,   0,   0,   0,   0,   0,   0,   0,   0,   0,   0,   0,   0,
         0,   0,   0,   0,   0,   0,   0,   0,   0,   0,   0,   0,   0,
         0,   0,   0,   0,   0,   0,   0,   0,   0,   0,   0,   0,   0,
         0,   0,   0,   0,   0,   0,   0,   0,   0,   0,   0,   0,   0,
         0,   0,   0,   0,   0,   0,   0,   0,   0,   0,   0,   0,   0,
         0,   0,   0,   0,   0,   0,   0,   0,   0,   0,   0,   0,   0,
         0,   0,   0,   0,   0,   0,   0,   0,   0,   0,   0,   0,   0,
         0,   0,   0,   0,   0,   0,   0,   0,   0,   0,   0,   0,   0,
         0,   0,   0,   0,   0,   0,   0,   0,   0,   0,   0,   0,   0,
         0,   0, 255, 255, 255, 255, 255, 255,  15,  15,  15,  15,  15,
        15,  15,  15,  15,  15,  15,  15,  15,  15,  15,  15, 255, 255,
       255, 255, 255, 255, 255, 255, 255,   0,   0,   0,   0,   0,   0,
         0,   0,   0,   0,   0,   0,   0,   0,   0,   0,   0,   0,   0,
         0,   0,   0,   0,   0,   0,   0,   0,   0,   0,   0,   0,   0,
         0,   0,   0,   0,   0,   0], dtype=uint8)
```

0,6,15,255が現れていることがわかります。

このデータセットでは0は背景、255は境界を表しており、1～20はそれぞれ、

1=aeroplane, 2=bicycle, 3=bird, 4=boat, 5=bottle, 6=bus, 7=car, 8=cat, 9=chair, 10=cow, 11=diningtable, 12=dog, 13=horse, 14=motorbike, 15=person, 16=potted plant, 17=sheep, 18=sofa, 19=train, 20=tv/monitor

となっています。

つまり、前ページの画像の90行目には背景と境界以外にはバスと人が写っていることがわかります。

これらを踏まえたうえで、以下の前処理のための関数を用意しましょう。

前処理を行う　　　　　　　　　　　　　　　　　　🗐 Chapter10-2.ipynb

```python
from tensorflow.keras.utils import Sequence
import numpy as np
import math
from PIL import Image

#画像のクロップ
def crop_center(pil_img, crop_height, crop_width):
    img_width, img_height = pil_img.size
    return pil_img.crop(((img_width - crop_width) // 2,
                        (img_height - crop_height) // 2,
                        (img_width + crop_width) // 2,
                        (img_height + crop_height) // 2))

def normalized(img):
  norm = img/255
  return norm

def one_hot(labels, data_shape, class_num):
  x = np.zeros([data_shape[0],data_shape[1], class_num])
  for i in range(data_shape[0]):
      for j in range(data_shape[1]):
        if labels[i][j]  == 0 or labels[i][j] == 255:
          x[i,j,0] = 1
        else:
          x[i,j,labels[i][j]] = 1

    return x
```

crop_centerは、読み込んだ元画像とラベル画像を指定した高さと幅に切り取る関数です。normalizedは、元画像に含まれているRGBの値0〜255を0〜1にすることで扱いやすくします。one_hot関数はラベルの画像をワンホットエンコーディングします。

たとえば、**図10-6-3**で出てきた"6"のピクセルを [0,0,0,0,0,1,0,0,…] という配列に置き換えます。

いよいよデータを読み込みます。ただし、物体検出のときと同様に、画像データをすべてを一度に読み込んでしまうと、コンピュータのメモリが足りなくなってしまいます。

そこで、必要になったときに必要な分だけ読み込むようにしましょう。

学習時に画像データを必要な分だけ読み込む　　　　　　　□ Chapter10-2.ipynb

```python
#学習時に画像データを必要な分だけ読み込むためのクラス
class ImageDataSequence(Sequence):
    def __init__(self, data_shape, class_num, image_
file_name_list, batch_size):

        self.file_name_list = image_file_name_list

        self.image_file_name_list = ["./VOCdevkit/
VOC2007/JPEGImages/"+image_path + ".jpg" for image_path
in self.file_name_list]
        self.label_image_file_name_list = ['./VOCdevkit/
VOC2007/SegmentationClass/' + image_path+ ".png" for
image_path in self.file_name_list]

        self.length = len(self.file_name_list)
        self.data_shape = data_shape
        self.class_num = class_num
        self.batch_size = batch_size

    def __getitem__(self, idx):
        images = []
        label_images = []
        for index in range(idx*self.batch_size, (idx+1)
*self.batch_size):
            img = Image.open(self.image_file_name_list
[index])
            img = crop_center(img,self.data_shape[0],self.
data_shape[1]   )
            img = normalized(np.array(img))
            images.append(img)

            label_img = Image.open(self.label_image_file_
name_list[index])
            label_img = crop_center(label_img, self.data_
shape[0],self.data_shape[1])
            label_img = one_hot(np.array(label_img),
```

次ページへつづく

```
         self.data_shape, self.class_num)
27           label_img = label_img.reshape(self.data_
     shape[0]*self.data_shape[1], self.class_num)
28           label_images.append(label_img)
29
30       return np.array(images), np.array(label_images)
31
32   def __len__(self):
33       return math.floor(len(self.file_name_list) /
     self.batch_size)
```

　Sequenceというクラスを継承したImageDataSequenceというクラスを作成します。詳細な説明は省略しますが、__getitem__関数で1バッチに必要な分のデータだけ読み込んで返すことで、すべてのデータを事前に読み込まないで済むようになっています。

セグメンテーションした結果を評価してみよう

それでは、モデルを読み込み、学習、検証、テストデータ用のImageData Sequenceクラスのオブジェクトを以下のソースコードで作りましょう。

ImageDataSequenceクラスのオブジェクトを作成する　　　　📄 Chapter10-2.ipynb

```
1  train_file = open("./VOCdevkit/VOC2007/ImageSets/
   Segmentation/train.txt")
2  test_file = open("./VOCdevkit/VOC2007/ImageSets/
   Segmentation/val.txt")
3  train_file_names = train_file.read().split("\n")
4  test_file_names = test_file.read().split("\n")
5
6  train_file_names.pop(-1)
7  test_file_names.pop(-1)
8
9  #テストデータの内50個を検証用に使う
10 val_file_names = test_file_names[0:50]
11 test_file_names = test_file_names[50:]
12
13
14 input_shape =(400,400, 3)
15
16 #0=non
17 #1=aeroplane, 2=bicycle, 3=bird, 4=boat, 5=bottle, 6=bus,
   7=car , 8=cat, 9=chair, 10=cow,
18 #11=diningtable, 12=dog, 13=horse, 14=motorbike, 15=person,
   16=potted plant, 17=sheep, 18=sofa, 19=train, 20=tv/monitor
19 n_labels =  21
20
21
22 #モデルの構築
23 model = segnet(n_labels,input_shape=input_shape)
24
```

次ページへつづく

第10章　深層学習によって実現できる画像処理・言語処理を知ろう

```
25  #モデルの構造の表示
26  model.summary()
27
28  #データを読み込むためのインスタンス作成
29  train_gen = ImageDataSequence(input_shape, n_labels,
    train_file_names, 8)
30  val_gen = ImageDataSequence(input_shape, n_labels, val_
    file_names, 8)
31  test_gen = ImageDataSequence(input_shape, n_labels,
    test_file_names, 8)
```

いよいよ学習を進めていきます。Google Colaboratoryでは、実行完了まで1〜2時間程度かかります。

学習を開始する　　　　　　　　　　　　　　　　　　　Chapter10-2.ipynb

```
1  #学習開始
2  history = model.fit(
3      train_gen, epochs=40, steps_per_epoch=len(train_
    gen), validation_data=val_gen, verbose=1)
```

完了したら、評価をしていきましょう。

学習を評価する　　　　　　　　　　　　　　　　　　　Chapter10-2.ipynb

```
1   import matplotlib.pyplot as plt
2   fig, ax = plt.subplots(2,1)
3
4   ax[0].plot(history.history['loss'], color='b', label
    ="Training Loss")
5   ax[0].plot(history.history['val_loss'], color='g',
    label="Validation Loss")
6   legend = ax[0].legend()
7
8   ax[1].plot(history.history['acc'], color='b',
    label="Training Accuracy")
9   ax[1].plot(history.history['val_acc'], color='g',
    label="Validation Accuracy")
10  legend = ax[1].legend()
```

図10-7-1 過学習の傾向がある

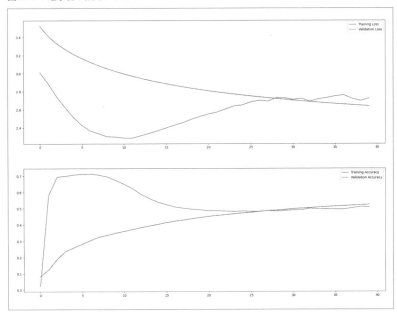

　40epoch学習させると、精度は50〜60%程度で落ち着くようです。損失関数については、検証データでは一度下がってから上がってきてしまい、過学習の傾向が見えています。

　最後に、ここで学習したモデルで実際にセグメンテーションを行ってみましょう。

セグメンテーションを行う	📄 Chapter10-2.ipynb

```
1  #学習したモデルでセグメンテーションを行う
2
3  #画像の読み込みと前処理
4  tmp_name = "./VOCdevkit/VOC2007/JPEGImages/" + test_
   file_names[2] + ".jpg"
5  img = Image.open(tmp_name)
6  img = crop_center(img,input_shape[0],input_shape[1]  )
7  img = normalized(np.array(img))
8
```

次ページへつづく

第10章 深層学習によって実現できる画像処理・言語処理を知ろう

```
9   #元の画像を表示
10  plt.imshow(img)
11  plt.show()
```

図10-7-2 元の画像を表示する

| セグメンテーション結果を表示する | 📄 Chapter10-2.ipynb |

```
1   #推論開始
2   result = model.predict(np.array([img]))
3
4   #出力の配列を加工
5   _result = result.reshape((400,400,21)).argmax(axis=2)
6
7   #セグメンテーション結果の表示
8   plt.imshow(_result)
9   plt.show()
```

図 10-7-3 画像中のオブジェクトの形が浮かび上がる

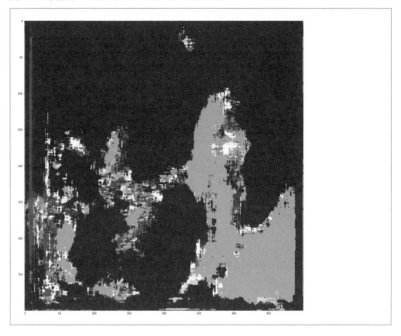

　テスト用データから 1 枚選択してセグメンテーションを行うと、何となく画像中のオブジェクトの形が浮かび上がっていることがわかります。他の画像でも試してみてください。

　SegNet は規模が大きいネットワークであり、ゼロから学習するためには本来は大量のデータが必要です。今回は、仕組みを知るためにもネットワークを構築し学習をゼロから行いましたが、実際に利用する場合は学習済みの重みを利用することをお勧めします。

自然言語処理編

自然言語処理によって
スパムメール判定を行うことになった背景

現在、依頼を受けているスーパーマーケットには、日誌などの多くの文書情報があり、これまで顧客向けに行ったアンケートデータなども残されています。これらの文書データを自然言語処理によって分析することができれば、これまで数値化できなかった顧客の好みの移り変わりや、潜在的なニーズなどが引き出せるかもしれず、自然言語処理には多くの可能性があります。そのような自然言語処理の可能性を探究するため、まずは、日々店舗に届くメールからスパムメールをフィルタリングして取り除くことになりました。

迷惑フィルターで利用者を守る

深層学習を用いた自然言語処理 Bertについて知ろう

ここではまず、自然言語処理の一般的な流れについて解説したうえで、深層学習を用いた自然言語処理 Bert について説明します。

まず、文書データを「分析」するためには、その文章には何が書かれているのか、その「意味」を理解する必要があります。しかしながら、意味というものは容易に数値化できず、分析を行うことは容易ではありません（数値化できない場合は、1～3章で紹介した統計分析や機械学習の手法を用いることはできないからです）。

そこで、たとえば頻出単語の出現回数などによって、文章を数値によって表現することが必要になり、その作業前には単語が区切られていない日本語の文章に対して、「**形態素解析**」と呼ばれる品詞分解を行わなければなりません。

図10-8-1に「すもももももももものうち。」という日本語の一文を形態素解析したイメージ、**図10-8-2**に形態素解析ツールMecabを用いた形態素解析の結果を表示します。

図10-8-1　形態素解析のイメージ

すもももももももものうち。

 形態素解析

すもも	も	もも	も	もも	の	うち	。
名詞	助詞	名詞	助詞	名詞	助詞	名詞	記号

図10-8-2 Mecabによる形態素解析結果

```
$ mecab
すもももももももものうち
すもも 名詞,一般,*,*,*,*,すもも,スモモ,スモモ
も 助詞,係助詞,*,*,*,*,も,モ,モ
もも 名詞,一般,*,*,*,*,もも,モモ,モモ
も 助詞,係助詞,*,*,*,*,も,モ,モ
もも 名詞,一般,*,*,*,*,もも,モモ,モモ
の 助詞,連体化,*,*,*,*,の,ノ,ノ
うち 名詞,非自立,副詞可能,*,*,*,うち,ウチ,ウチ
EOS
```

　形態素解析を行った文章や文書に対してであれば、出現単語とその出現回数
（頻度）をカウントすることによって、大雑把に文章を数値化することができま
す。たとえば、分析を行う文章すべての中から出現頻度の高い順に単語を並べ、
100位までの単語に対して出現頻度を数値化するだけで、100次元のベクトル
を作ることができ、そのベクトルによってそれぞれの文章を表現することがで
きます。

　この方法で文章の分類を行うのが、「**トピック抽出**」の流れです（**図10-8-3**）。

　100次元の単語ベクトルによって文章を表現し、2章で解説したクラスタリ
ングを用いて文章の分類を行うことで、**図10-8-4**に記載したように「国会」「内
閣」などを高頻出単語とする政治ニュースや、「野球」「サッカー」などを高頻出
単語とするスポーツニュースなど、トピックを抽出しつつ文章を分類すること
ができます。これによって文章を大まかに分類できるので、似た文章をまとめ
たり、検索キーワードを用いた文章の抽出などに応用することができます。

図10-8-3 トピック抽出の流れ

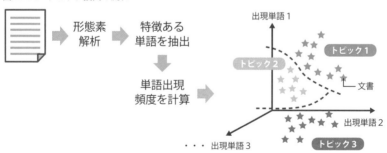

図10-8-4　トピック抽出の例

ここまでの流れは分析する文書の数が十分にあり、また、1つひとつの文書内に含まれる単語数が十分にある場合、つまり単語の出現頻度のみで文書が十分に表現できる場合に限られます。しかし実際の文書には、それほど多くの単語を含んでいるとは限りません。本来であれば、単語ひとつをとっても十分にその意味を表現できる必要があります。

そこで考え出されたのが、「**単語分散表現**」です。単語分散表現は、文書や文章ではなく、単語そのものをベクトルにするという考え方で、**図10-8-5**のようにeatなどの単語を数百の次元のベクトルによって表現します。

このベクトルの作り方は、数多くの文書から**図10-8-6**のようにeatの周辺に出現する単語が近いベクトル表現となるように作られます。

たとえば、単語分散表現の一次元目が、付近にappleが出現する頻度が高ければ高い値になるように、などといった学習の仕方を行います。単語分散表現の興味深い点は、それがベクトル表現であることから、自然言語であるはずの単語を足し算や引き算で表現できるということです。

たとえば、**図10-8-7**にあるように、Kingという単語のベクトルからManのベクトルを引き、Womanのベクトルを足し合わせることで、Queenのベクトルに近い値になります。

このように、多くの文章を学習することで作られた単語分散表現の中で広く用いられているものに、Googleが開発したword2vecがあります。単語分散表現によって、文書や文章を単語レベルで取り扱えるようになりました。

図10-8-5　単語分散表現

eat ＝ [0.4, 0.4, …, 0.02, …, 0.01]

図10-8-6 単語分散表現を学習するイメージ

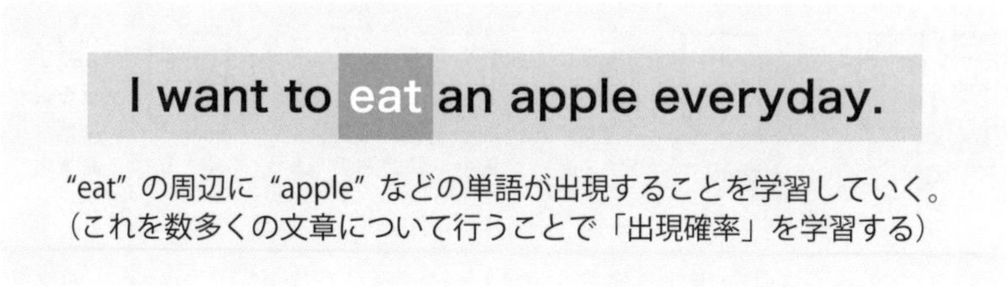

I want to eat an apple everyday.
“eat” の周辺に “apple” などの単語が出現することを学習していく。
（これを数多くの文章について行うことで「出現確率」を学習する）

図10-8-7 単語分散表現のベクトルイメージ

King
−Man
Queen
+Woman

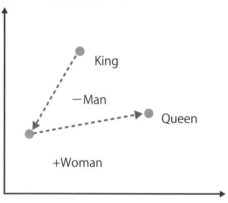

単語分散表現を用いることで文章を数値化でき、CNNによる処理が可能になります。そこで、次ページの**図10-8-8**のようなネットワーク（論文「Convolutional Neural Networks for Sentence Classification」より引用）を用いることで、文章を分類することができます。

図10-8-8 「Convolutional Neural Networks for Sentence Classification」より

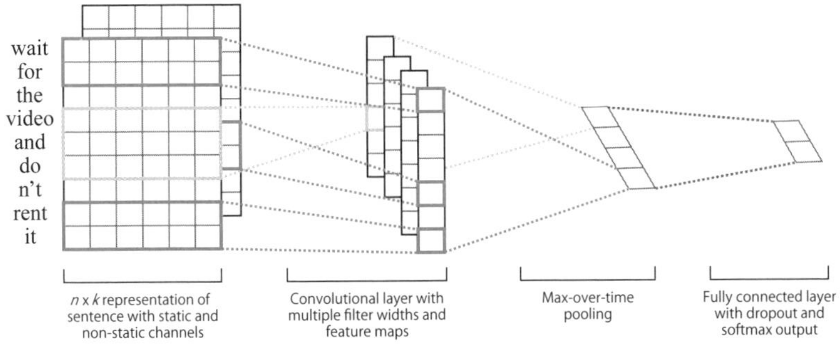

n x k representation of sentence with static and non-static channels	Convolutional layer with multiple filter widths and feature maps	Max-over-time pooling	Fully connected layer with dropout and softmax output

　最近、文章を分類するネットワークの中で広く用いられるものにGoogleが開発したBertがあります。Bertはプレトレーニング（事前学習）と呼ばれる多くの長文を事前に学習しておき、新たに文章データを学習することで、「ファインチューニング」つまり追加学習を行うことができます。

　それでは、**10-9**からBertを実際に使ってスパムメールの判定を行ってみましょう。

Bertを用いて文章の分類を
してみよう

ここではBertを用いて、メールがスパムかどうかを判定してみましょう。

ここで利用するBertのモデルは巨大で、GPUが無いパソコンではソースコードの実行にとても時間がかかるので、Google Colaboratoryの利用をお勧めします。

まず、今回利用するデータを読み込んでみましょう。

データを読み込む　　　　　　　　　　　　　📄 Chapter10-3.ipynb

```
1   import pandas as pd
2   data_file='./spam.csv'
3   df = pd.read_csv('./spam.csv')
4   print(df["label"].value_counts())
5   df
```

図10-9-1 データを読み込む

```
ham      4825
spam      747
Name: label, dtype: int64
```

	label	text
0	ham	Go until jurong point, crazy.. Available only ...
1	ham	Ok lar... Joking wif u oni...
2	spam	Free entry in 2 a wkly comp to win FA Cup fina...
3	ham	U dun say so early hor... U c already then say...
4	ham	Nah I don't think he goes to usf, he lives aro...
...	...	...
5567	spam	This is the 2nd time we have tried 2 contact u...
5568	ham	Will ÃÂ_ b going to esplanade fr home?
5569	ham	Pity, * was in mood for that. So...any other s...
5570	ham	The guy did some bitching but I acted like i'd...
5571	ham	Rofl. Its true to its name

5572 rows × 2 columns

今回のデータは"label"カラムと"text"カラムがあり、labelカラムは"spam"と"ham"の2種類の値が入っています。それぞれ対応するtextがスパムであるか通常のメールであるかを示しています。また、スパムのメールが747個、通常のメールが4825個あることもわかります。このデータの一部を学習に使って分類問題を解いていきましょう。

Bertのモデルは巨大なため、自分で0から構築するのはかなり大変です。また、学習自体にも時間がかかります。そこで今回は、TensorFlow Hubからすでに学習済みのモデルをダウンロードして利用し、最後の出力の部分だけを今回の分類問題に適するように付け加えることにします。

Bertのモデル本体を構築する前に、モデルに投入するデータの前処理を行いましょう。Bertの前処理は複雑なため、TensorFlow Hubから専用のモジュールをロードして利用します。

前処理するモジュールを読み込む　　　　　　　　　　　　　　　📄 Chapter10-3.ipynb

```
1  import tensorflow as tf
2  import tensorflow_hub as hub
3  import tensorflow_text as text
4  import numpy as np
5  tf.config.run_functions_eagerly(False)
6
7  #前処理をするモジュールの読み込み
8  bert_preprocess = hub.load("https://tfhub.dev/
   tensorflow/bert_en_cased_preprocess/2")
```

文字列"Hello World!"の前処理　　　　　　　　　　　　　　　📄 Chapter10-3.ipynb

```
1  test_preprocessed = bert_preprocess(["Hello World!"])
2  test_preprocessed
```

図10-9-2 文字列 "Hello World!" の前処理

```
{'input_mask': <tf.Tensor: shape=(1, 128), dtype=int32, numpy=
 array([[1, 1, 1, 1, 1, 0, 0, 0, 0, 0, 0, 0, 0, 0, 0, 0, 0, 0, 0, 0, 0, 0, 0,
         0, 0, 0, 0, 0, 0, 0, 0, 0, 0, 0, 0, 0, 0, 0, 0, 0, 0, 0, 0, 0, 0, 0, 0,
         0, 0, 0, 0, 0, 0, 0, 0, 0, 0, 0, 0, 0, 0, 0, 0, 0, 0, 0, 0, 0, 0, 0, 0,
         0, 0, 0, 0, 0, 0, 0, 0, 0, 0, 0, 0, 0, 0, 0, 0, 0, 0, 0, 0, 0, 0, 0, 0,
         0, 0, 0, 0, 0, 0, 0, 0, 0, 0, 0, 0, 0, 0, 0, 0, 0, 0, 0, 0, 0, 0, 0, 0,
         0, 0, 0, 0, 0, 0, 0, 0, 0, 0, 0, 0, 0, 0]],
       dtype=int32>,
 'input_type_ids': <tf.Tensor: shape=(1, 128), dtype=int32, numpy=
 array([[0, 0, 0, 0, 0, 0, 0, 0, 0, 0, 0, 0, 0, 0, 0, 0, 0, 0, 0, 0, 0, 0, 0,
         0, 0, 0, 0, 0, 0, 0, 0, 0, 0, 0, 0, 0, 0, 0, 0, 0, 0, 0, 0, 0, 0, 0, 0,
         0, 0, 0, 0, 0, 0, 0, 0, 0, 0, 0, 0, 0, 0, 0, 0, 0, 0, 0, 0, 0, 0, 0, 0,
         0, 0, 0, 0, 0, 0, 0, 0, 0, 0, 0, 0, 0, 0, 0, 0, 0, 0, 0, 0, 0, 0, 0, 0,
         0, 0, 0, 0, 0, 0, 0, 0, 0, 0, 0, 0, 0, 0, 0, 0, 0, 0, 0, 0, 0, 0, 0, 0,
         0, 0, 0, 0, 0, 0, 0, 0, 0, 0, 0, 0, 0, 0]],
       dtype=int32>,
 'input_word_ids': <tf.Tensor: shape=(1, 128), dtype=int32, numpy=
 array([[ 101, 8667, 1291,  106,  102,    0,    0,    0,    0,    0,    0,
           0,    0,    0,    0,    0,    0,    0,    0,    0,    0,    0,    0,
           0,    0,    0,    0,    0,    0,    0,    0,    0,    0,    0,    0,
           0,    0,    0,    0,    0,    0,    0,    0,    0,    0,    0,    0,
           0,    0,    0,    0,    0,    0,    0,    0,    0,    0,    0,    0,
           0,    0,    0,    0,    0,    0,    0,    0,    0,    0,    0,    0,
           0,    0,    0,    0,    0,    0,    0,    0,    0,    0,    0,    0,
           0,    0,    0,    0,    0,    0,    0,    0,    0,    0,    0,    0,
           0,    0,    0,    0,    0,    0,    0,    0,    0,    0,    0,    0,
           0,    0,    0,    0,    0,    0,    0,    0,    0,    0,    0,    0,
           0,    0,    0,    0,    0,    0,    0,    0]], dtype=int32>}
```

このソースコードでは前処理用のモジュールを読み込み、"Hello World!" という文字列の前処理を行っています。

前処理の結果は、**図10-9-2** の出力にあるように "input_mask"、"input_type_ids"、"input_word_ids" の3種類が入っている辞書型になっていますが、そのうちのinput_word_idsが **10-8** で説明した形態素解析等を用いて入力の文字列をトークンに分割し、そのトークンをIDとして数値に置き換えたものになっています。

ただし、このモジュールはデフォルトではトークンの数を128個にしているので、それより短い場合は0でパディングされ、長い場合は切り取られることに注意してください。また "input_mask" はinput_word_idsのうちのどの要素がトークンで、どの要素がそれ以外（パディングなど）なのかを示しています。

次に、次ページのソースコードを実行してデータの前処理とラベルを作成しましょう。ここではデータを学習に7割、テストに3割利用することにしています。

データの前処理とラベルの作成　　　　　　　　　　📄 Chapter10-3.ipynb

```
1   #データを学習に7割り、テストに3割り使うように分ける
2   train_df = df[0: int(len(df)*0.7)]
3   test_df = df[int(len(df)*0.7):]
4
5   #前処理を行うモジュールで文字列の処理
6   X_train =  bert_preprocess(train_df["text"])
7   X_test = bert_preprocess(test_df["text"])
8
9   #ラベル(SpamとHam)をOnehot encoding
10  Y_train = pd.get_dummies(train_df["label"]).values.
    astype(np.float32)
11  Y_test = pd.get_dummies(test_df["label"]).values.
    astype(np.float32)
```

X_train / X_testには、データの "text" カラムに含まれるメールの本文を前処理した結果が格納されます。また、Y_train / Y_testにはスパムメールであれば[0, 1]、通常のメールであれば [1, 0] とするOnehot encodingを施したラベルが格納されます。

前処理が完了したら、モデルを構築していきましょう。

モデルを構築する　　　　　　　　　　　　　　　　📄 Chapter10-3.ipynb

```
1   #モデルの構築
2   from tensorflow.keras.models import Model, Sequential
3   from tensorflow.keras.layers import Input, Dense,
    Dropout
4
5   #入力はinput_word_ids, input_mask, input_type_idsの3つ
6   inputs = dict(
7       input_word_ids=Input(shape=(None,), dtype=tf.
    int32),
8       input_mask=Input(shape=(None,), dtype=tf.int32),
9       input_type_ids=Input(shape=(None,), dtype=tf.
    int32))
10
11  #Tensorflow HubよりBertのモデルを読み込む
12  outputs = hub.KerasLayer("https://tfhub.dev/tensorflow/
    small_bert/bert_en_uncased_L-6_H-512_A-8/1",
    trainable=True, name='bert_encoder')(inputs)
```

次ページへつづく

473

```
13  outputs = outputs["pooled_output"]
14  outputs = Dropout(0.1)(outputs)
15  #最終的な出力は2つ(SpamとHam)になるように全結合層を最後に付ける
16  outputs = Dense(2, activation="softmax", name=
    'classifier')(outputs)
17  model = Model(inputs, outputs)
```

モデルの概要を出力する　　　　　　　　　　　　　　　　　📄 Chapter10-3.ipynb

```
1   from official.nlp import optimization
2   EPOCHS = 3
3   num_train_steps =  len(train_df.index) * EPOCHS
4   num_warmup_steps = int(0.1*num_train_steps)
5
6   #OptimizerとしてAdamWを利用
7   optimizer = optimization.create_optimizer(init_
    lr=0.00003,num_train_steps=num_train_steps,num_warmup_
    steps=num_warmup_steps,optimizer_type='adamw')
8
9   model.compile(optimizer=optimizer, loss="categorical_
    crossentropy", metrics=['accuracy'])
10
11  #モデルの概要を出力
12  model.summary()
```

図10-9-3 モデルを構築する

```
Model: "model"
_____
Layer (type)                  Output Shape          Param #    Connected to
===============================================================================
input_2 (InputLayer)          [(None, None)]        0
_____
input_3 (InputLayer)          [(None, None)]        0
_____
input_1 (InputLayer)          [(None, None)]        0
_____
bert_encoder (KerasLayer)     {'encoder_outputs':   35068417   input_2[0][0]
                                                                input_3[0][0]
                                                                input_1[0][0]
_____
dropout (Dropout)             (None, 512)           0          bert_encoder[0][7]
_____
classifier (Dense)            (None, 2)             1026       dropout[0][0]
===============================================================================
Total params: 35,069,443
Trainable params: 35,069,442
Non-trainable params: 1
_____
```

本書では、これまでモデルを構築する際にKerasのSequentialクラスを利用していましたが、今回は入力がinput_word_ids, input_mask, input_type_idsの3種類あり、Sequentialクラスが利用できないため、これまでとは少し違う方法でモデルを構築しています。

　モデルが構築できたら、学習を開始しましょう。Google Collaboratoryでは、学習の完了までに1時間ぐらいかかります。

| 学習を開始する | 🗂 Chapter10-3.ipynb |

```
1  #学習開始
2  hist = model.fit(X_train,Y_train,epochs=EPOCHS,
   validation_split=0.1)
```

Bertを用いて分類した文章の評価をしてみよう

ここからは、10-9で行った学習結果を用いて、テストデータの分類を行っていきます。以下のソースコードを実行してみましょう。

テストデータの分類を開始する　📄 Chapter10-3.ipynb

```
1  #分類開始
2  pred = model.predict(X_test)
```

分類の精度を表示する　📄 Chapter10-3.ipynb

```
1  pred_labels = np.array([np.argmax(p) for p in pred])
2  actual_labels = np.array([np.argmax(t) for t in Y_test])
3  tmp = actual_labels == pred_labels
4  tmp.sum()/len(tmp)
```

図10-10-1 95%超の精度であることがわかる

```
0.9706937799043063
```

ここで得られた0.97…という数値から、95%を超える精度でスパムか通常のメールかの分類ができていることがわかります。

また、以下のように混同行列を計算して表示させてみると、特に偏りなく分類ができていることがわかります。

混同行列を計算して表示する　📄 Chapter10-3.ipynb

```
1  #混同行列の表示
2
3  from sklearn.metrics import confusion_matrix
4  import seaborn as sns
5  import matplotlib.pyplot as plt
6
7  cf_matrix = confusion_matrix(actual_labels, pred_labels)
8
```

次ページへつづく

```
9   plt.figure(figsize=(10,10), dpi=200)
10  c = sns.heatmap(cf_matrix, annot=True, fmt="d")
11
12  label_dict = {"ham": 0, "spam":1}
13  c.set(xticklabels=label_dict, yticklabels=label_dict)
14  plt.plot()
```

図10-10-2 偏りなく分類されている

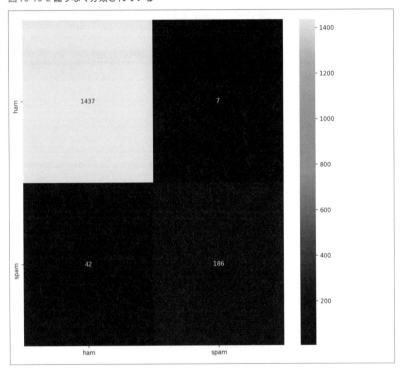

　最後に、予測した値がスパムでない場合とスパムの場合でそれぞれ実際のテキストを表示させてみます。

　以下のソースコードを実行すると、予測したラベルが1になっているほうは、確かにスパムのような内容のテキストになっていることが確認できます。

予測した値がスパムでない場合   🗋 Chapter10-3.ipynb

```
1  #予測したテキスト
2  print("予測: " , pred_labels[0])
3  print(test_df.iloc[0]["text"])
```

図10-10-3 通常のテキストが表示される

```
予測:  0
That depends. How would you like to be treated? :)
```

予測した値がスパムの場合   🗋 Chapter10-3.ipynb

```
1  print("予測: " , pred_labels[3])
2  print(test_df.iloc[3]["text"])
```

図10-10-4 スパムのような内容のテキストが表示される

```
予測:  1
Your 2004 account for 07XXXXXXXXX shows 786 unredeemed
points. To claim call 08719181259 Identifier code:
XXXXX Expires 26.03.05
```

　Bertは大規模で学習に時間がかかる分、分類以外のさまざまなタスクに用いることができます。また今回は英語の文章の分類を行いましたが、日本語を扱う場合は日本語に対応した学習済みのモデルを利用する必要があります。

　そうした点に注意しながら、さまざまなデータを学習し、分類を行ってみましょう。

付録

プログラミングと
数学との橋渡し

第一部から第四部までを通して、機械学習をはじめとするAI/データ分析を理解するうえでの一通りの知識が身につきました。最後に本書の締めくくりとして、本書で扱った確率統計、微分方程式、数理最適化と機械学習・深層学習に関する数学的に重要な内容について紹介し、プログラミングと数学との橋渡しを行います。

数式を動かして理解する正規分布

　統計学を学ぶうえで最も大事な統計分布は、**1-4**で紹介した「**正規分布**」と呼ばれるものです。本文中でも述べた通り、正規分布は自然現象や社会現象のいたるところで見られる「統計分布の王様」と呼んでよいものです。

　「小学一年生の身長や体重」のような個々人の性質や、「りんご一個の半径」のような個々の物体の性質に多く見られるため、よくわからない性質のものは、まずは正規分布であると仮定して分析してみる、ということが広く行われています。

　ここでは、正規分布をプログラミングを通して直感的に理解することで、統計分布についての理解を深め、数学との橋渡しを試みてみたいと思います。

　まず、統計分布とは正確には「**確率密度関数**」と呼ばれるものであり、「確率変数xに対して確率密度関数を$p(x)$とする」などと表現されます。確率変数とは、たとえば「小学一年生の身長」の統計的性質を調査する場合の「身長」にあたります。また、確率密度関数$p(x)$は、ある身長xとなる小学一年生の「割合」を示します。

　そして、正規分布の確率密度関数$p(x)$の式は、以下のように表現されます。

$$p(x) = \frac{1}{\sqrt{2\pi\sigma^2}} \, exp\left(-\frac{(x-\mu)^2}{\sigma^2}\right) \, \cdots\cdots \text{(式①)}$$

　この数式だけを見ると、複雑怪奇なものに見えるかもしれません。しかし、ひとつずつ読み解いていくと、その意味するところは案外難しくないということがわかってきます。まず、この式の中に出てくる定数が2つあり、確率変数xの平均値をμ、標準偏差をσによって表しています。

　そして、難解に見える正規分布の式①は、次ページの図のように前半部分と後半部分に分けることができます。さらに、前半部分は定数（決められた値を持つもの）なので一旦は無視すると、正規分布の式を理解するには、この後半部分にのみ注目すればよいことになります。

図A-1-1 式①を分解したもの

$$p(x) = \boxed{\frac{1}{\sqrt{2\pi\sigma^2}}}\boxed{exp\left(-\frac{(x-\mu)^2}{\sigma^2}\right)}$$

正規化のための定数 　　　xがμのときに最大値を取る
　　　　　　　　　　　　　　山型の形状を持つ関数

　後半部分のexpと書かれた関数は「**指数関数**」と呼ばれるもので、ねずみ算のように2匹が4匹、4匹が8匹にといった具合に世代を追うごとに「指数関数的に」値が増える性質を持ちます。括弧内の値は、ねずみ算の世代だと考えるとイメージしやすいかもしれません。

　そして、ここでは括弧内にマイナスの数値が含まれています。指数関数の括弧内がマイナスの値であれば、その値が分母にくる分数を意味します。たとえば、$exp(-1)$は、$\dfrac{1}{(exp(1))}$を意味します。すなわち、指数関数の括弧内がマイナスであり、さらに絶対値が大きい場合は、その大きな値が分母にくる、すなわち大きな値で割ることを意味するので、全体の値は0に近づいていきます。

　ここで再び、元の正規分布の式の後半部分全体を見てみましょう。

$$exp\left(-\frac{(x-\mu)^2}{\sigma^2}\right)$$

　括弧内の値は、先頭のマイナスの記号を除くと、分母・分子ともに二乗とされているので、プラスの値です。xがμの値を取るとき、分子が0となるので、括弧内全体も0になります。そして、xの値がμから遠ざかれば遠ざかるほど、分子の値は大きくなります。

　そうすると、括弧内の値はマイナスの符号を取りながら、絶対値としては大きくなっていくので、指数関数の値としては小さくなっていきます。

　つまり、この後半部分はxがμのときに最大となり、xがμから離れれば離れるほどに小さくなっていく山型の関数であるということがわかります。

　そして、括弧内の絶対値は分母である標準偏差 σ の二乗（すなわち分散）の値が大きくなればなるほど小さくなるので、σ の値が大きくなるほど山の形はのっぺりしたものになり、σ の値が小さい場合は急峻になります。この関数の感覚を掴むために、プログラムの数値を自分自身で動かしながら確かめます。

　以下のソースコードを実行してみましょう。

確率密度関数の定義　　　　　　　　　　　　　　　　　　　🗂 Appendix.ipynb

```
1  import math
2  import numpy as np
3  import matplotlib.pyplot as plt
4  # 正規分布を定義
5
6  def normal_distribution(x,mu,sigma):
7      y = 1/np.sqrt(2*np.pi*sigma**2)*np.exp(-(x-mu)**2/
   (2*sigma**2))
8      return y
```

確率密度関数の描画　　　　　　　　　　　　　　　　　　　🗂 Appendix.ipynb

```
1  # 正規分布のパラメータ設定
2  mu = 116.6
3  sigma = 4.8
4
5  # 描画パラメータ設定
6  x_min = 80
7  x_max = 150
8  x_num = 100
9
10 # 正規分布の計算
11 x = np.linspace(x_min, x_max, x_num)
12 y = normal_distribution(x,mu,sigma)
13
14 # 正規分布の描画
15 plt.plot(x, y ,color="k")
16 plt.show()
17 %matplotlib inline
```

このソースコードによって、「小学一年生の身長」の分布を正規分布として描画することができます。まず、「確率密度関数の定義」によって正規分布の確率密度関数を定義して、「確率密度関数の描画」によって正規分布の平均値である μ と標準偏差である σ の値を設定し、さらに描画範囲（x の最小値と最大値）とサンプル点数を設定します。

すると、以下のような出力結果を確認することができます。

図A-1-2　正規分布を定義して描画するソースコードの出力結果

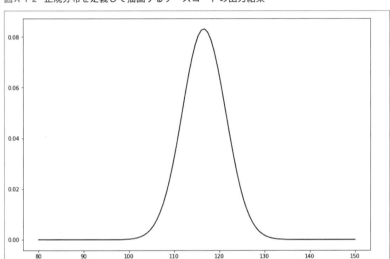

平均値や標準偏差を変化させることで、さきほど説明した正規分布の式の性質を体感してみましょう。たとえば、平均値 μ の値を変化させることで、正規分布の山の頂点の値が変化することがわかります。

さらに、標準偏差 σ を大きくすることで山の形がのっぺりとし、小さくすることで急峻となることが確認できます。

確率密度関数を学ぶうえで重要なポイントは、その面積が出現確率を表すということです。たとえば、115cmから117cmまでの間の面積を計算すると、約0.165という値が出力されます。

これは、115〜117cmの出現確率が16.5%、つまり小学一年生100人中およそ16〜17人が115〜117cmの間の身長に収まるということです。

図A-1-3 面積と出現確率（割合）との関係

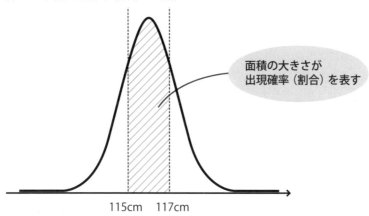

面積の大きさが
出現確率（割合）を表す

115cm　117cm

　この計算を具体的に行ってみましょう。以下のソースコードは、**図A-1-2**で
定義した正規分布の確率密度関数に対して、範囲を指定したうえで面積を計算
するものです。このソースコードを実行してみましょう。

確率密度関数の積分による面積の導出　　　　　　　　　　　🗎 Appendix.ipynb

```python
# 積分範囲の設定
x_min = 115
x_max = 117
x_num = 100

# 積分範囲における正規分布の値の計算
x = np.linspace(x_min, x_max, x_num)
y = normal_distribution(x,mu,sigma)

# 積分の計算
dx = (x_max-x_min)/(x_num-1)
prob = 0
for i in range(x_num):
    y = normal_distribution(x[i],mu,sigma)
    prob += y*dx
print("確率:",prob)
```

図A-1-4 正規分布の面積を計算した出力結果

```
確率: 0.1653959487393015
```

　このソースコードを実行することにより、115〜117cmの間の面積を計算することができ、その結果として、0.165…という数値の出力を確認できます。具体的には、115〜117cmの間の面積を「区分求積法」によって積分することで求めています。115〜117cmの範囲を100の長方形に分解し、それぞれの長方形の面積を足し合わせることで、範囲内全体の面積を疑似的に求める方法です。

　ここでの範囲（積分範囲）を広げていくことで、たとえば、下限であるx_minを80に、上限であるx_maxを150に設定すると、その面積は0.9999…となり、ほぼ1の割合（100%）であることが計算されます。本文中で紹介した「べき分布」などのさまざまな分布についても同様に、前半部分・後半部分などに分解し、1つひとつ整理していくことで、その意味を理解することができます。
　巻末の参考文献を頼りに、さらに理解を深めていきましょう。

微分方程式の差分化による誤差と
テイラー展開

データの時系列的な変化を予測するうえで欠かせない微分方程式をコンピュータで扱うためには、第二部で解説した「**差分化**」を行う必要があります。

しかしながら、差分化には「**誤差**」という大きな問題があり、微分方程式を差分化するうえでの誤差を軽減する方法として、「ルンゲ・クッタ法」を**7-10**で紹介しました。ここでは、誤差について図解とプログラミングを多用しながら理解を深め、数学との橋渡しを試みます。

✤N次の微分と速度や加速度との関係

微分方程式の差分化を検討するうえで、最初に6章で紹介した微分方程式の基本式を復習しましょう。ある値xがあったとして、その時間あたりの変化量を$delta$と表現するとします。このとき、ある時刻tでのxの値は、dt時間前の時刻$t-dt$でのxの値$x[t-dt]$を用いると、以下のように表現できます。

$$x[t] = x[t-dt] + delta \times dt \quad \cdots\cdots\cdots\cdots (式①)$$

また、このときの時間当たりの変化量$delta$は、$x[t]$と$x[t-dt]$の差dxを用いると、以下のように表現できます。

$$delta = \frac{x[t]-x[t-dt]}{dt} = \frac{dx}{dt} \quad \cdots\cdots\cdots\cdots (式②)$$

この$\frac{dx}{dt}$こそが、xをtで微分したものであり、xが車や人などが走る位置を表すとすると、$\frac{dx}{dt}$は速度を表します。他にも、xが水道から蛇口をひねったときにお風呂にたまる水の量を表すとすると、$\frac{dx}{dt}$は単位時間あたり（たとえば一秒あたり）の水量ということになり、xがある商品の購買量の累計だとする

と、$\dfrac{dx}{dt}$ は単位時間あたり（たとえば一時間あたり）に購入された量ということになります。そして、6章や7章を通して見てきたように、初期値と微分方程式の基本式さえわかれば、将来どのように x の値が変化していくかが予測できるようになります。

　もしも、この $delta$ が一定の値を取る（走る速度が一定）のであれば、ある時刻後の位置が正確に予測できます。しかしながら、現実世界においては、$delta$ は一定ではありません。追い風で速度が上がる場合もあれば、向かい風で下がる場合もあります。そこで問題になるのが、「**差分化**」とそれによる誤差です。
　微分方程式による将来予測のイメージを**図A-2-1**に示します。

図A-2-1　将来予測のイメージ

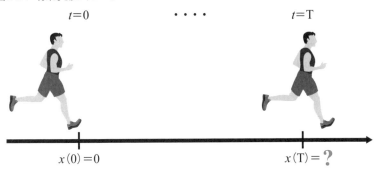

　ある時刻Tにおける位置を知るには、$t = 0$における位置と、それがどのように変化するかがわかれば、それらの足し算によって予測が可能になります。

　一定の時間（単位時間）ごとでの位置の変化が矢印で描かれているとすると、**図A-2-2**のように足し算によって時刻tでの位置$x(\mathrm{T})$が求められます。

図A-2-2　単位時間あたりの変化の足し算による将来予測イメージ

$$x(\mathrm{T}) = \quad \Rightarrow \quad + \quad \Longrightarrow \quad + \quad \Rightarrow$$

　この矢印は一定ではなく、時間ごとに変化が起こっていることがわかります。この矢印の変化が単位時間あたりの速度の変化であり、「**加速度**」と呼ばれるものです。

　位置と速度、速度と加速度との関係を**図A-2-3**、**図A-2-4**にそれぞれ示します。

　位置の変化分のみを並べると、xを微分した$\dfrac{dx}{dt}$である速度になり、速度$\dfrac{dx}{dt}$を微分すると、$\dfrac{d^2x}{dt^2}$である加速度になります。

　このような例であれば、速度は一定でなく、時刻ごとに加速・減速を繰り返し、その加速度もまた、一定でないことがわかります。

　ここで、微分方程式を差分化した（式①）を再び見てみましょう。

$$x[t] = x[t-dt] + delta \times dt \quad \cdots\cdots\cdots\cdots (式①)$$

　この式を見ると、$x[t]$を求めるには、$delta$（すなわち$\dfrac{dx}{dt}$）とdtとを掛け算したものを$x[t-dt]$に足し算することになります。

　これは、**図A-2-5**に示すように本来は連続的に変化する速度を「単位時間は変化しない」として「短冊」のように表現する方法であり、現実とは誤差が生じます。

　そこで、$\dfrac{dx}{dt}$だけでなく、$\dfrac{d^2x}{dt^2}$や加速度の変化を表す$\dfrac{d^3x}{dt^3}$など、「n次の微分項」を検討する必要があります。

図A-2-3　位置の変化と速度との関係

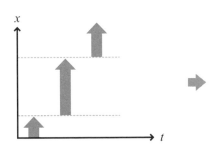
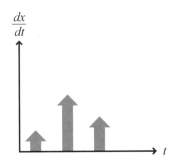

図A-2-4　速度と加速度との関係

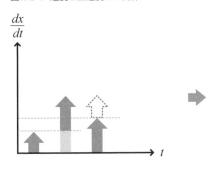
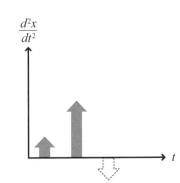

図A-2-5　差分化した速度と本来の速度との関係

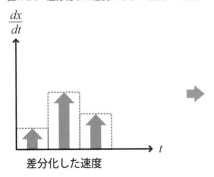

差分化した速度

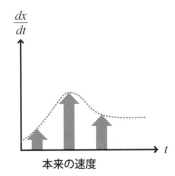

本来の速度

✿N次の微分項の和としてのテイラー展開と 差分化誤差との関係

　このような背景から、n次の微分項まで考慮したものを「**テイラー展開**」と呼び、以下の式で表されます。

$$x(t) = x(t_0) + \frac{(t-t_0)}{1!}\frac{dx}{dt} + \frac{(t-t_0)^2}{2!}\frac{d^2x}{dt^2} + \cdots$$
$$+ \frac{(t-t_0)^n}{n!}\frac{d^nx}{dt^n} + \cdots \cdots\cdots（式③）$$

　この式は、ある時刻$t0$での位置$x(t\_0)$から、時刻tでの位置$x(t)$を求める方法を示しており、二項目の$\frac{(t-t_0)}{1!}\frac{dx}{dt}$が、実質的に（式①）の$delta \times dt$と同じものを意味します。そして、第三項目以降が速度の変化（加速度）による項、その変化による項を順次表し、これによって**図A-2-5**で見た誤差を限りなく0に近づけるようにしています。

　テイラー展開の証明自体は、両辺をn回微分したうえで$t = t0$を代入することで求めることができます。
　ここでは、テイラー展開を直感的に理解するために、以下のソースコードを実行して、その動作を確かめてみましょう。

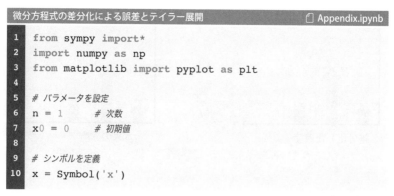

微分方程式の差分化による誤差とテイラー展開　　　🗋 Appendix.ipynb

```
1  from sympy import*
2  import numpy as np
3  from matplotlib import pyplot as plt
4
5  # パラメータを設定
6  n = 1      # 次数
7  x0 = 0     # 初期値
8
9  # シンボルを定義
10 x = Symbol('x')
```

次ページへつづく

```
11
12  # 関数を定義
13  f = 2 + x + sin(x) + exp(x)/10
14
15  # テイラー展開を導出
16  taylor = series(f, x=x, x0=x0, n=n+1).removeO()
17  taylor_y = lambdify(x, taylor, 'numpy')
18  print("テイラー展開")
19  print(taylor)
20
21  # 描画
22  x_theory = np.arange(0.0, 10.0, 0.1)
23  y_theory = 2+x_theory+np.sin(x_theory)+np.exp(x_theory)/10
24  plt.plot(x_theory, y_theory, lw=3, c="k")
25  plt.plot(x_theory, taylor_y(x_theory),c="b")
26  plt.xlim([0,10])
```

図A-2-6　テイラー展開の計算結果

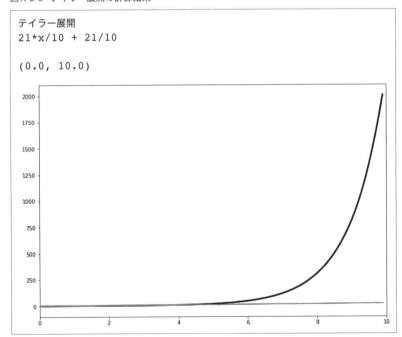

　このソースコードは、まずパラメータ設定によって設定された次数nと、初期値$x0$、そして「関数を定義」という部分で関数f（ここでは$f = 2 + x + \sin(x) + exp(x)/10$）を定義して、$x$の初期値0から10までの値をテイラー展開によって近似した結果を表示するものです。

　表示した結果には、ここで定義した関数に基づいて導出したテイラー展開の式と、それによって近似したxの値（青色）を関数fの理論値（黒色）と重ねて表示しています。ソースコードでは、$n = 1$としており、1次の項でのみ近似しているので、実質、直線としての近似となっています。これを、高次の項まで足し合わせていくことで、近似の値が変化する様子を確認します。

　前述のソースコードで$n = 20$に変更して、再び実行してみてください。その結果を以下に示します。

図A-2-7　近似の値が変化する

```
テイラー展開
x**20/24329020081766400000  -  x**19/135161222676480000
+  x**18/64023737057280000  +  x**17/323352207360000  +
x**16/209227898880000 - x**15/1452971520000 + x**14/871782912000
+ x**13/5660928000 + x**12/4790016000 - x**11/44352000 +
x**10/36288000 + 11*x**9/3628800 + x**8/403200 - x**7/5600 +
x**6/7200 + 11*x**5/1200 + x**4/240 - 3*x**3/20 + x**2/20 +
21*x/10 + 21/10

(0.0, 10.0)
```

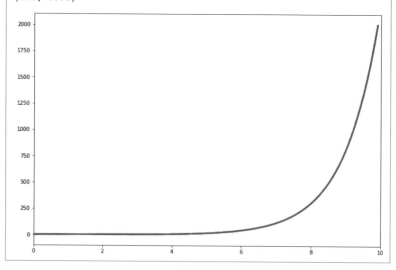

　20次の項まで足し合わせていくと、$x = 10$という遠い値まで近似できることがわかります。nの値を変えながら、少しずつ近似値が理論値に近づいていく様子を確認してみてください。

　このように初期値と、その変化を表す微分方程式があれば、差分化そのものはできるのですが、その精度は必ずしもよいものではなく、2次以降の項を考慮することで、差分化した値は実際の値に近づいていきます。

　7-10 で紹介した微分方程式を高精度で解く「ルンゲ・クッタ法」は、テイラー展開の4次の項までが一致するように作られています。

非線形最適化としての機械学習／深層学習における回帰／分類

　ここからは本書の総決算として、第一部で扱った機械学習における回帰／分類と第三部で扱った数理最適化問題における非線形最適化、第四部で扱った時系列データの予測（回帰）とデータの分類との関係をまとめながら、全体像の理解を目指します。

　まず、非線形最適化問題を解く「最急降下法」についてソースコードを実行しながら理解し、そのソースコードにおいて最適化すべき目的関数だけを変えたソースコードとして、（機械学習における）回帰分析を理解します。最後に、目的関数をどのように変えれば分類アルゴリズムとして実現できるのかについて解説し、非線形最適化と回帰と分類のアルゴリズムについて総整理します。

✚ 非線形最適化問題を解く最急降下法

　非線形最適化問題の典型的な例は、5-1で紹介した大手牛丼チェーンの吉野家における牛丼1杯あたりの金額と総利益との関係です。ある価格を設定した際に総利益は最小値を取る、下に凸の形をした二次関数を描きます。
　5-3では非線形最適化問題を解く方法としてニュートン法などを紹介しましたが、ここでは機械学習のアルゴリズムとの関係を明示的に示すために、直感的にもわかりやすい最急降下法を用いた解法を紹介します。
　まずは、以下のソースコードを実行してみましょう。

二次関数の最小値を求めるソースコード：関数の定義　　　🗋 Appendix.ipynb

```
1  def function(x):
2      y = x**2
3      return y
4
5  def differential(x,dx):
6      dy = (function(x+dx)-function(x))/dx
7      return dy
```

```python
1   import numpy as np
2   import matplotlib.pyplot as plt
3   from matplotlib import animation, rc
4   from IPython.display import HTML
5
6   # 関数生成
7   x_list = np.arange(-10, 11)
8   y_list = function(x_list)
9   num = len(x_list)
10
11  # パラメータ設定
12  dx = 0.1        # 刻み幅(学習率)
13  iter = 200      # 繰り返し回数
14
15  # 初期値設定
16  x = -10
17
18  # 繰り返し処理
19  list_plot = []
20  fig = plt.figure()
21  for t in range(iter):
22      # 導関数を導出
23      dy = differential(x,dx)
24      # x,yを更新
25      x = x - np.sign(dy)*dx
26      y = function(x)
27      # グラフを描画
28      img = plt.plot(x,y,marker='.', color="red",
    markersize=20)
29      img += plt.plot(x_list,y_list,color="black")
30      list_plot.append(img)
31
32  # グラフ(アニメーション)描画
33  plt.grid()
34  anim = animation.ArtistAnimation(fig, list_plot,
35  interval=200, repeat_delay=100)
    rc('animation', html='jshtml')
36  plt.close()
37  anim
```

　このソースコードは、二次関数の最小値を求めるソースコードであり、このソースコードを実行すると、赤い球が初期値から少しずつ最小値に近づいていく様子がアニメーションによって確認できます（**図A-3-1**）。このアニメーションの意味をソースコードを見ていきながら説明します。

　まず、「関数の定義」で定義した関数の最小値を求めるのが、このソースコードの目的です。それを実現するために、「最急降下法の実行」では、描画用に関数を生成したうえで、最急降下法を解くためのパラメータを設定します。

　最急降下法とは、関数の傾きが最も急峻になる方向にステップごとに少しずつ移動するという考え方であり、ステップごとにどの程度移動するのかをdtで、何ステップ繰り返すのかを iter で設定します。

　そして、変数xの初期値を-10としたうえで、functionとして与えた関数の上を転がっていくように、初期値xから少しずつxの値を変化させていき、徐々にfunctionの最小値に近づいていく処理を、「繰り返し処理」というところで実行します。

図A-3-1　二次関数の最小値に近づくアニメーションの様子

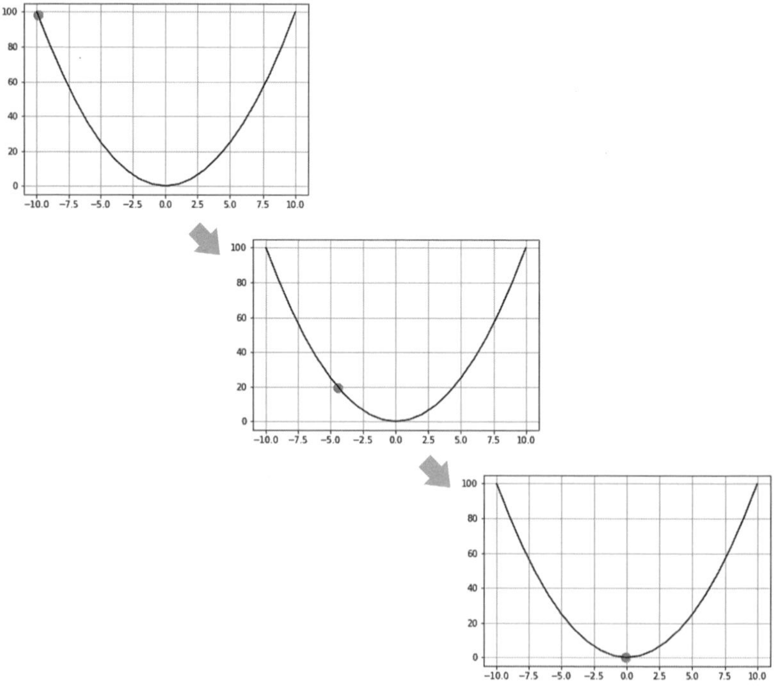

　まず、functionを微分した導関数のxにおける値を示します。この値がプラスであればxが進むごとにfunctionの山を「登る」方向に進むことになるので、最小値に近づくためには、xは「戻る」必要があります。反対に、導関数のxにおける値がマイナスであれば、xは「進む」必要があります。これによって、徐々にfunctionの谷底である最小値に近づいていくのが、最急降下法です。

　このソースコードでは関数として$f(x) = x^2$を与えており、$x = 0$のときの最小値0の徐々に近づいていきます。このアニメーションを描画するソースコードから、最急降下法を実行するのに必要な部分のみを抽出したソースコードが以下のものです。

　これを実行することで、functionの値が徐々に最小値0に近づいていく様子を確認しましょう。

　実行結果が次ページの**図A-3-2**で、縦軸が$x = 0$に近づいていく際のfunctionの値、横軸はステップ数を示しています。

二次関数の最小値を求めるソースコード：処理部のみ実行　　　📄 Appendix.ipynb

```python
1   import numpy as np
2   import matplotlib.pyplot as plt
3
4   # パラメータ設定
5   delta = 0.01        # 刻み幅(学習率)
6   iter = 200          # 繰り返し回数
7
8   # 初期値設定
9   x = -10
10
11  # 繰り返し処理
12  list_plot = []
13  series_y = []
14  fig = plt.figure()
15  for t in range(iter):
16      # 導関数を導出
17      dy = differential(x,dx)
18      # x,y を更新
19      x = x - delta*dy
20      y = function(x)
21      series_y.append(y)
```

次ページへつづく

```
22
23   # グラフを描画
24   plt.plot(series_y,c="k")
```

図A-3-2 二次関数の最小値を求めるソースコード（処理部のみ）を実行した結果

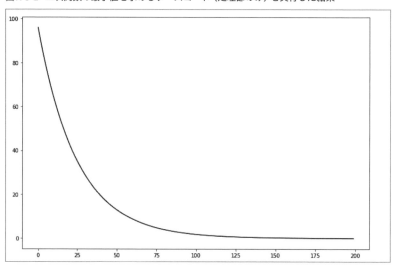

✤ 非線形最適化問題としての回帰分析

　ここまでの説明では、単に二次関数の谷底に赤い〇が近づいていくアニメーションを実行するだけにも見えました。ここからは、二次関数の最小値を求めるアルゴリズムの目的関数といくつかの設定を変更するだけで、回帰分析が実現できることを見ていきます。

　以下のソースコードを実行してみましょう。

最急降下法によって回帰分析を行う：関数の定義　　　　　　　　🗋 Appendix.ipynb

```
1   def function(X,y,alpha,beta):
2       cost = (1/(2*m))*np.sum((beta+alpha*X-y)**2)
3       return cost
4
5   def differential_alpha(X,y,alpha,beta,delta):
```

次ページへつづく

```
6      d_cost = (function(X,y,alpha+delta,beta)-function
   (X,y,alpha,beta))/delta
7      return d_cost
8
9  def differential_beta(X,y,alpha,beta,delta):
10     d_cost = (function(X,y,alpha,beta+delta)-function
   (X,y,alpha,beta))/delta
11     return d_cost
```

最急降下法によって回帰分析を行う：データの読み込み　　　　　📄 Appendix.ipynb

```
1  import numpy as np
2  import matplotlib.pyplot as plt
3  import pandas as pd
4
5  # データ読み込み
6  df_sample = pd.read_csv("sample_linear.csv")
7  sample = df_sample.values.T
8
9  # 変数を設定
10 X = sample[0]
11 y = sample[1]
```

最急降下法によって回帰分析を行う：最急降下法の実行　　　　　📄 Appendix.ipynb

```
1  # パラメータ設定
2  delta = 0.001      # 刻み幅（学習率）
3  iter = 20000       # 繰り返し回数
4
5  # 初期値設定
6  alpha = 1
7  beta = 1
8
9  # 繰り返し処理
10 cost = np.zeros(iter)
11 da = np.zeros(iter)
12 m = len(y)
13 for i in range(iter):
14
15     # 導関数を導出
16     d_alpha = differential_alpha(X,y,alpha,beta,delta)
17     d_beta = differential_beta(X,y,alpha,beta,delta)
```

次ページへつづく

```
18
19      # alpha, beta, costを更新
20      alpha = alpha - delta*d_alpha
21      beta = beta - delta*d_beta
22      cost[i] = function(X,y,alpha,beta)
23      da[i] = alpha
24
25  # グラフを描画
26  plt.plot(da,c="k")
```

　このソースコードは、目的関数（回帰分析においては、コスト関数とも呼ばれます）として以下の式で定義される「平均二乗誤差（MSE）」をおいたものであり、2-10で行った回帰分析と同様の処理を行います。

$$MSE = \frac{1}{N} \sum_{i=1}^{N} (y - \hat{y})^2$$

　ここでのyはデータの値、$\hat{y}$は近似直線として求めた値（予測値）、Nはデータ数を表します。MSEを用いて回帰分析を行うには、「データ読み込み」で読み込んだ2次元のデータを最もよく近似する直線を求めるため、仮に求めた直線$y = \alpha x + \beta$との誤差を計算し、その誤差が小さくなる方向にαとβを動かしていきます。

　そのため、「初期値設定」においてalphaとbetaの初期値を設定し、繰り返し処理により、MSEの値が小さくなる方向にalphaとbetaを動かしていきます。
　そして、さきほどのアニメーションで確認したように、alphaとbetaを動かすことで、MSEの関数の谷底に達すると、それ以上値を更新しなくなります。

　このMSEの変化の様子を表すのが**図A-3-3**に示すソースコードを実行した結果であり、縦軸はMSEの値、横軸は繰り返し回数を表します。

図A-3-3　最急降下法によって回帰分析を行うソースコードの結果

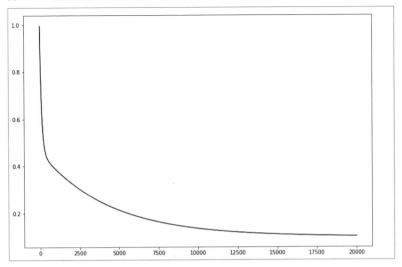

　こうして得たMSEを最小にするαとβの値を用いて導き出された近似曲線を、元のデータと重ねて表示するのが以下のソースコードとその結果です。

最小二乗近似の結果を描画する　　　　　　　　　　　　　　　📄 Appendix.ipynb

```
1  plt.scatter(sample[0],sample[1],c="k")
2  plt.plot(X,beta+alpha*X,color="red")
3  plt.show()
```

図A-3-4 最小二乗近似した結果を表示するソースコードの結果

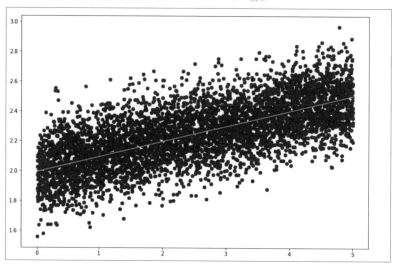

　回帰分析にはさまざまなアルゴリズムがありますが、基本的な考え方は MSE を最急降下法によって最小化していくものであり、それを改善したものが数多く提案されています。

✚ 目的関数と回帰・分類との関係

　ここまでの流れと同様に、目的関数（コスト関数）を設定し、それに適したパラメータの値を更新し、目的関数を最小化するパラメータの組み合わせを求めさえすれば、回帰分析だけでなくデータの分類をも行うことができます。

　この際に利用する目的関数は「**交差エントロピー誤差**」と呼ばれるもので、以下の式で表現されます。

$$E = -\sum_{i=1}^{N} T_i \, log(y_i)$$

　少し複雑ですが、N 個のデータごとに T_i（真の値）と y_i（推定値）を計算したうえで、この式を求めます。T_i は 0 か 1 を表し、あるクラス内に属するかどうかを表します。そして、y_i はそのクラスに属する確率を表します。

もし、正しいクラスに分類されていれば T_i が1の際に y_i が大きな値を取り、$log(y_i)$ の値も大きくなります。

その結果、より多くのデータが正しいクラスに属していれば、多くの $T_i\,log(y_i)$ の値は大きくなり、結果として、（マイナスの符号により）E の値は小さくなります。この方法を用いて分類問題を扱ったのが **8-3** であり、ニューラルネットワークを用いて誤差逆伝播法によって、交差エントロピー誤差の値を最小化しています。

ここまで見てきたように、（一般的な）非線形最適化問題と、回帰分析、分類問題には密接な関係があり、それぞれの問題と目的関数（コスト関数）・解き方（アルゴリズム）は、以下のようにまとめることができます。

表A-3-1　非線形最適化・回帰・分類問題の関係

問題	目的関数	解き方（アルゴリズム）
（一般的な）非線形最適化	二次関数など	最急降下法など
回帰	平均二乗誤差（MSE）など	確率的勾配降下法（SGD）最急降下法など
分類	交差エントロピー誤差など	誤差逆伝播法など

目的関数と説き方（アルゴリズム）は、その用途によって自在に置き換えられます。たとえば、データ数が少ない状況で回帰分析を行うには、少ないデータの特徴を学習しすぎない（過学習に陥らない）目的関数を設定する Lasso 回帰や Ridge 回帰が提案されています。そして、それらの目的関数を効率的に最小化する確率的勾配降下法（SGD）など、目的関数に応じたさまざまな手法が提案されています。

また、それらの手法を実際に利用する場合は、**2-10** でサポートベクトル回帰による回帰分析を行ったように、一行の関数によって計算を行うことができます。関数を置き換えて結果の違いを確認するなどをしながら、それぞれの解き方を比較し、理解を深めていくとよいでしょう。

おわりに

　全十章の数学プログラミング、如何でしたか?

　ビジネスに必要な数学として、本書では、確率統計・機械学習、数理最適化、数値シミュレーション、そして深層学習を扱いました。また、実際のビジネス現場を例にしながら、数学の仕組みをソースコードを実行しながら理解するという試みを行うことで、ビジネスに必要な数学とその仕組みが大まかに把握できたのではないでしょうか。本書によって培われた数学的な感覚を土台にして専門書を学ぶことによって、皆さんの扱える技術の幅が広がっていくことでしょう。

　ビジネスの実例を通して数学に触れることで、新しい技術を位置付けるための土台ができます。技術の根幹には、何らかの数学が存在します。新しい技術に出会った際に本書に立ち戻ることで、その原理や有用性を冷静に分析することができます。優れたデータサイエンティストは、闇雲に技術の知識を広げるのではなく、常に自分の頭で考察するための土台を持っています。本書が皆さんにとっての土台作りの一助となれば幸いです。

　本書は、筆者が2019年に共同執筆した前著「Python実践データ分析100本ノック」(秀和システム)に端を発します。ソーテック社の久保田賢二さん、石谷直毅さんから、当技術書はビジネス現場に即した実践的な内容であると評価いただき、このスタイルで数学が身につく一冊を作らないかとご提案いただきました。そこで、数学にも明るくエンジニアリング能力にも長けた露木宏志さん、千葉彌平さんに共同執筆の打診をし、筆者が共同経営していた旧合同会社アイキュベータ(現株式会社オンギガンツ)の皆さんの協力を得て、本書は世に出すことができました。

　本書の執筆にあたり、多くの方々のご支援をいただきました。前著の共著者であり、旧合同会社アイキュベータの共同代表であった、株式会社Iroribi代表取締役の下山輝昌さん、株式会社ELAN代表取締役の三木孝行さんには、企画段階からビジネス現場を踏まえたご助言をいただきました。

　本書の査閲に関しては、伊藤淳二さん、中村智さん、鈴木浩さん、高木洋介さん、田辺純佳さん、佐藤百子さん、森將さんに各章さまざまな視点からの丁寧なご助言をいただきました。数学的側面に関しては、工学院大学や千葉工業大学で教鞭を執る奥野貴俊さん、寺田清昭さんにご協力をいただき、さらにデータサイエンティストを育成する視点から、武蔵野大学データサイエンス学部データサイエンス学科長の中西崇文さんには、読者目線で強調すべきポイントなどのご助言をいただきました。

　最後に、本書の出版にあたって、合同会社アイキュベータのご家族の皆さん、そして、株式会社ソーテック社の久保田賢二さんのご尽力がなければ、こうして世に出ることはありませんでした。心から感謝申し上げます。

松田雄馬

参考文献

章	文献番号	著者名	タイトル	出版社（webサイト）	出版年
第1章	[1]	清水誠	データ分析 はじめの一歩：数値情報から何を読みとるか？	講談社	1996
	[2]	豊田秀樹	違いを見ぬく統計学：実験計画と分散分析入門	講談社	1994
	[3]	和達三樹 他	キーポイント確率統計	岩波書店	1993
	[4]	松下貢	統計分布を知れば世界が分かる：身長・体重から格差問題まで	中央公論新社	2019
	[5]	オリヴィエ・レイ 他	統計の歴史	原書房	2020
第2章	[6]	山口和範 他	図解入門よくわかる多変量解析の基本と仕組み	秀和システム	2004
	[7]	塚本邦尊 他	東京大学のデータサイエンティスト育成講座：Pythonで手を動かして学ぶデータ分析	マイナビ出版	2019
	[8]	Andreas C. Muller 他	Pythonではじめる機械学習 —scikit-learnで学ぶ特徴量エンジニアリングと機械学習の基礎	オライリージャパン	2017
	[9]	毛利拓也 他	scikit-learn データ分析 実践ハンドブック	秀和システム	2019
	[10]	下山輝昌 他	Python実践機械学習システム 100本ノック	秀和システム	2020
第3章	[11]	清水誠	推測統計 はじめの一歩：部分から全体像をいかに求めるか？	講談社	2000
	[12]	上田拓治	44の例題で学ぶ統計的検定と推定の解き方	オーム社	2009
	[13]	浜田宏	その問題、数理モデルが解決します	ベレ出版	2018
	[14]	横内大介 他	現場ですぐ使える時系列データ分析：データサイエンティストのための基礎知識	技術評論社	2014
	[15]	下山輝昌 他	Python実践データ分析 100本ノック	秀和システム	2019
第4章	[16]	久保幹雄 他	Pythonによる数理最適化入門	朝倉書店	2018
	[17]	梅谷俊治	しっかり学ぶ数理最適化：モデルからアルゴリズムまで	講談社	2020
	[18]	増井敏克	Pythonではじめるアルゴリズム入門：伝統的なアルゴリズムで学ぶ定石と計算量	翔泳社	2020
	[19]	samuiui	pythonで遺伝的アルゴリズム（GA）を実装して巡回セールスマン問題（TSP）をとく	有閑是宝 http://samuiui.com/	2019
	[20]	大谷紀子	進化計算アルゴリズム入門：生物の行動科学から導く最適解	オーム社	2018

章	文献番号	著者名	タイトル	出版社（webサイト）	出版年
第5章	[21]	斉藤努 他	データ分析ライブラリーを用いた最適化モデルの作り方	近代科学社	2018
	[22]	金谷健一	これなら分かる最適化数学：基礎原理から計算手法まで	共立出版	2005
	[23]		AtCoder：競技プログラミングコンテストを開催する国内最大のサイト	https://atcoder.jp/	
	[24]		"Codeforces. Programming competitions and contests, programming community."	http://codeforces.com/	
	[25]	秋葉拓哉 他	プログラミングコンテストチャレンジブック［第2版］：問題解決のアルゴリズム活用力とコーディングテクニックを鍛える	マイナビ出版	2012
第6章	[26]	佐藤実 他	マンガでわかる微分方程式	オーム社	2009
	[27]	佐野理	キーポイント微分方程式	岩波書店	1993
	[28]	ミンモ・イアネリ 他	人口と感染症の数理	東京大学出版会	2014
	[29]	巌佐庸	数理生物学入門：生物社会のダイナミックスを探る	共立出版	1998
	[30]	吉田就彦 他	大ヒットの方程式：ソーシャルメディアのクチコミ効果を数式化する	ディスカヴァー・トゥエンティワン	2010
第7章	[31]	小高知宏	Pythonによる数値計算とシミュレーション	オーム社	2018
	[32]	村田剛志	Pythonで学ぶネットワーク分析：ColaboratoryとNetworkXを使った実践入門	オーム社	2019
	[33]	アルバート・ラズロ バラバシ 他	ネットワーク科学：ひと・もの・ことの関係性をデータから解き明かす新しいアプローチ	共立出版	2019
	[34]	伊理正夫 他	数値計算の常識	共立出版	1985
	[35]	河村哲也	キーポイント偏微分方程式	岩波書店	1997
第8章	[36]	斎藤康毅	ゼロから作るDeep Learning ❸：フレームワーク編	オライリージャパン	2020
	[37]	斎藤康毅	ゼロから作るDeep Learning：Pythonで学ぶディープラーニングの理論と実装	オライリージャパン	2016
	[38]	中井悦司	TensorFlowとKerasで動かしながら学ぶ：ディープラーニングの仕組み 畳み込みニューラルネットワーク徹底解説	マイナビ出版	2019
	[39]	多田智史 他	あたらしい人工知能の教科書：プロダクト/サービス開発に必要な基礎知識	翔泳社	2016
	[40]	川島賢	今すぐ試したい！機械学習・深層学習（ディープラーニング）画像認識プログラミングレシピ	秀和システム	2019

章	文献番号	著者名	タイトル	出版社（webサイト）	出版年
第9章	[41]	斎藤康毅	ゼロから作るDeep Learning ❷：自然言語処理編	オライリージャパン	2018
	[42]	Francois Chollet 他	PythonとKerasによるディープラーニング	マイナビ出版	2018
	[43]	篠田浩一	音声認識	講談社	2017
	[44]	神永正博	Pythonで学ぶフーリエ解析と信号処理	コロナ社	2020
	[45]	小坂直敏	サウンドエフェクトのプログラミング：Cによる音の加工と音源合成	オーム社	2012
第10章	[46]	太田満久 他	現場で使える! TensorFlow開発入門 Kerasによる深層学習モデル構築手法	翔泳社	2018
	[47]	原田達也	画像認識	講談社	2017
	[48]	坪井祐太 他	深層学習による自然言語処理	講談社	2017
	[49]	中山光樹	機械学習・深層学習による自然言語処理入門：scikit-learnとTensorFlowを使った実践プログラミング	マイナビ出版	2020
	[50]	Jakub Langr 他	実践GAN：敵対的生成ネットワークによる深層学習	マイナビ出版	2020
付録（Appendix）	[51]	マーク・ブキャナン 他	歴史は「べき乗則」で動く：種の絶滅から戦争までを読み解く複雑系科学	早川書房	2009
	[52]	長沼伸一郎	物理数学の直観的方法：理工系で学ぶ数学「難所突破」の特効薬	講談社	2011
	[53]	長沼伸一郎	経済数学の直観的方法：確率・統計編	講談社	2016
	[54]	かくあき	現場で使える! Python科学技術計算入門 NumPy/SymPy/SciPy/pandasによる数値計算・データ処理手法	翔泳社	2020
	[55]	中井悦司	TensorFlowで学ぶディープラーニング入門：畳み込みニューラルネットワーク徹底解説	マイナビ出版	2016

索引

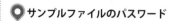

📍サンプルファイルのパスワード

MathProgPy ※大文字／小文字を正しく入力してください。

著者紹介

松田 雄馬 (Yuma Matsuda)

博士（工学）。日本電気株式会社（NEC）の中央研究所にて脳型コンピュータ研究開発チームを創設、博士号を取得した後、独立。合同会社アイキュベータを共同創業。数理科学者として、脳、知能、人間を「生命」として捉える独自理論を応用した、AI、機械学習、画像認識、自律分散制御をはじめとする研究開発に取り組み、人間を中心とした社会デザインという考え方に基づくシステム開発/組織開発/人材育成を提唱。現在、株式会社オンギガンツ（旧合同会社アイキュベータ）の代表取締役であり、一橋大学大学院（一橋ビジネススクール）非常勤講師。多数企業の技術顧問を務める。著書「人工知能に未来を託せますか」（岩波書店）、共著「Python実践データ分析100本ノック」（秀和システム）、他多数。

露木 宏志 (Hiroshi Tsuyuki)

筑波大学在学中にプログラミングを独学し、複数企業でのインターンシップを経験する傍ら、競技プログラミングを通して代数学やグラフ理論、数え上げなどの数多の数理的な難問に挑む。大学中退後、合同会社アイキュベータに参画。自然言語処理を用いた記事カテゴリ分類や類似記事検索、機械学習を用いた売上の予測、画像認識を用いた物体検知、人物姿勢推定、トラッキング、動作の良し悪しを判定するアルゴリズムの開発、それらを効果的に処理するデータ通信を伴うシステムの開発など、幅広い技術に取り組む。現在、株式会社Iroribiにて DX推進事業に携わりながら、日夜、多角的な技術開拓を行っている。

千葉 彌平 (Yasuhira Chiba)

国際基督教大学在学中に学生の過半数が利用するシラバス管理システムTime Table For ICU を立ち上げ、大学卒業後、合同会社アイキュベータにエキスパート・エンジニアとして参画。業務の傍ら、東京大学大学院学際情報学府にて、IoTシステム開発者の参入障壁を下げるIoT プラットフォームの基礎研究に従事。多角的な視点からのテクノロジー開発に強みを持ち、入力としてのIoT、センサーデバイス、処理としてのAI、データ分析、制御体としての小型ロボット、Droneなど、システム全体を捉えたうえでの各分野の専門家を束ねたプロジェクト推進に取り組む。現在、大手ITシステム会社にてコンサルタントとして活躍中。

AI・データサイエンスのための
図解でわかる数学プログラミング

2021年4月30日　初版　第1刷発行
2021年12月10日　初版　第2刷発行

著　者	松田雄馬・露木宏志・千葉彌平
装　丁	広田正康
発行人	柳澤淳一
編集人	久保田賢二
発行所	株式会社ソーテック社
	〒102-0072　東京都千代田区飯田橋4-9-5　スギタビル4F
	電話（注文専用）03-3262-5320　FAX 03-3262-5326
印刷所	図書印刷株式会社